LOCUS

LOCUS

LOCUS

LOCUS

from
vision

from151
大修復：拯救地球的七個實用步驟
The Big Fix: Seven Practical Steps to Save our Planet

作者：哈爾・哈維 Hal Harvey、賈斯汀・吉利斯 Justin Gillis
譯者：余韋達
責任編輯：李清瑞
封面設計：許慈力
內頁排版：宸遠彩藝
出版者：大塊文化出版股份有限公司
105022 台北市松山區南京東路四段 25 號 11 樓
www.locuspublishing.com
電子信箱：locus@locuspublishing.com
讀者服務專線：0800-006-689
電話：02-87123898　傳真：02-87123897
郵政劃撥帳號：18955675　戶名：大塊文化出版股份有限公司
法律顧問：董安丹律師、顧慕堯律師

總經銷：大和書報圖書股份有限公司
新北市新莊區五工五路 2 號
電話：02-89902588　傳真：02-22901658

初版一刷：2023 年 11 月
定價：450 元
ISBN：978-626-7317-90-7

大修復

拯救地球的七個實用步驟

THE BIG FIX : SEVEN PRACTICAL STEPS TO SAVE OUR PLANET

HAL HARVEY & JUSTIN GILLIS

哈爾・哈維 & 賈斯汀・吉利斯——著　余韋達——譯

謹將本書獻給所有投入時間、腦力和心力
在避免氣候變遷毀滅地球的人們

目錄

序章

世界正陷入一片火海。

但不容易察覺到火光，因為我們掩飾得很好。不過你聽得見火焰的聲響——當飛機畫過天際，噴射引擎發出的轟轟聲；透過輸電線傳輸大量電力的電廠發出的嗡嗡聲；開車上班，汽車引擎發出的隆隆聲。

一九九〇年，草率展開入侵的海珊（Saddam Hussein），他的軍隊在被美軍逼離科威特時，點燃數百個油井，引起地獄般的大火。這場大火的濃煙不僅直抵歐洲，甚至在國際太空站都能看到火光，猛烈程度讓人聯想到但丁（Dante Alighieri）的《神曲・地獄篇》（*The Divine Comedy I: Inferno*）。上萬名的消防員與工作人員花費九個月才將火撲滅。[1]

然而，即便在火災最劇烈之時，科威特的油井大火每天燒掉的石油，只占人類每日化石燃料用量的百分之二。[2] 想像有著五十場科威特等級的大火年復一年、日復一日地燃燒，你就能稍微理解，人類如何供應工業文明社會所需要的能源。

所有生活在富裕國家的人，都對這場大火有所貢獻。當你和你的鄰居在夜間點亮燈火，某座燃煤或燃氣電廠就可能要增加燃料用量（儘管只有一點點），以提供電力。洗澡時，會點燃熱水器中的天然氣。開車上班時，你車內的引擎會燃燒死亡許久的沼澤藻類沉澱的提煉物，以每分鐘六千次的頻率，在你面前的幾呎處輕輕爆炸——雖然經過消音，但仍然是種爆炸。

你買的衣服、冬日待在室內的溫暖、夏日所感受的清涼——上述的舒適感，都來自於隱藏在化學工廠、電廠、暖爐與引擎之間的火焰。若把能源使用量以火柴棒計算，每個美國人每週會點燃將近五百萬枝火柴。即便在相對貧窮、但正逐漸追上的國家，如中國，這個數值也是接近兩百萬枝。

人類在無形之中，升高地球的氣溫，因為火焰製造出的這些氣體改變大氣，留住更多來自太陽的能量。雖然多數人很難將自己的所作所為，與這個緩慢發展的緊急狀況作連結，但我們逐漸在日常生活中感受到影響：打破歷史紀錄的熱浪、海平面上升讓大型城市淹水、愈來愈多難以控制的野火不僅燒毀家園，也汙染空氣並縮短人類壽命。南北兩極的冰帽開始融化，曾經冰封的苔原竟也遭受祝融。我們也可能讓全球的食物供應鏈陷入危機。

人類文明面臨重大的道德與現實兩難：我們要如何一方面延續帶領數十億人脫離貧窮的經濟成長（我的意思是，讓仍深陷貧窮的人享受經濟發展），但同時撲滅威脅著我們唯一家園的大火？

許多人嘗試以自己的方式幫忙：或許透過買一台 Prius 節能汽車或電動車、認真做資源回收、安裝智慧電表、少吃點，甚至是捐錢給環保團體。這些行動很重要，但光靠這些是不夠的。一個又一個決定少開點車、在屋頂安裝太陽能板的覺醒「綠色消費者」（green consumers），也無法拯救世界。因為問題實在太過龐大。

唯有所有人都成為「綠色公民」（green citizens）才能解決問題。我們得一起關注那些數量少、但久而久之卻能帶來重大改變的公共政策。這需要一致的計畫，所有關心此議題的公民、商業領袖、科技發明家與政治人物都能理解的計畫。明確的策略能帶來力量，（我們希望）也能同時產生推動必要轉變的決心，還有降低相關成本與風險的技術。

好消息是，轉變已在世界各地遍地開花。這是英國自十九世紀以來，首度可以好幾個禮拜完全不仰賴燃煤發電。這個帶領世界進到工業革命（和對化石燃料的無底洞渴望）的國家，看似愈來愈堅決要帶我們脫離對煤礦的依賴。

有時候，我們需要改變的地方，就深藏在壁櫥裡：在美國奧勒岡州，數千個加裝數位控制器的熱水器，能夠因應電網的狀態做出調整。當電力總體需求較高時，熱水器就會暫緩使用能源；當電力總體需求降低時，熱水器會啟動、儲存熱能以備所需。這種創新有助於電網納入較多元的發電方式，如風力機和太陽能板。而且沒有人會需要洗冷水澡。

有時候，這些改變在山坡上處處可見：在北卡羅萊納州，因為州政府決定開放低成本再生能源進行公平競爭，使得太陽能板遍地開花。這波改變的浪潮，很快就能在海上見到：龐大的新興產業正在美國東北部蓄勢待發，打造離岸風力機。改變也出現在都市中心：在德國，豪華的新公寓提供住戶希望擁有的全套環境控制系統，其用電量比吹風機還少。在中國，市場也漸漸偏好電動車與電動巴士。

換句話說，解決方案早就存在，而且將會出現更多解決方案。若我們使用這些解決方案的規模夠大，在過渡到潔淨能源的期間，我們便無須犧牲生活水準以及經濟需求。但我們實行新解方的速度還不夠快。結合著傲慢、慣性和政治鬧劇的惡兆，阻礙著我們能源轉型的步伐。

在這個歷史關頭，速度很關鍵。世界各國在二〇一五年於巴黎附近舉行的那場會議上，同意努力維持地球的氣溫不會升到引發災難的層級。他們設下明確的上限：與工業革命前的平均氣溫相比，氣溫只能最多增加攝氏兩度，或者華氏三．六度。他們也設下理想目標：維持升溫在攝氏一．五度以內。若跟我們每日感受到的溫差相比，這數字聽起來很小，但均分到整個地球的話，這個數值其實非常大。不幸的是，人類過去幾世紀燃燒的化石燃料，已讓地球升溫超過攝氏一度，所以我們與危險溫區的距離剩下不到一半。而且我們距離能夠達成那場巴黎會議上約定的目標軌道還很遠。若我們快速衝過上限，災難就在另一頭等著我們。我們已經從下面的事件中，預先體會災難來臨的景貌：摧毀美國西部城鎮的大火、耗盡供水系統的乾旱、讓氣溫升到超過華氏一百二十度（約攝氏四十八．八九度）的熱浪。

若想達成巴黎會議的目標，我們就不能燃燒太多的化石燃料。要達成所謂的「二C目標」

（2C goal），我們必須在二〇五〇年左右（距今不到三十年），為化石燃料時代畫下句點。若欲走上達成目標的道路，我們得在下個十年內大大減低碳排放。但全世界的碳排放，並沒有在減少，反而還在增加。

沒有國家走在達成目標的軌道上，雖然許多國家（尤其是歐洲國家）正在努力。美國總統拜登（Joseph R. Biden）也替美國設定很有野心的新目標，但就算他做得再多，氣候危機絕非是一、兩屆總統任期內可以解決的。就跟其他國家一樣，美國需要展開為期數十年的減碳排進程。而且無論華府怎麼協助，多數的工作都需要由州政府與地方社區完成。

或許你聽過「現在要阻止災難已經太遲」的說法。從某種角度上來說，這說法沒錯：之所以把限制設在攝氏二度，不是因為這最安全，而是因為這最有可行性（而且是勉強可行）。看看我們目睹過的大火、暴雨和沿岸水災，我們若得活在比目前升溫還多一倍的世界，生活會更具挑戰。但從另一個角度來說，亡羊補牢，為時未晚；只要地底下還蘊藏著一磅的煤炭或一桶石油，我們就還握有主動權。我們可以選擇不燃燒它們，而這種努力就能帶來更好的世界。若從這視角來看，解決氣候危機永遠不嫌晚。我們還有時間避開最嚴重的傷害、避免生靈塗炭、對得起後代子孫。

許多人的付出，讓我們感到十分振奮。然而，我們可能會不清楚該做什麼：這問題如此巨大，我們覺得自身渺小。在本書中，我們的目標是列出那些你可以做出最大影響的基層政治參與手段，因為你有能力帶來改變。這問題確實很巨大，但也代表我們每個人都可以處理其中的一小部分。

我們可能是樂觀主義者，但我們並不天真。我們的經歷讓我們對這世界的科技、經濟與政治複雜度有深刻理解。哈爾是名機械工程師——三十年前，在你可以買到電動車之前，他便打造自己的電動車，並用太陽能板充電。數十年來，他針對如何加速潔淨能源轉型，為全世界的政治領袖提供建議。對於哪些政策有效或無效，以及什麼是最佳的倡議做法，他很有經驗。與此同時，賈斯汀有著四十年的記者資歷，其中約十年是擔任《紐約時報》（*New York Times*）氣候科學的首席記者。他很清楚好故事如何帶來改變的力量。

在本書中，我們不會糾結在那些我們認為政治上不可行的改變。譬如許多經濟學家認為，針對溫室氣體課徵重稅，對解決這問題有很大的助益——如果真的能付諸實行的話，這方案確實有機會。但三十年來，光是推動溫和的碳稅（溫和到其實沒什麼作用）在華府就毫無進展。因此，本書不會建議你花費時間和金錢，在那些奠基於過往經驗無法在剩餘時間裡實現我們「二C目標」的事情上。我們會聚焦在那些讓我們付出的時間與精力，有望帶來最大回報的行動。

在本書中，我們將人類經濟分為七大領域：前六個是目前碳排問題貢獻最大的那些經濟部門，第七個領域則是在科技與財務上，能夠幫助減少碳排放的創新。要拯救氣候環境，就得在這七個領域都有實際的進展，直到碳排放降到接近零，而我們在每個章節中，都會指引你要怎麼做才能發揮影響力，把事情導向正確的方向。乾淨的電網是關鍵的第一步，因為乾淨的電力能在其他的經濟環節取代骯髒的化石燃料。我們將深入討論人類社會如何減少建築裡的能源浪費，以及如何減少交通運輸系統的碳排放。人類生產食物與管理土地的方式也需要改變，而當人們從鄉村聚集到都市時，也需要建設更永續的城市。我們將介紹幾種方案，可以減少生產商品的工廠所排出的溫室氣體。儘管我們很清楚能帶來改變的許多手段，但有些地方仍毫無端倪——所以在最後一章裡，我們將展示社會可以怎麼做來催化改變。在本書的副標中，我們稱之為

圖一　各產業燃燒化石燃料所排放的二氧化碳占比（美國，二〇一九年）

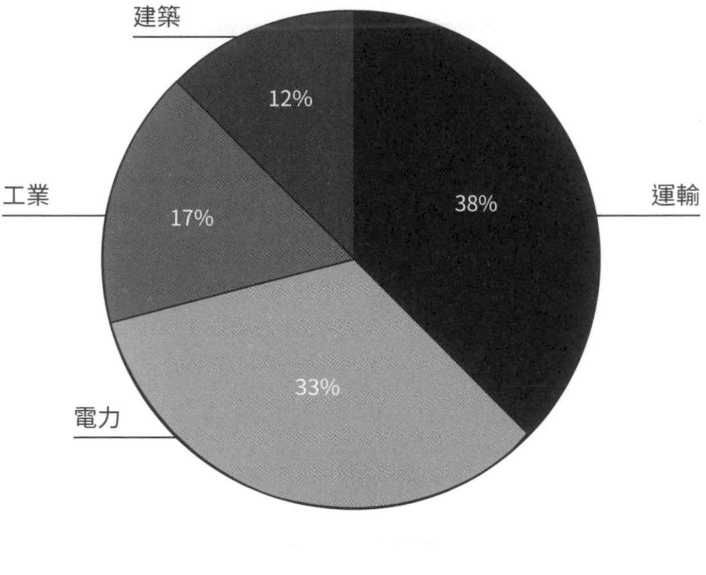

「步驟」，但不意味著這些步驟有其先後順序。人類社會需要同時實行這些步驟。

在拯救氣候之戰，科技將扮演重要的角色。但比新技術更迫切的是更好的政策，才能確保我們得以廣泛應用這些技術並帶來真的改變。你或許會以為，這些決策都是由企業和政府所決定，人民很少有機會能參與。但這並不完全正確。當你居住的城鎮要決定建築規範的嚴格程度時，以及決定在接下來數十年裡，新建案被允許浪費多少能源時，你可以猜得到，許多地方建商會發揮影響力，試圖得到最寬鬆的規範。你，身為公民，也可以發揮你的影響力。在你居住的州中，負責決議與建哪種電廠的委員會，依法要聆聽大眾的聲音，並將人民的利益考慮在內。而你的州民選官員，他們的影響力比你想像得大：他們能決定哪種車能在市場販售，也能決定電器的能源效率要多高。諸如此類的行動，只要你仔細挑選並積極參與，綜合起來就成為解決氣候危機的解方。你可以將這些在不同政府層級做出的決策，視為實際影響經濟發展方向的神祕控制桿。它們之所以神祕，是因為多數公民並不了解；這本書想傳達的核心理念之一，就是是時候去認識它們了。

這些決策定案之際，你的聲音有被聽見嗎？這是本書的精髓所在：如何從「綠色消費者」轉變為「綠色公民」：站出來發聲並要求政府負責任、確保你的家、你的城鎮、你的州和整個國家做出更永續的決策。我們得運用民主的工具拉動這些控制桿，將世界導向更美好的未來。

CHAPTER

1

學習曲線

The Learning Curve

名為「聯邦號」（*Alliance*）的堅固工作船，迅速駛過英國海岸幾英里外的水域，在平靜的海面輕鬆航行。充滿活力的英國人岡恩西（Julian Garnsey）站在船尾，正在對他的乘客導覽解說。他說話的時候，有許多日本大型公用事業的男性代表不斷提問。嗅到商機的資本家來此處見識世界最新的科技榮景。

身為工程師的岡恩西，才在沒幾年之前，剛開始建設海上鑽油平台的職涯。但在他認真思考燃燒石油的背後意涵過後，他便在海上建設風場。他的公司萊茵集團（RWE Renewables）站在一項蓬勃新產業的前緣。

一九九〇年代，當離岸風電廠在歐洲水域開始出現時，有人嘲笑這種胡鬧的電力規畫，很難成為能源組合的一部分。不僅會需要全新、專門的船隻把柱子打入海床。工人也沒受過訓練去學習在海平面安裝大型機具的複雜技術；感到憂心的投資人，只願提供高額利率的建築貸款。安裝風力機的成本高居不下，使得公司雖從歐洲政府獲得高額補助，仍只能完成少量的案子。

儘管如此，這些政府基於很現實的考量，還是選擇繼續支持。陸地的風力機早已證明自己的發電能耐，但吹拂陸地的微風非常多變。相較之下，海面上的風更強、更穩定，使得離岸的風力機能產出更多的電——如果承受得住嚴厲的海洋環境的話。早期昂貴的工程印證這套理論，而隨著產業規模擴大，成本也開始下滑。

現在離岸風電產業儼然是世界創新和野心的溫床。美國人前往歐洲，看這項科技的實作成果；在美國本土東北部的議會與政府也核准大量的離岸風電計畫。中國也試圖搶奪風力機市場的大餅。對這產業的誕生多少有貢獻的丹麥，奮力保衛他們的市占率。還有德國與法國——大家現在都看得出來，風電將成為關鍵產業。最新的分析指出，風電在未來有機會成為世界電力供應的重要一環。[1]風電也可能成為二次世界大戰後，各種歐洲獨立創造出的產業之中最重要的一項。

這是怎麼發生的？簡單的回答是成本降低。歐洲政府最初投入離岸風場時，要求其公用事業單位以當時電力成本四到五倍的金額，向這個新產業購電，多餘的成本則由用電戶負擔。[2]然而，近期所簽訂的合約中，那些預計會在二〇二〇年代初併網的風場，其供電成本就跟市價相去無幾，也就是說，離岸風電產業已掌握在少量、甚至毫無政府補助之下的經營之道。[3]

在世界各地，潔淨能源科技的成本都大幅下降，而離岸風電只是案例之一。從二〇一〇年至今，大型太陽能電廠的電價減少了將近百分之九十。離岸風電的電價則少了百分之六十。先進電池（Advanced batteries）的價格也減少超過百分之八十。這項技術用於驅動電動車，也日漸對電網的穩定扮演重要角色。[4]十年前，發光二極體（light-emitting diode，簡稱ＬＥＤ）這種發光效率高的燈泡首次問世時，你很可能得花五十美元買一顆；但現在在家居建材量販店家得寶（Home Depot），一顆只要一．二四美元，跌幅高達百分之九十七。[5]

這些技術都在名為「學習曲線」（learning curve）的斜坡上往下走。隨著這些產品的市場擴大，產品本身的售價就愈便宜。多數你買的商品，譬如牛奶或理髮服務，通常不會出現這種大降價。其實日常的生活花費，往往只會上漲而非下跌。這種特殊的經濟現象，可適用在特定的能源科技——包含上述的那些，或有機會適用於新發明的科技——而了解這種經濟現象，是拯救世界避免遭氣候變遷摧毀的關鍵。

所有的潔淨能源科技剛問世的時候，成本都高於傳統方案。導致新技術即便在富裕國家，都很難賣出去；在發展中國家，譬如中國、印度與印尼更是如此，但他們是將在未來生產最多溫室氣體的國家。有時候，會看到政治人物把研究室的實驗視為解決人類碳排放困境的解方——我們的確需要更多研發成果。但發明新技術是不夠的。任何新技術若要被廣泛採用，就得降至可負擔的價格。所以我們需要更精明的對策（像是能夠促使新技術擴大市場的有力公共政策），讓這些技術愈來愈便宜。

任何有抱負的綠色公民，必須理解我們在書中所提倡的公共政策與個人行為其目的何在。我們試圖讓低碳排的技術變得夠便宜，並在任何情況都幾乎成為首選。新技術的成本必須降低，這樣那些努力從貧困中躍升為中產階級的國家就能跳過化石燃料的階段，直接開始使用潔淨能源。這是我們的戰術目標：無論保守的公司使出多少政治詭計，潔淨能源仍在市場上毫無敵手。若要知道實際上該怎麼做，我們需要把時間稍微倒轉——先理解風電跟太陽能等技術，如何在過去一個世紀內變得便宜。與當下進行倡議、推動改變的迫切任務相比，討論歷史似乎有點偏題，但事實上，這段歷史是我們若希望達成目標得參考的模版。我們必須從過去得到教訓，並應用在未來。

在短短十年裡，離岸風電有多大的轉變，萊茵集團的工程師岡恩西有一套特別的解說方式。二〇一九年的夏日，當「聯邦號」航行在艾塞克斯海岸外的灰色水域，在前往更深的海域途中，也進入到大加巴德風電廠（Greater Gabbard Wind Farm）的邊緣。大加巴德風電廠（由萊茵集團的前輩公司所建設，而且跟許多英國的風電廠一樣，都以附近的沙洲命名）是最早期英國政府保證會以高於市價收購電的離岸風電廠之一。船身經過一座座的風力機，多數的機台一動也不動，儘管有幾台迎著夏日的和風慢慢轉著。只在照片上看到離岸風力機的人常常會誤判其規模大小；特別是當周圍沒有樹或建築作對比時。事實上，這些機具都跟摩天大樓一樣高。大加巴德風電廠的風力機排成一列，像是超大型軍人正齊步渡海，其從北到南盤據的面積之廣，從船上無法一覽共一百四十的風力機。但這還只是一部分英國建造的離岸風力機，目前總數已超過兩千座——而且這只是開端。[6]

不久後，船隻跨過一道隱形的線。我們離開了大加巴德風電廠，進到岡恩西和他的團隊於二〇一八年完工、名為蓋洛坡（Galloper）的新風電廠。光用肉眼看，這兩座電廠沒什麼差別，但其實風電技術在幾年間有著很大的轉變。這些風力機，比剛剛西邊風電廠中的要大得多。它們的高度更高、扇葉更長，從風中捕捉的能量更多——與舊款相比，新型的風力機可多產出百分之七十五的電力。與擁有一百四十座風力機的舊電廠相比，新的風電廠只有五十六座，其安裝過程也更快速、容易。技術轉變所帶來的成本降低，也都反應在新電廠的電價上。

船減速緩緩靠近岡恩西團隊在海床上裝設的其中一座風力機。大型機具裝設在矗立於海中的塔架上，露在海平面上的前幾英呎被漆成黃色，用來警告船隻。若你往上、再往上看，在約六十層樓高的塔架頂端，有個像是小房子的構造。在名為「機艙」（nacelle）的結構體之中，發電機連結到前方的輪轂。依序接在輪轂上的是三片長扇葉，和捕捉風能來轉動發電機的軸承。中空的扇葉，是用玻璃纖維和碳纖維等尖端材料製成，足以承受北海的強風。岡恩西解釋，蜿蜒在海床的纜線會集結風力機的電並傳至岸上。風力機的機身也能承受狂風，一部分要歸功於承載它們的塔架，是鑿入海下很深的地方。當船隻停留在風力機底下，岡恩西在跟日本的訪客聊天，他們是未來這類工程案件的潛在投資人。

「當我跟別人聊離岸風電時，大家對這議題的興趣高得驚人，」他後來說。「他們對工程技術感到驚豔。他們會問，『嘿，我們人在海中央！這東西是怎麼立起來的？你如何把這東西鑽入海床中？要用多大的錘子？』」最後一個問題的答案，會讓人倒抽一口氣：這工程所用的錘子，有三層樓高。需要一艘大船來專門負責這根錘子。這產業節省成本的方式之一，就是打造他們專用的船隻。建設風電廠，需要一組船隊以及上千人同時在水上作業。「若天候不佳使得沒人可以上工，一天就會損失一百萬英鎊。」岡恩西說。大約等同一百三十萬美元。[7]

編號H6F的風力機迎著微風緩緩轉動，此時只產出少於最大發電量百分之十的電力。不過，低發電量並不構成問題：英國夏天的氣候宜人，不大需要開空調，而對全國電網的需求也極小。最需要風力機發電的時刻是冬天，英國人會壓榨電網為房子加溫。幸運的是，北海的風在冬天最猛烈。當岡恩西站在風力機下頭時，他指出扇葉轉一圈所產出的電，足以讓一輛電動車行駛三十英里（約四十八．二公里）。一座風力機在一年內所產出的電，足以供應超過六千個英國家庭，讓燈光能恆亮、洗衣機能運轉、茶壺能低鳴。前英國首相強森（Boris Johnson）在其首相任內宣示會持續興建風電廠，直到英國家家戶戶的電，全是來自海上的潔淨能源為止。

當船隻掉頭返回海岸，岡恩西開始分享他的下一個計畫：特里頓之丘（Triton Knoll）。風力機的尺寸將會變大百分之五十，供電成本也更便宜。[8]風力機的製造商，如丹麥的維斯特（Vestas）或美國的奇異公司（General Electric），都在比拚能把風力機造得更大台。維斯特宣布將打造能產出一萬五千瓩的風力機，其尺寸比最近剛裝設完成的巨大風力機要大一倍。[9]這台風力機的扇葉所畫出來的圓圈之大，足以讓兩架目前最大的民航機空中巴士A－三八〇並排飛過，甚至還有多餘空間讓六架美國戰鬥機飛行。

當英國蓋起全世界近三分之一的風力機時，其他臨海的歐洲國家也在這產業中扮演重要角色。但美國卻束手旁觀。看著這新興產業在國外發展。後來是暴跌的發電成本，激起美國人的興趣。美國現在只有七座風力機運作中，五座在羅德島，兩座在維吉尼亞州的測試場所。但最近，美國有很多新工程在招標。

美國最早嘗試發展的離岸風電廠，出現在二十多年前的麻塞諸塞州。當時因為電廠太接近海岸，遭受鄰近地主抗議而失敗，但風電技術發展至今，風力機可以安裝在地平線的更遠方，不會影響到海灘小屋看出去的風景。[10]這項技術進展，也是關鍵的政治進展。在聯邦政府的協助下，許多州政府計畫在美國東北方海岸外的大陸棚淺處，安裝上千台的風力機。這些計畫中的離岸風電廠的發電量，約莫等同五或六座核電廠，但拜登政府已宣示，在二〇三〇年前，風電發電量要再增加三倍。國家的承諾對這項技術很關鍵，因為聯邦政府負責管理海岸三英里（約四．八公里）以外的海床，只有它有權把地租給風電廠經營者。

成本下滑的現象如漣漪般擴散，首先是風電，接著是陸域風電、太陽能、LED燈泡和電動車，就像是魔法一樣。但事實上，這現象是某項經濟法則在背後運作，而專家對它瞭若指掌。這些產業的成本下降是完全可預期的；的確，有人在幾十年前的某些個案中曾預測過。要理解這些技術背後發生了什麼事（而且進一步探討，社會要怎麼做，才能讓未來的技術發展也遵循這項法則），我們需要回到一個世紀前，回到那台定義現代社會的機器之一：飛機，它的早期發展。

萊特定律

萊特（Theodore P. Wright）有顆數學腦。他雖然接受的是建築工程的訓練，但他年輕時，美國正參與第一次世界大戰，他受徵召入海軍。很快地，他就被指派去解決原始戰鬥機的相關問題，當時這項目是由海軍負責。在幾個月內，他發表幾篇技術論文以及一本寫滿方程式的海軍手冊，才二十歲出頭，他就解決飛機設計與建造的艱難問題。他找到他的天職，而這個美國新興的產業，也獲得本土的一名天才。

在當時，火車是長途通勤的主要管道，而萊特是頭幾個想到能大規模經營民航客機產業的人。在後來，他會成為幫助美國生產足量飛機打贏第二次世界大戰的關鍵人物；而在戰後，他也實現了自己的早年願景，擔任後來成為聯邦航空局機構的主管。

萊特的成就雖然很多，但若非他有個非凡的想法，他可能只會成為歷史上一個微不足道的註腳。在職涯前期，他想要理解打造飛機的成本變化。隨著規模擴大、愈來愈多零件產出，生產成本就會下降，這個再清楚不過的現象，有沒有任何規律，讓人們對於成本下滑的現象有所理解，最好可以預測？他後來寫到自己在一九二〇年代初期找出一套規律，但當時他工作的柯蒂斯飛機與發動機公司（Curtiss Aeroplane and Motor Company）將他的發現視為商業機密。在一九二〇年代的十年裡，公司在向政府跟其他買家投標的準備過程裡，就有利用萊特的這套規律。[11]

「一九三六那年，我到了德國大開眼界；我看到他們軍機的生產速度，是美國跟英國加總後的好幾倍，而且很顯然他們不是為了國防，而是為了侵略，」他在幾年後寫道。「很遺憾我得接受以下事實：已在一戰中喪失和平的民主陣營，如果想要存活下來的話，必須積極為下一場戰役做好準備。潛在的敵人選擇兵戎相見；他們的力量強大，我們的時間不多。」[12]

就在他踏上旅途不久前，或許因為他對如果發生戰爭，美國要怎麼做有過一番思考，他決定洩漏公司機密。一九三六年二月，他的文章〈影響飛機成本的因子〉（Factors Affecting the Cost of Airplanes）最終發表在貿易組織航空科學學院（Institute for Aeronautical Sciences）的刊物上。[13]想必只有不到幾百人讀過文章。但在此後的幾十年裡，本文被視為製造業史上最重要的文件之一。

到了二十世紀的前幾十年，企業家已知道隨著新產品生產的規模變大，成本就很可能下降。最有名的案例是福特（Henry Ford）和他的T型車，這是美國第一款大量銷售的汽車。當福特汽車的這台車在一九〇九年問世，只生產不到一・一萬輛，而最熱門的版本一台要價八百五十美元。在一九二〇年代中葉，是T型車的銷售巔峰，福特一年生產近兩百萬輛車，而一台要價不到三百美元。[14]隨著工業時代帶來愈來愈多消費型產品，這個規律——生產規模擴大，會伴隨著單位生產成本遽降——也不斷出現。

主要原因是所謂的「規模經濟」，一個紮根於十八世紀經濟學的想法。無論福特一年想要生產多少輛汽車，他都需要工廠、設備跟最低限度數量的員工。他需要承擔設計、測試跟日常公司管理的費用。隨著事業規模擴張，他能把固定成本分攤在更多輛車裡；這樣每輛車的生產成本就會下降。此外，隨著產量增加，工人的效率會更快、技術會更熟練。公司持續研發新工具和機器來減少花費與時間成本。福特公司最著名的創新就是流水組裝線，是福特和團隊在拜訪芝加哥屠宰場時想到的主意。[15]他們看到一排排的工人肢解掛在鉤子上轉動的屠體，每個人會負責切下同一部位。福特與他的團隊，實際上是把這個「肢解線」（dis-assembly）變成「組裝線」（assembly），利用運送帶讓每名工人負責組裝同一種零件。這作法雖很單調，但很迅速、且有效率，就算福特付給員工在當時算豐厚的薪資，仍能減少製造汽車的勞動成本。福特汽車的改善成果顯現在汽車的低價之中，使得T型車成為人們夢寐以求的產品，也開啟了汽車的時代。

還有個更容易思考規模經濟的方式：你有沒有試過在你家地下室釀啤酒？這是種有趣的嗜好，但你可能很快就會發現，這並無法幫你省下啤酒錢。你可能花費數百美元購買啤酒壓蓋器、發酵瓶、水管等工具。你可能會把高額的投資成本分攤到，比方說，每個月釀的一箱啤酒裡。但大多數時間，這些昂貴的新器具會放著不用：經濟學稱之為「遞耗資產」。某個投資兩億美元在啤酒廠，並全年無休產出一億瓶啤酒的人，其生產啤酒的成本絕對會比你低。儘管你自釀的拉格啤酒再好喝，工廠主人都具備規模經濟的成本優勢。

在二十世紀前期，規模經濟的概念，已成為經濟理論的基礎之一。萊特的父親是名經濟學家，所以很可能萊特在解決飛機生產成本時，就知道這個概念。但他想要知道的是，在一定的生產量內，成本會減少多少。這是個複雜的問題，因為不只會牽涉規模經濟，也關乎在產量提升之後，員工對工作的拿手程度、關乎調整飛機設計後，對生產難度的改善、關乎需求增加之後，原料價格降低的幅度，以及上百種的因素。但是找出明確的解答，能為萊特的公司柯蒂斯飛機提供參與政府標案的巨大優勢：如果能夠精準預測成本下降有多少，就能讓投標價格低於其他競爭者。

萊特後來在一張座標紙中找到解答。[16]他將過去生產量的增幅，與打造飛機的工人總數做圖表比較時，發現每次產量翻倍，勞工需求就減少約百分之二十。工人習得如何以更快、更有效率的方式工作，管理部門持續調整工廠的安排，減少零件需要移動的距離，並改善整體的流程。當產量增加三倍，勞動成本就降到幾乎一半。更驚人的是這很規律。工廠在每次產量翻倍時，生產的成本會或多或少以固定比例下降的這個概念，現在被稱為「萊特定律」（Wright's Law）。人們發現這法則不只能應用在勞動成本上，還能用在許多工廠生產的層面。我們又要引用經典案例：民眾購買福特的T型車的成本。

請注意左頁圖表上水平座標軸的數字，顯示出福特面對大眾需求的驟增，也加速車輛的生產。圖表上的虛線，顯示出T型車的「學習率」大約是百分之十五。意思是，累積生產量每次翻倍，成本也會減少這麼多。

多數人從未聽過萊特定律，但這概念在二十世紀中葉，也深入到商業世界。你在繪製萊特的圖表時，得到的那條斜線被稱為學習曲線，或者有時被稱為經驗曲線——多年來，存在許多名稱，有時定義也有所不同，但基本概念是一樣的。

在日常對話裡，人們用「學習曲線」去描述困難的事情。有人會說，「我在大學讀俄文，但它的學習曲線太陡，我永遠無法精通。」而萊特定律的學習曲線其意義截然不同。他圖表中的線條，更像是遊樂場中的兒童溜滑梯：你爬到最高處，然後往下滑。當人們形容一項產品隨著產量增加而變得便

圖二　T 型車的學習曲線

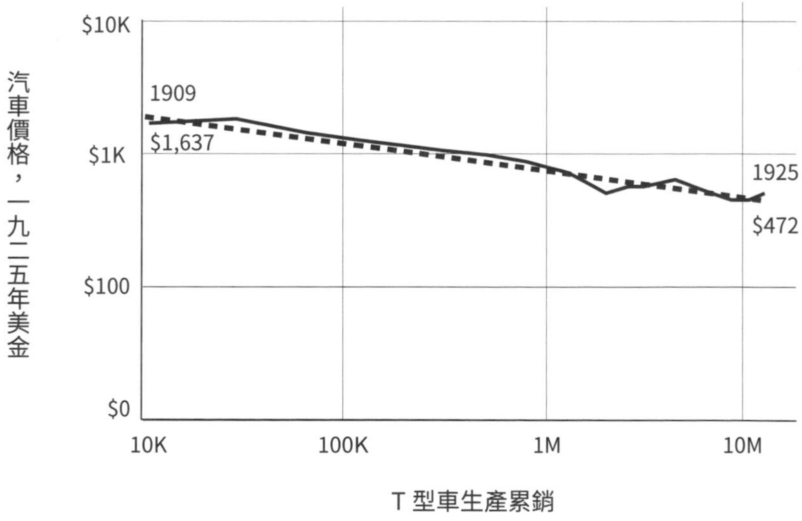

宜，會說它沿著「學習曲線下降」。

在萊特發表文章之後，學習曲線的概念開始在航空世界裡擴散，而這個基礎法則，也以很戲劇性的方式，透過二戰期間的事件得證。一間經營困難的西雅圖公司，標到為政府打造B－17戰鬥機的合約，這台重型轟炸機以「飛行堡壘」（Flying Fortress）的稱號聞名於世。在一九四一年，最初產出投入戰爭的飛機，需要投入幾十萬小時的人工，每台要價二十四萬兩千兩百美元。但到了一九四四年的下半年，生產飛機的勞工需求減少超過百分之九十、飛機的品質也提升，而每台僅需政府付出十三萬九千兩百五十四美元。[17]這項重大進步，到了戰爭的後期，是由近半數女性組成的勞力所完成的，她們幾乎都是首次在工廠工作。這並非戰爭期間成本大幅下降的唯一案例，但卻是最知名的案例之一。「飛行堡壘」是對納粹德國投下最多炸彈的飛機。戰時傑出的製造能力，也讓這間生產飛機的西雅圖公司變成美國家喻戶曉的公司：波音（Boeing）。

時至今日，學者仍在研究二戰時期的製造業經驗，因為這幾乎是解答下面有關科技學習曲線的關鍵問題的唯一線索：產品是真的因為產量增加而變得便宜，還是因為產品變得便宜，讓人們愈買愈多，所以使得產量增加？[18]在一般情況下，很難分辨誰是因、誰是果，但有了二戰的背景，就能釐清其因果關係。「我們知道小羅斯福（Franklin Roosevelt）不是因為飛機和坦克變便宜，所以增加軍購量。」在牛津大學研究技術學習率的學者法默（J. Doyne Farmer）表示。[19]換句話說，因為納粹集權在歐洲的崛起，對西方文明造成重大威脅，導致對戰爭物資的需求，在短時間內遽增。隨著美國人更新工廠設備以符合所需，其成本下降的速度，跟萊特學習曲線的預測幾乎相同。

對現代社會而言，這代表只要刻意增加某種新技術的需求，就有機會造成價格下滑。但切記，影響學習率的是累積生產量，不是總時間。生產量翻倍的速度愈快，成本下降的速度也愈快。

戰後新成立的美國空軍，也使用學習曲線的概念來解釋生產成本隨時間下滑的主要因素。在冷戰期間，這概念也被大量使用在軍事採購裡。某個相關概念，在電腦產業也鼎鼎大名。英特爾的共同創辦人摩爾（Gordon Moore），觀察到電腦晶片所能容納的電晶體數量，每兩年會增加一倍，這代表電腦的實際運算成本每兩年就減少一半。研究者已確立摩爾定律和萊特定律有密切關係；電腦晶片這項技術的學習率，跟其他技術很相近。隨著晶片總產量持續翻倍，以及這項定律持續發揮成效，使得學習率帶來晶片價格的急遽下降。[20]

在二十世紀中期，一名商學院的學生若完全沒接觸過學習曲線的概念，可能會無法畢業。若只把這概念用來描述產業裡發生的種種，會非常合理。但當擁護者想將這概念用在指導個別公司的策略時，就稍嫌過分了點。[21]大多數人借鑑學習曲線，是想要預測未來的成本，但事實上，曲線的斜度可能有時候會變化。換句話說，精美、規律的學習曲線，可能會從百分之二十下降到百分之十，或者可能從百分之二十跳到百分之四十。更糟的是，就算經營一間學習率優良的製造業公司，也無法保證沒有競爭者會用更精良的產品或全新的發明，破壞你的商業模式。[22]簡單來講，分析技術的學習曲線，並不是製造業成功的萬靈丹。除此之外，在二十世紀下半葉經濟地位日漸重要的服務業裡，這概念的用途也不大。律師事務所似乎不會願意因為他們經手過太多不動產合約而降低收費。到了一九八〇年代的晚期，因為這些表面上的缺陷，使得萊特定律不再是商業上常用的分析指標。

但有個急迫的新問題，在全球的討論度愈來愈高，而這個舊概念因而有了新用途。若想認識二十世紀後期潔淨能源的發展，理解萊特定律會有所幫助。如果推升某項技術的產量，可以降低成本，那麼反之亦然：進步停滯的技術，永遠不會沿著學習曲線往下，也就不可能變得夠便宜而被廣泛利用。兩種科技是很好的例子：風力機和太陽能板，兩者都用來發電。雖然它們在今日已成為寵兒，但兩項科技的發展，在二十世紀中都有好多年陷入停滯。這個錯誤非常致命，而理解到這一點對於解決氣候危機很重要，因為我們不能再重蹈覆轍。

月光州長

如果你在一九二六年碰過奧立佛（Dew Oliver），你可能會開張支票給他。很多人當時都這麼做過，但後來覺得後悔。這位迷人的德州人，戴著奶油色的史戴森牛仔帽、留著八字鬍，在加州南方四處奔走，大談賺錢的計畫。他的大膽想法是要捕捉風。

就跟所有穿過聖戈爾戈尼奧山口的人一樣，奧立佛對那邊的風印象深刻。這個由知名的聖安地列斯斷層造成的山口，也是美國最陡峭的山口之一，其兩側的山峰都高達九千英呎（約二七四三公尺）。就跟多數的山口一樣，它也具備風洞的效果。當加州內陸的炎熱沙漠空氣上升，來自西邊太平洋的冷空氣就會衝過山口。因為強風把奧立佛的牛仔帽吹掉，讓他理解到這邊的風有多強。

他的計畫真的很簡單。他要安裝一座十噸重的鋼鐵漏斗來捕捉風，接著傳往連接著有兩萬五千瓦特發電量發電機的螺旋槳。他的目的是把電賣給附近棕櫚泉的新興渡假小鎮。但他顯然沒意識到，當地的公用事業已獲得小鎮的供電權，不歡迎外人來攪局。但他真的有把東西建好：一九二七年，奧立佛的風力機器，就建在現在十號州際公路座落的幾碼之遠處。裝置的最前方是個大型漏斗，後頭接著長七十五英呎（約二十二・九公尺），寬十二英呎（約三・六六公尺）的圓筒，裡面裝著奧立佛搜刮而來的二手發電機。但就連奧立佛都低估了風的力量：在早期測試階段，螺旋槳轉得太快，導致第一台發電機失火。他找了更大台的發電機。但幾名他設法簽下的顧客抱怨，這機器發的電很不穩定。因為需要更多資金改善裝備，奧立佛開始賣股票給當地人，而他似乎沒有完全誠實揭露這項投機行為的風險。有人懷疑他的成本超過控制範圍，但無論原因如何，這計畫失敗了。法院起訴奧立佛，他因非法銷售股票被判有罪。短暫坐完牢後，他離開加州，這機器就遺留在沙漠中好幾年，最後在二戰期間被拆成碎片。[23]

為什麼會有人受騙投資這種瘋狂計畫？其實在一九二〇年代，風力發電的想法很熱門，許多美國人就算沒見過本尊，也聽過相關故事。[24]數千戶未連電網的農村家庭，渴望能接觸到那個時代的新媒體：廣播。這項新技術在一九二〇年代中期日漸流行，光是一九二三年，就有五百個廣播電台開播。[25]在廣播出現之前的年代，沒有電力可用的農民，在晚上很習慣用煤油燈，但那時許多人覺得自己得跟外在世界連結。首先是因為，包含每日售價在內的重要農業新聞，現在會透過廣播播出。新創公司在鄉間巡迴販賣工具組，裡面包含連結到發電機的小型風力機、一組電池、一台收音機，和一到兩顆電燈。[26]這台被稱為「風力供電器」（wind charger）的裝置，在一九四〇年代走入歷史，因為一項羅斯福新政的政策，讓幾乎全國都連上電網。[27]不過，幾十年後，風力供電器這項文化記憶的重要性獲得肯定。生活在美國中部的保守人民，人們原先預期他們會反對大型商用風力機這種新奇的發明，但他們卻記得祖父輩曾提過的風力供電器。一如收穫農作物一般，收穫風力的概念，讓許多人認為這是個合情合理的手段。

雖然風力供電的產業，在二十世紀中葉瓦解，但也證明人們可以用風力發不少電。有些有遠見的人，看到風力發電的巨大潛力：在麻省理工學院的大力支持下，一座巨型風力機於這時期完工，並向電網供電。這座安裝在佛蒙特州山上的風力機名為「爺爺的山丘」（Grandpa's Knob），雖然運轉得並不穩定，但仍成功運作五年，將電力輸往山下的尚普蘭谷。這座風力機在二戰接近尾聲時故障，由於風力發電的成本，比傳統發電機來得高，當地的公用事業單位決定不花錢購置新風力機。然而，當一個夢想成為現實，它就不會死去。那個世代，美國大眾社會最重要的科學家、且曾任小羅斯福總統二戰期間科學顧問的布西（Vannevar Bush）密切關注這個計畫。

「佛蒙特州山區的大型風力機證實，人類有能力打造出機器，實際利用風力產出大量的電，」布西博士於一九四六年寫道。「同時顯示出這種發電方式的成本，與較實惠的傳統方式差不多。因此，這也證明在未來的某個時間點，家中的照明與工廠的運作，會依靠這種新的發電方式。」[28]

雖然奧立佛在沙漠中用風發電的計畫落空，但有件事他是對的：他確實找到這國家最適合捕捉風力的地方之一。在他的計畫失敗半個世紀後，以風力機在商業規模上發電的概念重生，而聖戈爾戈尼奧山口成為風電重生的地點之一。另外兩座位於加州的山口，中南部的特哈查比和北部的阿爾塔蒙特都有著類似的風力條件，也被認定是重要的發電地點。

正如本書之後會更詳盡討論的那樣，一九七〇年代的能源危機帶給美國人民很大的震撼。看似擁有無限能源的國家，突然害怕會沒能源可用。到了一九七〇年代晚期，年輕的加州州長布朗（Jerry Brown），和美國總統卡特（Jimmy Carter），都願意尋找化石燃料以外的新能源來源。當時，全球暖化還未成為重大議題，但燃燒燃料所帶來的汙染，以及對耗盡石油的擔憂，都受到人們密切關注。

在三十六歲當選州長的布朗，是特別有創意的思想家。他年輕的時候曾待過耶穌會神學院，沉浸在思想的世界裡。一九七五年布朗上任後，他的想像力受到之前出版的鉅作吸引：《賴以生存的能源：如何不走上滅絕之路》（*Energy for Survival: The Alternative to Extinction*）作者克拉克（Wilson Clark）警告，人類對化石燃料的需求提升，在帶領社會走上一條不永續的道路。除了提到汙染和其他短期的問題之外，他還警告：「地球的暖化會讓冰帽融化，在全球各地造成天災。」[29]

布朗不只推崇克拉克的書，更任命他擔任新的能源顧問。州長的辦公室成為討論未來、以及加州如何協助發明未來的熱門地點。芝加哥某報社的專欄作者羅伊可（Mike Royko），對於從沙加緬度州議會大廈傳出的這些想法不以為然，給布朗一個「月光州長」的封號；這封號也沿用至今。[30]一九七六年，大膽的布朗於三十八歲參選總統，但在民主黨初選輸給卡特。在卡特的四年總統任期內，他們仍是政治上的勁敵，但在能源政策上，他們有許多意見相似。為了尋找能源的替代方案，加州跟聯邦政府都把政府財政的水龍頭打開。卡特也簽署一條聯邦法律，要求公用事業部門向風電廠在內的小型發電廠購電，只要其發電成本能低於大型公司。這條法律催生出再生能源的市場。

那時代的許多發電概念都以失敗作收，包含把煤炭變成液體燃料付出的許多努力，但部分概念則在後來開花結果。商用風力發電是之中最重要的概念。政府對這市場的補助與擔保帶起一波熱潮，許多業者在加州的這三處山口裝設實驗性的風力機。[31]沒有人重蹈奧立佛大型漏斗的覆轍；當時的工程師很清楚，捕捉風力的最佳作法，僅需將旋轉的扇葉連接到發電機。他們嘗試過各種設計，其中有些回頭來看，就跟奧立佛的想法一樣瘋狂。曾有座實驗風力機的造型像直立的打蛋器，常常把自己轉到粉碎。工程師也嘗試在不同類型的塔架上，搭配尺寸不同的二葉及五葉扇葉。儘管有政府的慷慨解囊，投入這產業的許多夢想家與投機者最終都以失敗收場。

在大西洋的另一端，同樣有人在尋找替代能源，而原因也很類似：歐洲國家（部分完全仰賴進口石油）對於阿拉伯國家禁運石油所彰顯出的能源弱點感到震驚。法國將核能視為解方，蓋了數十座的反應爐，並由政府負擔所有成本。[32]丹麥這個被海水包圍、受強烈海風吹拂、地形平坦的國家，則把目光投向風力。後來也公認是丹麥人打造出第一座現代風力機。

然而，並不是丹麥的大學或丹麥的政府研究計畫解決了這道難題。實際發生的情形很特別：由另類教育學校與企業組成、有時候被視為邪教的爭議性團體 Tvind，受到反對核能與化石燃料的意識形態啟發，設計並打造出第一台大型風力機。在志工的協助之下，這團體打造一台高達十五層樓的風力機，其扇葉面積的直徑跟機身台座的高度差不多。這座在一九七八年開始運作的風力機，有著三片扇葉，這項設計後來也成為國際標準。這項設計已在北美大平原上被證實可順利運作，但丹麥人把風力機的尺寸加大許多。[33]這項計畫獲得廣泛報導，成千上萬的丹麥人也蜂湧到現場，並感到非常驚喜。同時，丹麥政府也對發展風力發電許下政治承諾。[34]

在加州與丹麥之間有不少意見交流，加州的風電開發者最後也決定採用丹麥三葉扇葉的設計，因為這設計似乎在美學與工程之間取得最好的平衡。在某段時間裡，丹麥輸出到加州的風力機，比安裝在本國的還多。[35]當布朗卸任之時，加州的山口上已豎立起上千台風力機，但政府的資金水龍頭也隨之遭關閉。雖然用晚幾十年的標準來看，這些風力機都很原始，但仍足以證明風力機陣列（風電廠）所供應的電力很可觀。

事後看來，一九八〇年代初期的美國，正走在發展大規模新型能源的路上。然而，後來在一九八一年接任總統的雷根（Ronald Reagan）終結了政府對潔淨能源的承諾，轉而支持鑽探與開採化石燃料。一小群理念堅定的風電公司，撐過這波低潮並精進風力機的設計，但在雷根執政時期，因為石油危機的解除，多數美國人不大注重能源安全。

與此同時，另一項發電技術正準備開始。這項新技術的歷史顯示出，不管是產出大量電力的能力，或者是成本大幅減少的現象，風電都並非特例。

跟風力機一樣，太陽能板有著很漫長的發展歷史。早在十九世紀就被證實，若將某些材料拿去曬太陽，就能產生電力。一九〇五年，愛因斯坦（Albert Einstein）對於「光電效應」原理的解釋，讓他後來贏得諾貝爾物理學獎。[36]知名的發明家愛迪生（Thomas Edison），對於太陽能捕捉是個有用的電力來源的想法十分熱衷。「用燃燒發電的方案，我想到就覺得噁心——實在太浪費了，」愛迪生說。[37]在二十世紀的前半葉，科學家們前仆後繼，試圖打造出可用的太陽能板。《大眾科學月刊》（*Popular Science Monthly*）在一九三一年訪問到正在研究太陽能電池的德國研究員朗格（Bruno Lange）。雜誌寫道：「在不遠的未來，這些神奇的金屬板會在電廠中把陽光轉換成電力……在工廠運作跟家庭照明上，不遜於水力發電和蒸汽推動的發電機。」[38]這說法看起來很有先見之明，但整整幾十年，沒人能開發出有效將陽光轉換成電力的裝置。這也代表若想大規模使用太陽能板發電，其成本會貴到令人卻步。

一九五四年，技術的突破點出現在位於美國紐澤西，聲名遠播的貝爾電話實驗室（Bell Telephone Laboratories）。壟斷全國電話系統、有「貝爾老媽」（Ma Bell）暱稱的美國電話電報公司（American Telephone and Telegraph），當時是美國最富有的企業，有不少二十世紀突破性的科技進展，都來自於其慷慨資助的實驗室，貝爾實驗室便是其中之一。貝爾實驗室的發明家恰平（Daryl M. Chapin）與他的兩位同事正在研究提供偏遠電話機房備援電力的手段，預計用在拉丁美洲那些電網未涵蓋的區域。[39]他們轉往研究太陽能電池這項技術，並發現到一塊（從沙中提煉出的）矽板若再混合微量的其他物質，就能從陽光中獲得比舊款電池多六倍的電量。

貝爾實驗室舉辦記者會時，發明家在現場就用新的太陽能板供應小型摩天輪的電力。《紐約時報》的作者在隔天早上的報紙頭版宣布這項發明，「可能標誌著新時代的開端，終於實現人類最渴望的夢想之一——將太陽近乎無限的能量，用於人類文明。」[40]

太陽能板的發展與風力機一樣，都不是一蹴可幾，兩者的問題都一樣：沒有人有動力去承擔推動技術擴張的高成本任務。跟挖掘並燃燒黑色石頭相比，這台裝置的發電成本還是非常昂貴。實際上，這技術還困在學習曲線的最高點，尚未開始下滑。

困在這階段的技術，有時候能藉由找到利基市場而存活下來。太陽能板就是如此：美國太空總署很早就意識到，這項技術可能適合用來作為環繞地球的衛星的電力來源，而且在一九六〇年代的太空計畫裡，錢不是問題。隨著其他用途的出現，太陽能板的市場也逐漸擴大。最早採用太陽能板的企業之一是石油公司，他們發現到太陽能結合電池，能用於離岸鑽油平台的導航燈。事實上，石油公司是部分太陽能產業的早期大型投資者。到了一九八〇年代，幾間日本的電腦公司扛下重責大任，他們多年來都是商用太陽能板最重要的製造商。看到這項新興產業的潛力，日本的公用事業單位和政府啟動一項計畫，要讓人民在屋頂上安裝太陽能板。[41]在那十年的最後幾年，有些勇敢的美國人開始花大錢在自家的屋頂安裝太陽能板——通常是那些太偏遠、沒有電網涵蓋的家庭。從一個利基市場延伸到另一個利基市場，太陽能漸漸地開始擴張。在這時期，商用風力機的市場也緩慢成長，因為人們對風電的興趣逐漸從丹麥和加州擴散到一部分的其他國家，其中包含工業龍頭德國。

一九八八年，美國太空總署的科學家漢森（James E. Hansen）針對全球暖化的危機向國會提出警告，並吸引大量的媒體報導。[42]在接下來的十年裡，環保團體開始尋找為電網減少大量碳排放的手段。理論上，核能會是一種的解方，但因為核電的成本在攀升，而且大眾也非常擔心核電廠的安全性。到底還有什麼技術可用？風電和太陽能是明顯的選項，但其成本仍高居不下。

然而，早在一九七〇年代就有一群研究者注意到，隨著市場的擴大，太陽能板的價格似乎愈來愈便宜。圖表顯示出，如果環保倡議團體能找到方法讓市場變大，就有機會進一步讓成本降低——但在成本下降之前，沒人會願意採用新技術。在一九三六年的那篇知名文章裡，萊特就談到這種矛盾：「在一般的循環關係裡，降低價格的最好方式就是提升產量，但最有可能提升產量的手段，就是降低價格。」

直到一九九三年，才終於有人找到進階的邏輯觀點。[43]普林斯頓大學的教授威廉斯（Robert Williams）指出，太陽能板技術的學習率高達百分之二十，並提出一種策略。如果把政府的預算用來加速技術的擴張，那麼技術的成本也會下降得更快。他建議可透過大型的聯邦政府計畫來達成這目標，但就像我們即將在下一章所見，實際的狀況比原始計畫來的更混亂與複雜。但儘管如此，這仍是很精彩的點子：學習曲線終於不只是對技術發展的觀察，更成為解決世界難題之一的中心思想。

大哉問

那是當年春天倫敦最搶手的演唱會。只有一千人能擠進康登鎮的著名場館「可可夜總會」（KOKO），有許多音樂人在此辦過跟粉絲近距離接觸的演唱會：王子（Prince）、女神卡卡（Lady Gaga）和綠洲合唱團（Oasis）。二〇〇六年五月一日演出的主秀是湯姆·約克（Thom Yorke）。這位電台司令樂團（Radiohead）的明星主唱，會跟他的團員強尼·葛林伍德（Jonny Greenwood）一起表演。

然而，這是場非典型的演唱會。這場活動有著政治目的，主辦單位也仔細安排，將某些票在他們認為效果最好的地方發放。那天晚上，有個人站在夜總會的人群中，沉浸在音樂氛圍裡：他是當時英國政壇新星——卡麥隆（David Cameron）。當約克和葛林伍德演出包含卡麥隆最愛的〈假塑膠樹〉（Fake Plastic Trees）在內的十三首電台司令的歌曲時，他高聲歡呼。

這場倫敦的演出，是在英國各地舉行系列活動的第一場，也是這項吸引數百萬英國平民參與的系列公開活動的高峰，而他們做的不只有參加演唱會而已。他們上街遊行。他們寫信給國會議員。他們找鄰居一起參與。這個命名為「大哉問」（the Big Ask）的活動，是由環保團體「地球之友」（Friends of the Earth）所策畫，企圖藉由讓國會制定一條嚴格的法律來對抗氣候變遷。約克是這活動的代言人。在一次訪問中問及他這麼做的原因時，他說：「相較於陷入覺得自己對氣候變遷無能為力的陷阱，能夠參與正向且有建設性的活動是件好事。」[45]

在演唱會的前一年，卡麥隆獲選為當時未執政的英國保守黨的青年領袖。他因為承諾「讓新世代接受保守黨的想法」而贏得這職位。[46]僅僅在演唱會的後四個月，他清楚表達他所採取的方法之一是：他跟「地球之友」的負責人同台，並宣布如果保守黨有機會執政，他們會通過氣候變遷的相關法案。卡麥隆的這項宣示，讓其他政治人物一窩蜂地開始回應民眾關於政府對策的請求。當時由布萊爾（Tony Blair）領導的工黨政府，起初還猶豫不決，但最終也加入這一行列。《氣候變遷法案》（The Climate Change Act）於二〇〇八年通過英國國會立法，也是世界首部將解決氣候變遷納入國家政策的法律。兩年之後，時年四十三歲的卡麥隆，因為其對氣候變遷的立場與對同性婚姻的支持獲得大眾的高度肯定，他成為一八一二年以來最年輕的英國首相。

北海上的所有風力機的出現並非偶然。在《氣候變遷法案》通過國會立法的將近十年前，英國就在測試離岸風電。但這項法案促使國家採取更積極的減碳排目標，尤其是在發電上。由於潔淨能源會需要取代其他部門的化石燃料，新的氣候變遷委員會宣布，「如果我們想達成整體的溫室氣體目標，那麼徹底減少這部門的碳排放就至關重要。」[47]英國的政治人物認定離岸風電是實現這些目標的最佳選項之一。[48] 後續的幾位英國首相，持續擴大國家的抱負，最終也體現在強森的承諾中：他承諾會建造數量足以供應英國所有家戶用電的離岸風力機。多年來政府的支持，讓離岸風電的產業開始循著學習曲線下滑。但現在這產業能利用零售電價的下滑，來報答不斷升高的政治承諾需求。

不幸的是，美國至今未通過任何等同《氣候變遷法案》的法律。但這國家擁有幫助某項重大潔淨能源擴張市場的歷史：陸上風電，就是一九七〇年代在加州山口進行重要測試的那項技術。在下一章中，我們會描述事情的始末。先提示一下：就跟英國的離岸風電一樣，陸上風電的倡議者透過民主的工具讓這技術擴大市場。

在這章中，我們花很長的篇幅討論風力機和太陽能板，但並不代表我們認為它們是解決全球暖化問題的唯一解方。事實上，它們只是一部分的解方。雖然它們能協助我們減少電網的碳排放，但只靠它們無法讓我們達成潔淨電網的目標。這些技術做為電力來源有其問題，我們將在後續的章節討論。而且它們也無法減少飛機、貨輪的碳排放，或是生產水泥、鋼鐵原料的大量碳排放。這些問題都需要仰賴其他技術。

我們反而希望，你將過去二十年裡風電與太陽能的產量擴張視為一種典範，並從中思考我們能如何解決其他的問題。學習曲線的理論，提供一些基本方針。一開始就問現在潔淨能源技術的成本，是個錯誤的提問。如果技術很新，當然成本會比存在許久的科技要來得昂貴。真正的提問會是：若我們有意識地擴張這技術的規模，在五年後，或十年、二十年後，它的成本會變成多少？

要擴大新能源技術的規模，就得有人在早期為此花大錢，這是個不爭的事實。若這聽起來很不合理，別忘了這現象同樣發生在消費型產品上。一九九〇年代，平面電視的市場開始擴張，因為每個看過的人都想擁有一台，而且有夠多人願意付上千美金購買這些早期的機型。手機和個人電腦等消費型產品的市場擴張也有相同的原因：早期採用者將這些技術滑下學習曲線，讓成本降到多數美國人都能負擔的區間。

但能源技術特別複雜之處在於，它們不那麼受消費者的需求所影響。當你打開電燈，你有多少次曾考慮過這些電是如何產生的？人們對於發電的方式沒有什麼影響力，但政府有。事實上，就像我們會在第二章討論到的，在歷史上多數的時間裡，發電活動都是受到政府管制的。就算消費者對於自己買哪款車有更大的影響力，但其實政府在這方面也具備很大的控制權，譬如藉由設定油耗標準、決定哪種車可以優先上市，以及設定排放標準來保護空氣品質。

若希望讓風力機和太陽能板的規模擴張到人人可以負擔得起的程度，需要政府採取行動做出決策——這不僅需要利用補貼等獎勵，也需要搭配像是電力來源配比的法律要求等約束。這些政策的成功是我們對電力產業有潛力改變這一點，持樂觀態度的原因之一。但全世界發電的碳排放僅占總量的百分之三十八。[49] 我們還有其他巨大的問題需要解決，也代表我們必須扶持新技術，直到它們也能做出重大貢獻。

本書接下來的部分將探討如何實現這一目標。從地方議會到中央國會，政府對於市場上可用的技術有著巨大影響力。藉由引導普通市民參與這些最重要的決策，讓他們也能幫忙發揮學習曲線的神奇力量。

CHAPTER

2

電力開關

Power Switch

科羅拉多州東部平原的天氣變幻莫測且劇烈，天空有時會落下大到足以摧毀小麥作物的冰雹，而這些小麥是當地人的主要收入來源。斯普拉德利（Lola Spradley）成長於此地的農場，在她還是個小女孩的一九五〇年代，她母親說了一句讓她銘記在心的話。

他們的農場上有幾口小油井，被稱為「邊際井」（stripper well）。她的母親提到，在作物價格低迷或收成不佳的那幾年，出售少量石油帶來的額外收入是上天給的禮物，讓家裡能夠支付房產稅，又能維持農場撐過這一年。年輕的斯普拉德利從母親的話中領悟到，經濟來源的多元是件好事，可以幫助人們度過艱難時期。

她說這個信念也解釋了，為什麼在二〇〇三年有環保倡議團體找上她尋求協助時，她會做出這樣的反應。那時候，斯普拉德利已成為科羅拉多州政壇最有影響力的女性。她在州議會一路崛起，在那年成為科羅拉多州眾議院的議長，也是第一位擔任該職位的女性。雖然她是堅定的共和黨人，但她在丹佛的州議會，也以願意傾聽任何人而聞名。倡議團體向她解釋他們想要的是：將一項溫和的規範寫入州法律，希望科羅拉多的大型公用事業公司開始為州立電網採購再生能源。

斯普拉德利從她自己的生長背景知道，大平原的農民長期以來都依賴風車來抽水。「我在想：一個風車，用來生產能源而不是抽水？我想這沒什麼問題，」她在接受本書訪談時回憶著，「而且我知道，很多農民的生計都是過一年算一年，我在想，好吧，這對他們可能是額外的收入。」[1]

她花了兩年的時間試圖在科羅拉多的議會推動這項措施，也面對來自仰賴煤炭發電的電力公司的反對。她在每年會期的最後幾天都以些微差距落敗。環保團體最後放棄這一管道，並在她的支持下，決定直接付諸公民投票。

在此之前，美國有數個州就已通過法律，要求州立電網的電力，有一定比例得來自再生能源。這個概念起源於愛荷華州，但其起源與風電或太陽能無關。而是在一九八〇年代，有兩位來自芝加哥的企業家在愛荷華州各地宣傳，如果能迫使公用事業公司購買再生能源，就可以在數十座小型水壩上加裝發電機。他們試圖引起一些政治家的關注，包括共和黨州長的辦公室。

其中一位政治人物奧斯特伯格（David Osterberg），他不僅是名大學教授，也是社會和環保運動人士，他曾贏得愛荷華州議員的職位，在當時他住在一個過去是雞棚的地方。他搬進那個雞棚是為了證明，「你可以靠著別人扔掉的東西在美國活下去。」該郡的衛生部門試過逼他搬出去，後來也因此爆發一場漫長的法律戰，而他獲勝了。他在雞棚裡住了五年，他也認為這個形象幫助他在一九八二年贏得議會席次。

「我只贏了四百票，」他回憶道。「至少有兩百個老白男說，『我不喜歡教授，但那個混蛋，他一直在和政府作對，所以他跟我一定是同一掛。』」[2]

作為新科議員，他支持立法在水壩裝設發電機，也嘗試推動要求州內電力公司購買再生能源的法案通過，並引發漫長的法律戰。一九九〇年代，當電力公司輸掉這場法律戰時，在水壩蓋發電機的想法已逐漸消失，但電力公司仍遵從規範，從風力發電廠購買電力。這是愛荷華州電力系統大規模轉向以風電為主的起點。

「你必須先有政策，」奧斯特伯格說，「我們必須對那些愚昧的公用事業經營者說：試試看，你可能會喜歡的。」

在一九九〇年代中期，愛荷華州的再生能源法令獲得加州一名年輕女子雷德（Nancy Rader）的關注，她對於如何將再生能源納入電力市場有過深入的思考。這波電力改革正席捲全國，加深再生能源市場的競爭，但卻毫無機制能衡量再生能源對環境帶來的好處。雷德女士和其他倡議者擔心，那時代規模尚小的再生能源產業即將遭受重創。

她提出一種巧妙的解方。她敦促各州將再生能源規範納入法律，但有個附帶條件。再生能源的發電商被允許只要每產出一千瓩小時的電，就能發行一張證明，代表他們是採用「綠色」的方式發電。受到政府再生能源法令管制的零售電力供應商，將透過購買證明來遵守法令——也就是把買來的綠電輸送給他們的用戶。因為證明的價格是由市場決定，就能創造再生能源發電商之間的競爭，並迫使他們找到方法降低成本。這做法很巧妙地將法令和市場結合在一起。

當雷德首次提出這想法時，雖然獲得監管機構批准，但加州議會隨後予以否決，直到幾年後才改變立場。「擔憂的科學家聯合會」（Union of Concerned Scientists）也是將這概念推廣至全國的推手。到了一九九〇年代末期，麻薩諸塞州、內華達州、威斯康辛州等數個州，都通過類似的規範。值得注意的是，德州也通過這項法案，他們正關注如何開發該州西部地區的強風。簽署該法案的州長是共和黨的後起之秀小布希（George W. Bush）。

許多地方的電力公司都抵制這些法律，但通常反應並不強烈，因為這些規範通常都較為中庸，有時甚至只要求占百分之一．一的發電總量。這些法律得以通過，通常是因為它們是電力市場改革談判的一部分；而環保團體和再生能源業者也將相對中庸的目標視為推動支持所付出的代價。[3]

法案的爭議在科羅拉多州更加激烈，因為這是個出產石油和煤炭的大州，許多人的工作都與化石燃料息息相關。在推動議會立法失敗後，當地的環保團體訴諸公投，要求大型電力供應商將再生能源的採購占比，在二〇〇七年之前提高到百分之三，並在二〇一五年達到百分之十。電力公司辯稱，電費將會因為採購較昂貴的能源而提高，但倡議人士卻提出限制，每戶每月的電費增幅只能限縮在五十美分以內。[4]反對者也聲稱，再生能源的間歇性質再怎麼溫和，都可能導致電網停擺。

大家都很清楚，在科羅拉多州的農村地區，這項公投肯定會失敗，而在蓬勃發展的城市地區則可能會獲勝。斯普拉德利積極支持這項措施，而她的支持對於減少農村地區的票數落後可能非常關鍵。當小布希於科羅拉多州攻下一城，完成總統連任之際，選民們也傳達出他們偏好潔淨能源的強烈訊號。這項名為《第三十七號修正案》（Amendment 37）的措施，以近百分之五十四的得票數通過。[5]

這項結果在美國各地引起廣大迴響。如果連科羅拉多州這樣仰賴煤炭與石油產業的州都能通過立法，也許就代表美國人民真的希望擁有更潔淨的能源。在推動各州通過類似法律時，環保和再生能源團體有套策略。他們非常清楚與化石燃料相比，再生能源仍然較昂貴。但他們心中也謹記學習曲線的教訓：如果你能提高潔淨能源的裝設數量，你很可能讓成本降低。如果潔淨能源的價格變便宜，某些反對也會消失。在科羅拉多州的公投運動裡，有則廣告明白指出：「隨著技術的進步，再生能源的價格將降低。」

在風電方面，也證明協助農村經濟發展的這個論點很有效。雖然在雷根執政時期，國會將早期針對這項產業發展的減稅措施廢止，並從一九九三年開始，提供較為節制的租稅優惠，風力發電廠的經營者每生產一度電，就可以獲得一・五美分。這項規範的擁護者是來自愛荷華州的共和黨參議員格拉斯利（Chuck Grassley），當地的農民因風力發電廠的發展而有望獲得數百萬美元的收益。

最後，在美國五十個州裡，有三十個州以及華盛頓特區都通過具有約束力的潔淨能源規範，大多都在一九九〇年代末期和二〇〇〇年代初期完成立法。[6]透過組合各州的規範和聯邦政府的租稅優惠，也推動美國風電產業的大規模發展。數年來，美國一直是世界上最大的風力機市場，直到後來才被中國超越。學習曲線也發揮其神奇作用：裝置容量每翻一倍，都會讓成本下降百分之十多一點。[7] 這些公司是如何做到的呢？到現在，你對下列細節應該很熟悉：工廠變得更大、更有效率。工人的技術更為熟練。風力機變得更大、更高，也能捕捉更多能量。隨著發明出更可靠的零件，以及更多的零組件被移到方便維護的「塔下」，維護成本也下降。數十項的創新，也促使價格穩定下降。如果你恰好學過學習曲線理論，這些技術進步，以及其所帶來的成本下降，會非常符合你的預期。

我們撰文的此刻，有些美國小州已經有百分之三十或更多的電力來自風力機。在二〇二〇年，愛荷華州的電力有近六成是來自風力機。即使在美國人口第二多的德州，這項數值

圖三　化石燃料燃燒產生的二氧化碳排放量

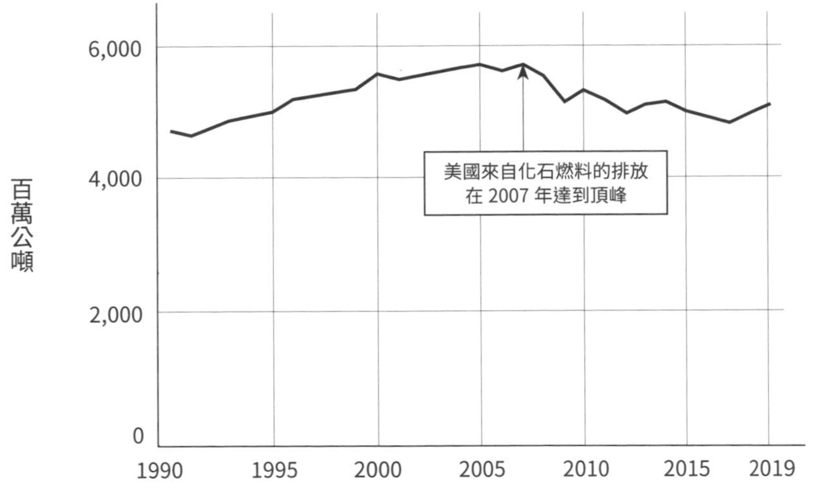

也有百分之二十。目前全國已有超過百分之八的電是來自風電廠，當然這些電廠還有很大的增長空間——以及進一步降低成本的空間。然而，由於成本已經下降許多，在美國很多地區，風電已成為最便宜的產電方式。在二〇一九年初，與興建全新的風電和太陽能電廠相比，美國四分之三的燃煤電廠光是在營運上就已經虧損。而且經濟情勢的變化很迅速；到了二〇二五年，超過百分之八十五的燃煤機組可能都不具經濟效益。[8]在再生能源的興起，加上某部分是廉價天然氣的推動之下，美國已經關閉超過一半的燃煤發電廠。

在華府，氣候變遷的兩極化辯論可能讓人誤解。其實在風電大規模擴張的美國中部地區，共和黨的政治人物發揮關鍵的支持功能。這並不是因為他們在暗中煩惱著氣候變遷；奇妙的是，他們有很多人仍否認這是個問題。但他們看到再生能源的其他好處，特別是促進農村經濟發展。風電公司繳納的稅金能支持當地學校，他們會僱用當地人、繳納的地租也會成為地方收入。[9]斯普拉德利在科羅拉多州的第一個直覺是正確的：這對農民確實有好處。堪薩斯州的強烈保守派州長布朗巴克（Sam Brownback），直白地點出這個經濟理由。身為美國未來農民協會（Future Farmers of America）的前全國副主席，布朗巴克很清楚，設置風力機的豐厚款項可能是某些家族農場的救贖。「我們出口很多東西，我希望在未來我們能出口更多的風電，」他在二〇一一年宣布。「我們需要更多的風力機，而且需要現在就有更多。」[10]

在美國和其他國家擴大風電產量的同時，德國在太陽能也同樣有所斬獲。從二〇〇〇年開始，德國通過一項國家政策，會以高於市場的價格購買太陽能發的電。他們原先預計德國的太陽能板生產商將獲得很大的好處，但結果並非如此；當中國人看到可能有項重要的新產業會在德國發展，他們便迅速行動。在不到十年的時間裡，得到政府數十億元補貼的中國公司，攻占全球太陽能板的製造市場，而這個市場還在迅速擴張。彷彿兩國簽署了不成文的協議，要降低太陽能的成本：德國高價購買，中國大量生產。再一次，學習曲線發揮奇效：如果從一九七六年開始算，每一次太陽能板的累積裝設量翻倍，成本就會下降大約百分之二十。如果只看世界上大部分太陽能板完成裝設的過去十年裡，這個數值接近百分之四十，但這種轉變可能只是暫時的。[11]語帶保留地說，可以預期太陽能產業的持續擴張，將使太陽能板的成本，在每次裝設量翻倍的時候減少百分之二十到百分之三十。在陽光特別充足的地區，太陽能板是人類迄今找到最便宜的大規模發電形式。多年來，每千瓩小時四十至五十美元，被認為是很好的電力批發價格。（這相當於一度的批發電費是四到五美分，「度」是出現在住戶電費帳單上的功率單位。美國本土家庭的零售電費通常是十至二十美分，其中包括傳輸和配送電力的成本，還有投資人的利潤。）在風力資源豐富的地區，風力機現在可以用每千瓩小時約三十美元的價格生產電力，而在印度和墨西哥所簽訂的太陽能電廠的合約，價格甚至低於每千瓩小時二十美元。在不久的將來，太陽能板說不定能以每千瓩不到十美元的價格發電（即每度的價格不到一美分），如此低廉的價格會讓人們考慮將耗電量大的鋁冶煉廠搬到沙漠地區。其實，正如我們之後將在本書討論的那樣，科羅拉多州有間利用電力熔煉廢鋼鐵的大型鋼廠，正在工廠附近建設大型的太陽能發電廠，以提供部分電力。

風電和太陽能的價格在近年來大幅下滑，是件值得慶祝的事，但更重要的是，我們必須謹記在心，這些能源是經過多少時間才降成我們可以負擔的價格。這是因為有幾十年的時間，這些技術的發展都處於停滯狀態，沒有政府和電力公司努力提升產量。但對於目前仍在研發中的新型潔淨能源技術，

圖四　太陽能電池板的學習曲線

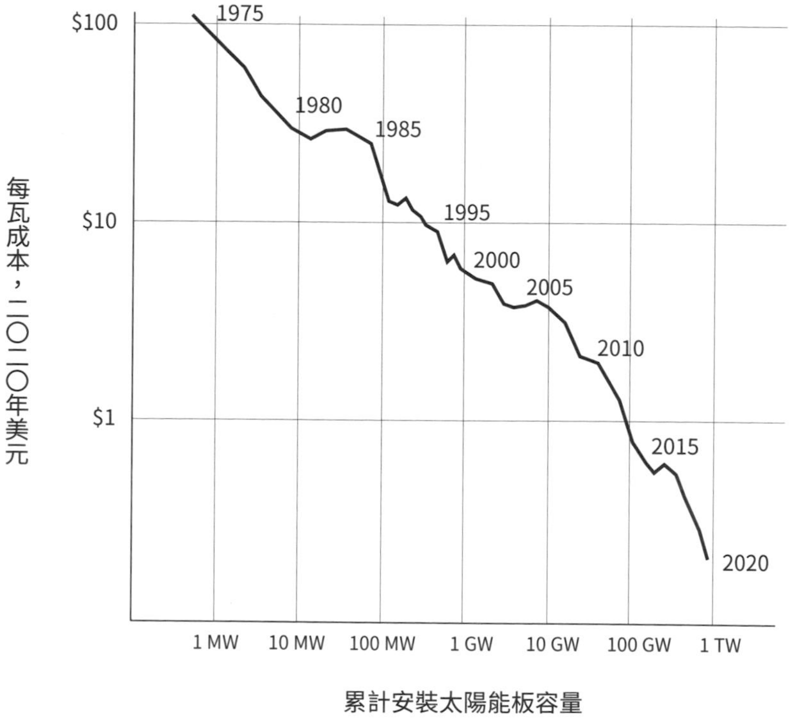

我們沒有半個世紀的時間可以浪費。為了阻止地球繼續升溫，我們必須在大約二〇五〇年前將二氧化碳的排放量降低到接近零。這一時間點距今不到三十年。為了實現這一目標，我們要盡快把有潛力的新技術從實驗室推往市場並受到廣泛應用。現在我們已經了解到，創造經濟實惠的技術所須的條件為何，我們就更明確知道在接下來關鍵的幾十年裡，社會必須採取哪些行動。

讓電網變得潔淨，是經濟體減排的關鍵。因為在許多用到能源的地方，電力可以替代燃燒燃料。這套基本策略被稱為「全面電氣化」，從烹飪到暖氣，再到交通工具和工廠。但只有當我們消滅電網的碳排放時，這套策略才能奏效。

好消息是：再生能源的擴張和廉價天然氣的出現，導致美國發電的碳排放在二〇〇七年達到頂峰後，就開始大幅下降。但我們還有很長的路要走。在大多數的地區，公用事業公司對潔淨能源的態度仍不夠積極——部分原因是慣性使然，但同時也因為他們經營的方針已經過時、他們所使用的技術也相對陳舊。如果在一八八〇年代發明電網的愛迪生起死回生，他可能會對我們發明的各種小玩意感到驚訝，但當他開始研究車庫和地下室裡的電線時，他會發現自己對此幾乎瞭若指掌。自從一八八二年愛迪生的珍珠街發電站在曼哈頓開始運作以來，電力系統的基礎設施幾乎沒有發生多大轉變。

我們必須加快改變的速度，但因為物理環境、法律和政治因素，變革難以實現。電網是人類打造出最複雜的機器之一，它們對現代生活至關重要，所以也受到同樣複雜的法律與規範給層層保護。大眾很難搞清楚發生在電網的種種。「主要是因為這個主題極其無聊，而且又充滿晦澀的制度和程序、難懂的行話和無所不在的縮寫，」幾年前，氣候作家羅伯茲（David Roberts）說。「公用事業公司受到乏味的力場所遮罩。」[12]我們必須突破那個力場！但若想要找到突破的途徑，就需要先理解，當人們想用電的瞬間，電力是如何在牆壁上出現的。

一項現代奇蹟

電力深入到我們生活的每個角落，我們因此視之為理所當然，卻忘記它是多麼奇特的日常用品。電力必須在同一時間內被產出、傳輸、販售和消費。電力難以儲存。然而，電力無疑是最有益的能源形式。你可以隨時隨地，隨心所欲地使用電力，沒有零件壞掉的疑慮，在家裡也不會產生煙霧和火焰。你可以提供精準的電量，讓你的 iPhone 或立體音響裝置運轉，電力公司也可以把電力送到政府的公共設施為整個城市供水。室內的水電管線似乎是最不可或缺的現代發明，但它之所以能運作，是因為有電力驅動抽水馬達與污水馬達。便宜、無形的電力隨時準備就緒，全年無休。就跟魔法一樣，電力讓我們孱弱的身體能在不流汗的情況下，迅速爬升到四十層樓高建築的頂端。還能將水運過山脈，讓人們能在鳳凰城打高爾夫球，或者在洛杉磯種植出茂盛的草坪。電力讓我們可以無視季節，在一月的水牛城覺得暖和，在七月的達拉斯覺得涼爽。

大多數人不知道他們用的電力來自何方——他們為什麼要知道呢？電力隱藏在牆壁中，且每六英呎（約一．八三公尺）就有一個插座。在先進國家，電力相當可靠；而在發展中國家，缺乏電力就是極度貧窮的象徵之一。當人們首次獲得電力時，也為人生帶來轉變。原本可能在學校成績不好的小女孩，突然間在晚上有了燈光可以讀書，而使成績進步。供電給七．七億尚未能用電的人口，是重要的道德之舉。[13]

這個神奇產品支撐著現代社會的所有環節，但價格卻很實惠，至少以全球中產階級的標準來看。在像美國這樣的國家，一個月的電費可能比手機話費還低。花一秒鐘想想看：你每天只需花幾美元，就可以獲得光線、熱能、娛樂、冰啤酒、熱咖啡、安全的食品、全球通訊，以及取用人類積累的知識的管道。這絕對是有史以來最划算的交易之一。但即使在美國，有些人確實付不大起電費，當然——這些人和其他人一樣需要晚上有燈光。因此，保持合理的電價也是另一個重要的道德之舉。

然而，儘管電力為人類帶來許多好處，這項現代社會的基礎技術也帶來巨大的危害。全球有百分之三十八的二氧化碳來自發電廠，而二氧化碳會導致氣候暖化。中國現在排放的二氧化碳比其他國家還要多，其中最大的原因是對能源需求的快速增長，而得新建許多燃煤發電廠。

美國對氣候汙染的歷史貢獻最大，目前在溫室氣體排放方面仍位居第二，其中有百分之三十三的二氧化碳就來自發電廠。同時，我們也不應忘記，若按人均排放計算，美國的人均汙染程度遠高於中國。

我們確實無法在沒有電力的情況下享受現代生活——但是，如果我們繼續用過去的方式發電，我們將愈來愈難以享受既有的生活方式。還記得我們說電力很便宜嗎？但這只有在忽略與發電相關的健康、氣候和環境破壞成本的情況下才能成立。即便不考慮氣候問題，我們也需要潔淨電力來取代化石燃料的燃燒，因為燃燒化石燃料會產生空氣汙染，據估計全球大約六分之一的死亡與空氣汙染有關。[14]

為了冰啤酒和夜間照明而破壞公共健康和破壞地球，這代價很高。因此，在迫切需要用電的同時，我們也迫切需要找到更好的發電方式。

電從何而來？

牆壁內的電流由電子組成，這些微小的次原子電荷沿著嵌在其中的電線流動。大多數的電子是受到直流電發電機（或稱發電機）的裝置所驅使而移動。發電機的轉軸會以某種機械動力驅動，讓內部的磁鐵在銅線圈上移動，並在導線中產生電流。電流可能要移動幾百英里才能為你所用，但它沿著電力線移動的速度近乎光速。當你煮晚餐時，照亮廚房的電力，是直流發電機在幾秒前所產出的。如今，根據你居住的位置，有些電力也可能來自太陽能板（它們無需其他零件就可將陽光轉換為電能），或者來自捕捉風力來驅動發電機的風力機。

現代的直流發電機非常龐大，所以需要動用強大的機械動力來驅動。當水流過大壩內的導水管，沖擊跟發電機相連的水輪，進而驅動發電機。這是最早出現的大規模發電方法之一，至今仍然是全球最重要的電力來源之一。一九五〇年，即美國大壩建設時代結束之際，大壩提供美國近三分之一的電力，儘管如今電力需求遠高於當時，但大壩的供電占比已降至不到百分之十。只有挪威和哥斯大黎加等少數國家，因其水力資源豐富，幾乎所有電力都來自水力發電。

大多數國家無法和挪威一樣，而現代發電技術多與熱能有關。水在被煮成超熱的蒸汽後，形成高壓蒸汽通過管道，並驅動連接到發電機的渦輪。即使是在照片中看似很複雜的核電廠，實際上也只是一種高科技的煮水方式。你可以將核電廠視為一只巨大茶壺，只是加熱的方式很特別：鈾原子的分裂。

儘管如此，大部分電力都來自於燃燒化石燃料將水變成蒸汽。在美國，幾十年來煤炭一直是發電燃料的首選，這在許多大國也仍是如此，包括中國和印度。煤炭（古代植物的化石遺骸）從地下開採出來，透過火車運到發電廠，然後再倒入像巨型胡椒研磨罐的機器中。然後，研磨過的煤炭會吹入熔爐並在火焰中燃燒，火焰的溫度很常高於華氏一千度（約攝氏五三八度）。

這火焰會接著把水煮沸用來轉動渦輪，並驅動直流發電機。

大多數的煤炭電廠都非常巨大。例如，四十年前所建造的一般發電廠，其發電量足以一次供電給五十萬甚至一百萬個家庭。當火焰吞噬大量磨成滑石粉狀的煤炭時，煤炭當中的碳會與空氣中的氧結合，而一座發電廠每年會從煙囪中排放數百萬噸的二氧化碳。直白點說，發電廠是在使用你我所呼吸的大氣當作它們免費的垃圾場。

許多國家電力系統的核心，都是由這些笨重的燃煤電廠所構成。在美國，儘管天然氣的發電占比日益增加，但燃煤電廠仍占百分之二十。世界如此依賴煤炭的原因是：煤炭的全球儲量足以繼續供應好幾個世紀的發電量，這些煤炭分布在印尼、澳洲、波蘭、南非、美國的維吉尼亞州和懷俄明州等地。

雖然燃料可能很便宜，但建造燃煤電廠並不便宜，一座新型電廠的造價都高達幾十億美元。而燃煤電廠的兩個特點：運行成本低，建設成本高，對我們的電力系統的結構產生巨大影響。因為一旦燃煤電廠落成，最符合經濟效益的做法就是全天候運行，且有可能會長達幾十年之久。因為初始成本很高，需要營運數十年才能損益兩平，而且若發電廠閒置不運作，就會成為遞耗資產。

燃煤發電廠的轉換效率並不高。燃煤產出的能量，有超過一半會以廢熱的形式從煙囪排放出去。只有三分之一左右的能量被轉化為電能。這驚人的浪費程度也顯現在費用與汙染上。但是，燃煤發電廠的使用壽命確實很長。透過適當的維修和定期更換關鍵零組件，它們可以運行長達六十到七十年。這聽起來像是一個好處，但燃煤電廠的長壽也代表如果我們缺乏選擇除役電廠的意識，它們的低效率和汙染也會長時間陪伴著我們。這是環保人士竭力阻止新建燃煤電廠的重要原因；現在凡建造一座燃煤電廠，我們都被迫要在二十一世紀的大半歲月中負擔其成本。

我們的電網設計還面臨另一項現實的挑戰。與小麥或大豆等商品不同，電力的儲存既困難又昂貴。這現象意味著供電商（無論是使用煤、天然氣還是太陽能板）每分每秒都必須在電網上提供跟客戶需求相等的電力。二〇二一年二月，德州的嚴寒天氣導致許多發電廠停擺，這起事故也顯示出供需平衡的重要性。由於供電量無法滿足需求，電網的經營者不得不在人們的暖氣機需要運作時，對州內大部分地區實施停電。

為什麼電力的供需平衡需要如此準確？這是因為有數百萬台設備連接到電網：你的冰箱、洗碗機、複雜的工業機具，以及維持人們性命的呼吸器和心跳監測系統。這些現代設備都可以容忍供電的輕微波動，但較嚴重的供電不規律可能會損壞或破壞某些設備。

隨著電力需求的爆增，電網通常藉由投入愈來愈多的發電機來滿足需求。有經驗的營運中心會試圖預測電力需求，提前幾天檢查天氣預報和其他因素，但他們也必須應對緊急突發狀況——任何發電廠都可能在毫無預警的情況下跳電，而且這部分損失的電力必須立即補上。

有些作為儲備的小型電廠一直處於運行狀態，隨時準備向電網輸電。其他大型電廠則可以在收到警告的十到十五分鐘後啟動。

這套系統的運轉幾乎沒有多餘的容錯空間。電力行業將需求超過供應的狀況稱為「欠壓保護」（Brown-outs），在這段期間內供電區域的電壓會下降。低電壓有可能會破壞電子設備——無論是連上電網、家中或醫院中的使用設備。為了避免這種損壞，若某部分的電網出現故障，鄰近的電力設備可能會偵測到波動並斷開連接。在最糟糕的情況下，可能會造成連環停機，並導致整個州陷入黑暗。在二〇〇三年，因為程式錯誤加上人為失誤所引發的一系列事件，在美國東北部地區引發大面積停電，有五千萬人因而斷電。系統就完全照著設計運作——大部分的設備在陷入無法修復的損壞之前，就自動停機。某些地方的設備，後來花費一整週才能重新啟動。

簡而言之，這套（龐大、笨重且昂貴）系統的管理需要非常高的準確度。電力工程師開發出一系列特性不同的發電廠，盡可能以最低成本滿足需求。核電廠和燃煤電廠通常會持續運行：因為它們不能快速增減功率，並且在非全功率運轉時，效能也會大幅降低。人們啟動並持續運作這些電廠，有時會持續數年，只在表定的維護期間才會關閉。

為了滿足像是炎熱午後開冷氣的大型負載等更多變的用電需求，工程師們會啟動先進的天然氣渦輪機。它們的規模比燃煤發電廠小得多，並且更有效率，可將約一半的燃料轉換為電力。在一天之內，這些電廠可以增減功率好幾次。對於非常短暫、尖峰的供電需求，人們可能會使用一種較不先進的天然氣渦輪機，名為「尖載電廠」（peaker）。它們的規模小且相對便宜，但發電效率較低且造成較嚴重的汙染，因此工程師會盡量只在迫切需要時使用。

到了二十世紀的最後幾十年，大多數現代電網的常見要素都已經出現，而當時電力行業因排放汙染物而受到愈來愈多的批評，這些汙染物導致發電廠的下風處出現霧霾、水銀中毒、酸雨等問題。在政府的命令下，燃煤電廠花費數千億美元進行大規模的環境整治，以減少這些地方的汙染。

在二十一世紀，電力行業受到新的經濟力量以及對於變革的全新訴求影響：要求減少溫室氣體的汙染，以防破壞地球。好消息是，石油和天然氣產業的技術已提供某種短期的解方。但壞消息是，這個解方還不夠好。

天然氣的榮景

在美國，大部分地區的地底下有一層厚厚的黑色岩石，名為頁岩。十九世紀，地質學家發現石油和天然氣都會滲透到頁岩中，但經過幾十年的努力都未能成功開採。頁岩油井僅能提供一點點的石油或天然氣，然後就迅速枯竭，所以並不值得在鑽探上投資。

經歷一九七〇年代的能源危機之後，曾靠傳統石油和天然氣井致富的德州傳奇企業家米契爾（George P. Mitchell），因為高度憂心美國仰賴進口石油的處境，花費幾十年的時間嘗試開發頁岩氣。儘管所有人都認為這項計畫有點冒險，政府仍提供數百萬美元的補助和大量的技術支援給他以表示支持。當他的公司終於解決這項難題時，米契爾已經八十歲，並罹患攝護腺癌。

將砂子、水和化學物質混合之後，再用高壓注入地下粉碎頁岩，這麼一來砂子會使頁岩裂縫持續敞開，釋放天然氣。這種技術被稱為「水力壓裂」（hydraulic fracturing，或 fracking）。水力壓裂後來與其他開採的技術結合，像是地下 3D 繪圖以及定向鑽井——這技術讓鑽頭在穿過產量豐厚的裂縫之後，還可以再橫向轉動。這般技術和創新的結合，最終創造美國石油和天然氣的榮景。在十多年前，對於能源短缺和價格上漲的恐懼，因為新發現的豐富資源而消失，天然氣的價格也暴跌。

對電力公司來說，過去十年內得到的大量便宜天然氣既是祝福，但在某方面也是詛咒。雖然在許多地方，燃煤仍然是最便宜的發電方式，但在美國已並非如此。現在有這麼多便宜的天然氣，電力公司早已降低燃煤機組的運行，增加天然氣機組的負載。

不久前，煤炭占據近一半的發電市場，天然氣約占百分之二十。如今，它們的地位互換，天然氣的發電量是煤炭的兩倍，而風能和太陽能從化石燃料奪走百分之十的市場占比。同時，隨著經濟變革的推進，新生效的環保法規，要求燃煤電廠要整治骯髒的排放物。為了能夠繼續運轉，有些舊電廠必須安裝昂貴的新設備，清理廢氣中的汞等汙染物。看到一線契機的環保團體，也發起全國性運動，要求關閉燃煤電廠。

這般經濟和政治因素的結合，導致美國有大量的煤炭電廠遭到放棄——在過去十年內，超過三分之二的燃煤電廠已經除役或宣布計畫除役。剩下的一百八十五家通常是比較新，且發電效率更高的發電廠。有些州已經淘汰大部分甚至全部燃煤電廠，而四大煤炭生產商也都經歷破產重組。[16]

利用燃燒天然氣而非煤炭發電，可以將二氧化碳的排放量減少近一半（煤炭的主要成分是碳，燃燒時會產生二氧化碳；天然氣分子是由一個碳原子和四個氫原子組成；而燃燒氫只會產生水）。這次電網的大規模轉型是導致美國二氧化碳排放量下降的重要因素；自二〇〇七年達到巔峰以來，電力行業的碳排放已下降百分之四十。

雖然下降速度還不夠快，但仍算有所斬獲。然而，這作法也帶來相當大的問題：天然氣井和管道常常會漏氣，並釋放出大量的甲烷，甲烷是種強大的溫室氣體，雖然造成影響的時間較短。這樣會抵銷掉從煤炭轉向天然氣的某些好處。[17]

便宜的天然氣不僅與燃煤電廠競爭，還與國內的核電廠競爭。批發電價的跌幅之深，已讓許多核電站陷入經營危機。在二〇二一年底，已有十多座核電廠關閉，未來幾年可能還會有更多。[18]美國目前仍有九十三座運行中的核電廠，但有四分之一到後來可能會因為經濟因素面臨關閉的風險。這些核電廠的運轉不會排放二氧化碳，所以若愈來愈多核電廠被急速關閉，它們的空缺很可能會被天然氣電廠取代。在這種情況下，溫室氣體排放就會增加。

為了維持低碳排核電廠的運作，部分州針對某些反應爐提供紓困方案，提到若關閉它們會增加氣候風險。在二〇二一年底，美國國會終於伸出援手，提供六十億美元的補貼來維持這些核電廠的運作，但沒有人知道這筆資金是否足以挽救所有核電廠。這些核電廠的關閉速度，會對氣候變遷帶來很大的影響。稍後我們將討論，嘗試興建新核電廠會是一場災難，所以，必須減緩舊核電廠的退役速度，只要它們還能安全運作。

以經濟角度來看，大量的天然氣從短線來看，確實很有效益。但是，若我們希望電力系統變得潔淨，燃氣電廠必須在幾十年內消失。不幸的是，許多電力行業的管理階層尚未認識到這個事實。他們計畫在美國各地興建數十座新的燃氣電廠。如果這些電廠如期完工，便會在這世紀的大部分時間裡運轉，導致國家無法實現任何合理的減碳排目標。另一方面，如果國家更加重視氣候保護，這些新建的電廠可能會提前關閉，有可能會讓電力用戶要為此付出昂貴的代價。

但如果我們真的按照當下的環境需求，減少相對應數量的火力發電廠，我們的電網還可以穩定運作嗎？

變革之風

這則預測非常嚴肅。二〇二一年的夏季才剛開始，就有大型熱穹籠罩著美國西部。根據預報，奧勒岡州波特蘭市以及周遭城鎮的氣溫將遠超過華氏一百度（約攝氏三十七・八度）。對該地區的電力公司波特蘭通用電氣公司（Portland General Electric）而言，要在這樣的天氣下維持燈光亮著（並讓冷氣運轉）將是個重大的挑戰。

但該公司有項祕密武器。多年來，這間公司都在研發聰明管理電網需求的方式。電力公司的電腦連接著成千上萬用戶的恆溫器，如果電網負載偏高時，就可以將恆溫器的溫度調高一些。有超過十萬個用戶登記願意在這種情況下收到警報，他們不僅能節省自家的能源，還能收到電費的回饋。波特蘭通用電氣公司還與一間中介公司合作，不僅在數千名用戶的熱水器上安裝開關，也與大型公司簽訂合約，能在能源需求達高峰時減少他們的用電量。

六月底，隨著氣溫飆升至華氏一百一十五度（約攝氏四十六度），該公司使出渾身解數。公司的電腦向波特蘭地區發出無線電訊號；在數十棟公寓中，裝在熱水器頂端的開關接收到訊號，並減少裝置的能源用量。人們熱水器裡的水稍微變冷了一點。當時已過了下午五點，何況在熱天裡很少有人在洗熱水澡，因此可能多數人都不會注意到，而且有注意到的人都可以輕鬆撤銷這則訊號。電力公司同樣微調家庭和公司中的恆溫器，讓空氣變得稍微暖和一些，並減少用電量。從下午五點到晚上八點，電力公司成功減少六十一千瓩的用電量，這有助於維持電網的供電穩定。在波特蘭歷史上最炎熱的這一天，只發生幾場小型、局部停電事件。

「智慧電網」（smart grid）是讓許多美國人感到困惑的名詞，但是當能源專家使用這名詞時，所指的就是上述這種機制。許多年來，人們或多或少認為電力的需求是固定的。電力公用事業主要關注供應面，全天候運轉成本最低的電廠，然後在需求上升時啟用成本較高的電廠。大多數客戶所支付固定費率的電費，跟每個小時的發電成本關係不大。你可以說，這是個「啞電網」（dumb grid）。

十九世紀，在電力產業出現之後，人們便意識到理論上我們可以操作等式的兩端，也就是同時控制電力需求以及供應。到了二十世紀中葉，電力公司很常會與大型工業用戶簽約，這些用戶願意在電網面臨緊急情況下停止供電。然而，這種做法在過去幾十年內很少被使用，不僅因為這種手段很笨拙，而且因為電力公司喜歡興建新發電廠保證會賺到的利潤。

現在，我們進入了新時代，電力需求不再理所當然被視為固定不變的。更為普及的電子控制器、以及更進步的傳輸方式，開創出新的方案。讓我們想像一下某個在不久後的將來會出現的技術。當你在晚上把餐具放進洗碗機時，你會按下按鈕啟動機器，然後可能在第二天早上取出餐具。但是，如果你的洗碗機足夠智慧，能與電網對話，並等待使用最便宜和最潔淨的電力，這時間點可能是凌晨三點半，當時所有的燈都關著，城裡的每個人都在睡覺？第二天早上，碗盤仍然會洗乾淨，但你月底要繳的電費帳單可能會稍微減少。同樣地，想像一下，某天你可能停一台電動車在車庫裡。當然，給汽車充電所需的電量比洗碗機要大得多。但是，大多數人並不關心汽車什麼時候充電，只要第二天早上能開就行。所以如果你的汽車能與電網對話，並溝通在電費最便宜的時段充電呢？電力公司可以藉由將電力需求分發給發電效率最高的電廠來節省成本，他們甚至可能願意和你分享一部分省下的經費。

現在想像一個世界，在那裡我們在電網中安裝更多的再生能源——並不是像現在美國的情況那樣，只有百分之十的電力來自風能和太陽能電廠，也許我們可以把占比提升到百分之五十或百分之六十。大多數人都知道風力機和太陽能電池的一個大問題是：它們只在天氣條件合適時才運作。但是，考慮到它們的燃料是免費的，而且不會像火力發電廠那樣汙染環境，因此是非常理想的電力來源。那個未來的電網，會有著比過去更多元（也更間歇性）的供電方式。如果電力的需求也變得更靈活呢？譬如你的熱水器、我的恆溫器，和學校老師的電動車都能即時跟隨電力供應而做出變化。

波特蘭的測試規模仍然很小，只有數萬台設備聯網。然而，波特蘭通用電氣公司打算大力推廣這種方案。公司打算利用這些手段，在二〇二五年減少與一座燃氣電廠發電量相等的電力需求。人們已經估算出，在整個西北臨太平洋地區，若電力公司與足量的智慧設備連結，尖峰時期所減少的電力需求，可以少興建兩至三座的燃氣電廠——甚至，可以關閉現存的骯髒電廠。而且，這樣做對任何人都不會帶來太多不便。

若要用這手段讓電網變得潔淨，可能會需要讓全國總共數億台的裝置聯網。這還包括得向電動車和電網大小的電池發送訊號，告訴它們何時該充電。一家名為布拉妥集團（Brattle Group）的研究機構發現，到了二〇三〇年，若採用深具野心的策略，有機會讓美國尖峰時段的電力需求，比原先預期的需求多減少百分之二十。[19] 然而，除非我們更加努力去嘗試，否則沒有人真的知道這個概念可以走多遠。

不幸的是，我們距離實現這個可行的未來，還有很長的路要走。波特蘭的公用事業公司是業界先鋒。大多數國內的公用事業公司，都很抗拒以任何規模推動這種方案。它們害怕這麼做會減少電力的銷量，而且大多數公司都沒有收到促使他們採用彈性方案的行動命令。

如果夠積極努力推動，透過結合更彈性的電網與潔淨能源，我們能獲得多大的斬獲？在過去的二十年裡，對於再生能源在電網中的預估占比日漸攀高。後來，在二〇一二年頗具里程碑意義的一項研究中，美國國家再生能源實驗室得出結論：潔淨能源能夠很可靠地提供全美國百分之八十的電量，其中風能和太陽能的供電占比多達一半。[20]

這樣的電力系統在技術上看似可行，但成本可能很高。隨著再生能源的成本持續下降，在接下來的幾年內，上述的成本觀點已被推翻。更近期的研究指出，光是靠著現存技術，就有高達百分之九十的電網電力能來自潔淨能源，且還可能比現今汙染電網所提供的電力更便宜。當我們達成百分之九十的潔淨能源占比時，我們將獲得更多選擇來解決最後的百分之十。21

然而，若希望達成百分之九十潔淨電網的目標，需要採取一些大型手段。要記得，雖然部分州已從再生能源中得到百分之五十到百分之六十的電力，但美國的整體平均還沒有達到這個目標。若把水壩、核電廠、風電與太陽能電廠都算在內的話，美國電網目前約有百分之四十的電來自潔淨能源。再生能源發電占比較高的州，會藉由與鄰近高度仰賴化石燃料的州交易電力，作為穩定電網的手段之一。若希望美國整體達到百分之九十的潔淨能源占比，那就必須像奧勒岡的案例那樣，用更好的方式管理電力需求。譬如使用能在長距離高效傳輸電力的新型電力線路，這樣懷俄明州或堪薩斯州的風電廠就可以為南加州或芝加哥的數百萬家庭提供電力。還得在海洋中建立大型風電廠。此外，我們還需要更便宜的儲存電力手段，才能平衡日常供電的波動。電池是另一項走在學習曲線上的技術，每年都變得更便宜（便宜到可大規模使用在電網中），但我們需要推動這趨勢繼續發展。正如我們後續會更詳細討論的那樣，美國需要推動進一步的研究計畫，而解決再生能源高度占比電網所面臨的問題，應是其中的一項重要目標。

要達成這些目標，就必須儘速在未來幾年內有所進展。美國需要盡快建設再生能源，並利用這些潔淨能源淘汰煤炭和降低天然氣的使用。事實上，若要實現拜登政府所制定的氣候目標，我們會需要比現在快上四到五倍的建設速度。這是未來十年內最關鍵的氣候任務。

你可能會問自己，誰有能力使這一切成真？這答案，某部分會是你自己。

拉動控制桿 ♻ 為支持潔淨能源的行動發聲

許多母親輪流走到丹佛市中心某間政府聽證會辦公室的麥克風前。她們來自科羅拉多州各地，要為自己的孩子發聲。這個場合很正式，跟法庭有點像。這些母親在前方的講台向政府官員陳情，因為她們心中有很深的擔憂要訴說。

「孩子們在戶外的時間比成年人多，他們也更活蹦亂跳，」克拉納翰（Jennifer Clanahan）對著麥克風說。「我的女兒就是很好的例子。她總是活蹦亂跳、到處奔跑。」接著克拉納翰帶到她的重點：「當她每天四處跑跳時，我希望確保她呼吸到的空氣是乾淨的，因為粒狀汙染物會增加心臟病、肺癌的風險，並影響肺部的生長和運作。」稍後，布雷斯科爾（Christine Brescoll）更尖銳地指出：「既然有更安全的替代方案，那麼繼續讓我們的孩子承擔燃煤電廠排放物對健康的長期影響，就是不可原諒的。」

那天晚上，這些母親關心的不僅僅是空氣汙染。「我的孩子是將要面對全球暖化各種影響的世代——日益劇烈和破壞力更強的風暴、旱災以及愈來愈嚴重的野火威脅、洪水，」戴格爾（Amee Daigle）表示。「我擔心他們的未來，所以希望我們能在情況變得更糟前採取更認真的行動。」[22]

也許你從未想過自己會為對抗氣候變遷或支持潔淨能源而採取政治行動。這場丹佛聽證會上的許多母親，也一樣才剛邁出自己的第一步。這些母親的公開發言，出現在二〇一八年二月的一個寒夜，已經離環保團體必須為了百分之三潔淨能源奮鬥的日子隔了好一段時間。這些母親並不是來對抗當地的電力公司，而是表達支持。曾在二〇〇四年反對選民提案的卓越能源公司（Xcel Energy），在擁有更多再生能源的經驗後，改變其立場。在福克（Ben Fowke）的帶領下，這間為八個州供電的公用事業公司，終於承諾進行全面的環境整治。那年二月的夜晚，公司在考慮一項方案：關閉科羅拉多州培布羅市附近的兩座燃煤發電廠，並以潔淨能源替代。母親們的聲音有被聽到：儘管保守派州議員等人反對，該計畫最終獲得批准，科羅拉多州正在建設新的風電和太陽能電廠。在卓越能源公司供電範圍內，已有近一半的能源來自潔淨能源，他們也承諾會在二〇五〇年實現百分之百潔淨能源。[23] 根據洛磯山研究中心（Rocky Mountain Institute）的分析，卓越能源公司是美國所有大型電力公用事業公司中，減碳計畫與《巴黎協定》（Paris Agreement）的目標最一致的公司。[24]

但究竟站在講台上的母親，是在向誰懇求呢？

要解釋這個問題，我們需要把時間稍微倒轉。十九世紀末，當電力行業才剛起步時，各種混亂接踵而來。相互競爭的電力公司架設多組電線，形成不安全的混亂環境。市政府和州政府不得不介入並維持秩序；從經濟角度來看，只架設一組電線是合理的。但這會讓這些公司壟斷電力市場。要如何才能限制他們不會抬高價格，以獲得不正當的利潤呢？

一套縝密的美國法律應運而生，專門處理這種情況。後來，所有五十州都建立強大的委員會來監管電力行業。委員會被賦予合法權力，可以設定電價、核准電廠支出、決定建造哪些電廠，並決定電力公司能賺取多少利潤。

這些委員會被稱為「公用事業委員會」（public utility commissions，簡稱PUC），或在少數州被稱為「公共服務委員會」（public service commissions，簡稱PSC）。它們的名稱有點諷刺：除非發生一些爭議，比如電費大幅上漲，否則公眾幾乎不知道這些委員會的存在。然而，它們都在每個州的經濟中扮演重要的角色。

還記得之前談論過神祕的經濟控制桿嗎？它們在暗中決定經濟的運作方式，並為汽車和新建築設定節能標準。公用事業委員會就負責管理其中一根大型的控制桿：他們監督你所在地區的電力公司未來的發電規畫。

這些委員會的運作有點像法庭，並具備正式的法律程序。但跟法庭不同的是，它們有義務聆聽大眾的意見，並做出符合公眾利益的決策。然而遺憾的是，它們很容易受到他們監管的公用事業公司所影響。委員會成員通常是由州長任命，而公用事業公司可以用選舉資金影響州長的決策。公用事業委員會也會收到一些來自州議會的行動命令，而公用事業公司也試圖在這方面施加影響力。在許多州，議會選舉活動的最大金主就是追求利潤的公用事業公司。他們招待議員享受豪華餐廳，或提供免費的狩獵之旅等。即使不涉及犯罪行為，但這種軟性的貪腐也會損害公共利益。特別是在碳排放的問題上，因為許多公用事業公司都已在這些必須關閉的燃煤和燃氣發電廠上投入大量資金。

有時候，貪腐會變本加厲。近年來，美國俄亥俄州和伊利諾州這兩個相鄰的州爆發兩起大型公用事業公司的行賄醜聞。在俄亥俄州，美國聯邦調查局的探員一大早來到俄亥俄州眾議院議長的農場，以受賄罪逮捕他。有人指控他從大型公用事業公司第一能源（First Energy）及其相關公司那裡收受六千萬美元的賄款，並匆忙讓幾間賠錢的核能和燃煤電廠獲得紓困。在伊利諾州，另一間大型公用事業公司聯邦愛迪生（Commonwealth Edison）被指控為議員的朋友提供冗員工作，以獲得有利的對待。

在老舊的監管制度下，公用事業委員會定期允許其管理的公司去建造新的電廠和其他設施，然後批准新的電價，讓公用事業公司能利用這些設備獲得固定的利潤。這樣的安排並不會鼓勵公司提高經濟效益；反而是在鼓勵他們建造新設施，然後交給用戶支付費用。還記得我們曾解釋過，燃煤電廠的建造成本遠高於運轉成本嗎？即使面臨天然氣和再生能源的強力競爭，某些州的公用事業公司仍在努力維持老舊、骯髒的發電廠運轉，這樣他們的投資才能繼續獲得回本。即使在某些地方，關閉燃煤電廠才是對消費者最划算的做法，他們還是依然故我；公用事業公司的經營方向，完全沒有跟用戶的最佳利益保持一致。

因為這些公用事業的委員會對電網的影響力很大，所以他們需要比現在還更認真去傾聽表達擔憂的民眾之聲。要帶來影響，並不一定得熟悉所有的複雜規則。只需訂閱所居住州內的潔淨能源倡議組織的電子報，如塞拉俱樂部（Sierra Club）、南部清潔能源聯盟（Southern Alliance for Clean Energy）、西部資源倡導組織（Western Resource Advocates）、自然資源守護委員會（Natural Resources Defense Council）、力挺太陽能（Vote Solar）、南方環境法律中心（Southern Environmental Law Center）、清新能源（Fresh Energy）、山媽媽（Mountain Mamas）、美國全國有色人種協進會氣候正義計畫（Climate Justice Program of the NAACP）等。接著，當每次他們尋求群眾支持時，你都可以附合。如果你無法親自到州首府向公用事業委員會陳述意見，你可以寫信或在線上提出意見。在大多數的州，你現在可以用視訊陳述意見。支持潔淨能源的群眾聲音愈大，委員們就愈有壓力為你所在的州解決這個問題。

另一種政治參與方式，就是幫助倡議組織說服選區內的議員要求委員會的成員設定出明確且必須達成的目標。許多州在幾十年前所通過的潔淨能源目標早就大致達成，因而缺乏新的目標。

如果想要加快減碳排的進度，就得採取更具野心的措施，譬如提高該州對潔淨能源的預期目標。這是另一種參與的機會：倡議團體已在很多州推動新措施，但他們需要更多人的支持。了解你所在州的情況，並表達你的意見！就算你只有時間打一通電話或寫一封電子郵件給議員，也都有所幫助。向你的朋友和鄰居提及目前的情況，並請求他們一起提供幫助。

部分州已採用更新的、更有野心的潔淨能源法條。加州、科羅拉多州、夏威夷州、紐澤西州、新墨西哥州、紐約州、奧勒岡州、佛蒙特州、華盛頓州、華盛頓特區和波多黎各，都為電網設定非常大膽的整治目標。如果你所在的州不在這個名單上，那就要求他們也得加入。在選舉期間，仔細檢查候選人對潔淨能源的立場，並投票給呼籲大膽行動的候選人。環保選民聯盟（League of Conservation Voters）這個全國性組織在三十多個州有名稱不同的分支機構，這組織會追蹤候選人對氣候和潔淨能源議題的立場。

當各州實行新政策時，目標不僅僅是整治電網環境；我們不能忽略那些受到這些變革影響的工人和社區。有些工人可能投入數十年時間參與煤炭的開採或火力發電廠的運作，如果能源轉型使他們失業，他們未來的職涯可能不大樂觀。當我們關閉汙染嚴重的電廠時，那裡的工人會需要幫助。在某些情境下，我們可能得訓練他們找到職涯第二春。或者可能得直接付資遣費給工人，經費來自把汙染更嚴重、成本更高的燃煤和燃氣電廠關閉後所節省下的成本。解方必須因地制宜——工人也需要參與相關決策，並決定哪種方案最適合他們。

對於那些長期遭受化石燃料經濟大規模影響的邊緣社區也是如此。像是，那些跟富裕社區相比，更有可能住在燃煤電廠下風處的人們。我們不應該只聚焦在如何關閉這些汙染源，還要找到方法確保這些社區成為潔淨能源經濟的主要受益者。這可能代表要在那些地區發展再生能源的計畫，讓他們能夠擁有並分得利益。儘管全國各地出現了有所成果的跡象，但我們還需要付出更多的努力，並確保這些社區也能充分參與到決策。

在芝加哥，有兩個低收入、西班牙裔為主的社區小村和皮爾森，數十年來，有兩座碳排放特別嚴重的燃煤電廠在影響著他們的生活。居民們花費十年的時間嘗試關閉電廠，但直到二〇一一年和二〇一二年的社運才取得關鍵性的突破。綠色和平組織（Greenpeace）加入這場運動，攀上電廠的煙囪掛出抗議布條。其他全國性組織也提供協助。當地的大學生也有參與。然而，最後一擊是出自社區居民。

「起初我們向市政府寄信要求碰面，但沒有人願意出面與我們交談，」社區組織者沃斯曼（Kimberly Wasserman）回憶道，在她的兒子患上氣喘之後，她開始領導這項環保運動。[25] 居民們拒絕接受這樣的回覆方式，年輕人遊行至芝加哥市政廳。

「四十一名年輕人躺在地板上，把自己裝進屍袋裡，嘴裡放著氣喘吸入劑，」沃斯曼女士說。

「我們接到市長公關室的電話，他們基本上就是對我大喊大叫，說：『你們讓市長丟臉，這行為很不妥。』而我們的回覆是，『喔，我們社區的這座燃煤電廠才是不妥的。』」[26]

二〇一二年，費司克（Fisk）和克勞佛（Crawford）這兩座燃煤發電廠被關閉，芝加哥最大的兩個空氣汙染源——也是最大的兩個造成氣候變遷的電廠就此消失。這是公民行動獲得成果的經典案例。而這僅僅是我們藉由操作經濟的神祕控制桿，共同為更美好的未來努力的一次展示。

CHAPTER

3

我們生活與工作的地方

Where We Live and Work

八月的某個星期天下午，大型都會區報社的新聞編輯室這時候通常是個悠閒的地方。但在一九九二年的那個星期天，佛羅里達州最大報社《邁阿密先驅報》（*Miami Herald*）的新聞編輯室卻一片混亂。記者和編輯匆匆趕到工作崗位。到了那天晚上，報社在邁阿密的街頭散播一份特殊的專刊。

「超大型，」一斗大的標題在頭版頂部大聲呼喊：「噩夢般的颶風已兵臨城下。」[1]後來證明，這種恐慌是有憑有據的。颶風稍作徘徊後，從邁阿密南部登陸，掠過霍姆斯特德、佛羅里達市和戴德郡南端的其他社區。該颶風在襲擊該區域時已升至五級颶風，也是襲擊美國最強烈颶風之一。兩名《先驅報》的記者待在佛羅里達市的一間飯店，並被困在浴室裡，他們只好用手撐起崩塌的天花板，眼睜睜看著飯店在他們身邊被吹毀。[2]狂風吹走屋頂、破壞電力變壓器引起火花四濺、侵入一棟又一棟的建築，並將它們撕成碎片。在那個漫漫長夜，數萬人顫抖著蜷縮在一塊，而家園在他們的周圍倒塌；大約有四十人喪生。當天空終於在八月二十四日星期一放晴時，戴德郡的南方已成為一片廢墟。颶風摧毀或嚴重損壞近八萬戶的住宅，使二十五萬人暫時無家可歸。[3]

然而值得注意的是，有些房子仍屹立不倒，損壞相對輕微。雖然接受颶風洗禮，但整個社區的現況還沒有太糟，但對街的社區卻成為一片廢墟。調查記者很快就發現，造成這般差異的原因不僅僅是颶風的變幻莫測。真正的罪魁禍首是當地的建築規範。事實上，當地建築規範的執行力道很糟。有些建商為了省事，沒有用「颶風金屬固定片」（hurricane strap）這種金屬支撐座固定屋頂梁柱，但建築檢查員卻任由他們這樣做。[4]調查結果發現，建築的建材和施工技術往往不合格，而且在整個州都是如此，代表佛羅里達州的其他地區也有可能遭逢相同的後果。颶風導致幾家保險公司破產。其他保險公司開始撤出佛羅里達州，保費飆升，迫使州政府推出補救計畫。[5]佛羅里達州通過新法律，制定出更牢固的建築規範，實施更嚴格的檢查。[6]

安德魯颶風的案例，非常鮮明地點出建築規範和負責檢查的建築檢查員在現代社會的重要性。雖然這些規範與人員看似平凡，但其重要性絕對不容忽視。颶風侵襲過後仍屹立不倒的那幾棟房子，都是由那些願意花時間和金錢做好工作的建商所興建。無論是在過去還是現在，大多數的房屋買家都理所當然認為建商會遵守法規。然而在那個恐怖的八月晚上，人們的生死取決於他們的建商有多認真遵守法規。

整個社會都得仰賴這些法規運作。這不僅僅包括建築規範，還包括消防安全規範、汙染條例、保障飲用水安全的聯邦標準等。我們的建築之所以能成為普遍安全的居住和工作場所，都要拜這些歷經幾十年發展的公開標準所賜。直到二十世紀初，整座城市有時仍會被大火燒毀；但在今日這是幾乎不可能發生的，因為消防安全規範禁止使用粗劣的建築技術和材料。消防安全規範也禁止可能危及生命的舉措，譬如擋住緊急出口。每當人們搬進一間房屋或公寓，通常能期待水龍頭會流出乾淨的水，排泄物也會被順暢沖走。電氣規範確保人們不太可能會觸電。

即使你不小心把吹風機掉進裝滿水的水槽，而且未經思索就伸手去拿，插座的安全裝置也應該會及時斷路以切斷電流，避免你遭受致命的傷害。

制定和執行這些規範是人類的工作，因此也容易出錯。地震、洪水、野火（當然還有颶風）有時會暴露出這些規範的不足。在最糟糕的情況下，它們會揭露弊端，接著引發醜聞，就像在戴德郡發生的那樣。但總的來說，公開標準在多數情況下都有發揮作用。偶爾失效也是重要的一環；就像飛機失事會讓飛機變得更安全一樣，公開標準失效的個案最終也會為這些標準帶來改進。

這樣穩定且漸進式的發展是建築規範最重要的特徵，也是我們需要讓它加入應對氣候變遷之戰的原因。建築本身是全國最大的二氧化碳排放源之一——部分原因是多數的電力用於建築，但也因為建築會直接燃燒化石燃料。[7] 在美國很多地區，人們習慣用天然氣來提升室溫和加熱水龍頭流出的水。在部分地區，人們仍然用存放在油罐中的燃油或丙烷瓦斯加熱房子。若將這些化石燃料與電力的用量加總計算，建築貢獻了全國三分之一的碳排放。在不整治建築的前提下，美國要實現二〇五〇年氣候目標將是不可能的，因此實現目標的唯一方法就是將建築納入新法規裡。

在上一章我們提到，我們必須採取的基本氣候策略是「全面電氣化」，同時整治電網。這必然包含把建築的熱水和暖氣裝置都電氣化。必須停止讓天然氣管線繼續進到新建案中。超過五十座的加州城市以及其他州的一些城市，已經制定或提議禁止或限制連接新的天然氣管線。天然氣公司也做出反擊，投放有著朦朧藍色火焰影像的廣告，使天然氣看起來懷舊而誘人，不像是實際會造成氣候危機的兇手。一些「基層」團體冒了出來，試圖阻擋這些禁令，但盡責的記者已經調查清楚，這些團體是假基層，是由天然氣公司所資助，並由他們的公關人員負責運作。[8] 一些保守派的州政府通過法律，不准境內的城市實施禁止燃氣的法規。支持這些法律的政客聲稱，燃氣的禁令限制了「消費者的選擇」，卻沒有提到他們選舉活動的資金，大多是由天然氣公司提供。

原則上，我們要執行的任務很簡單：我們必須強化建築的骨架，無論新舊，並將建築中使用能源的所有設施都改為電力，這麼一來，當電網變得更潔淨也就能減少排放。這聽起來可能很簡單，但因為天然氣公司投入鉅資要保護既有市場，所以實際上會引發大規模的政治論戰。我們覺得有機會贏得這場論戰，並整治我們的建築；這已經在美國的部分地區開始發生。

為了長遠目標而建設

那天是個陽光和煦的冬日午後，這樣涼爽、明媚的風光讓你明白為什麼有這麼多人想住在南加州。但那時還沒有人住在恰司瑪街上。

這條只有一街區長的小路上，到處都有電鋸的滋滋聲。錘子在猛烈敲擊。釘槍的砰砰聲畫破寧靜，工人正在進行十二座新房子的收尾工程。這些房屋跟許多正在橘郡建造的房屋外觀差不多。自從某個軍事基地從橘郡撤出後，建商就在原地建造數千間的房屋，把已經延伸到洛杉磯以南的廣大郊區範圍繼續擴大。但其實這些房子是美國最尖端的大眾市場住宅之一。

任何人站在恰司瑪街上，都能看到一項現代社會的特色裝置：全國最大的建商之一雷納房屋（Lennar Corporation），正在每棟房子上安裝太陽能板。在二〇一〇年代中期，這間公司開始主動這樣做，但到二〇二〇年，加州的法律規定每間新房子都必須安裝太陽能板。而雷納房屋在其他州的建案，也會主動安裝太陽能板。

然而，在爾灣市附近建造的房屋，使用了最尖端的技術，比較難一眼看出屋頂有裝太陽能板。最關鍵的細節隱藏在牆壁和窗戶中，買家幾乎看不到，當然這些細節都是政府規定的。這些房屋都依照加州嚴格的建築規範建造而成，所以使用很多的絕緣建材，可以在夏天保持涼爽、在冬天保持溫暖，以及使用先進的窗戶塗層和其他細節，能夠節省能源和水資源，同時提高居住的舒適度。

在雷納房屋拍板決定納入太陽能板等綠能設計的人之一，是當時公司的副總裁凱瑟曼（David J. Kaiserman）。在某次造訪恰司瑪街工地的行程中，手機緊貼著耳朵的他在街區來回走動，看著工人將窗戶吊起並放入框架、填補裂縫、以及把每間房子屋頂的太陽能板連接到車庫的電路板等各種精細動作。在附近的一間樣品屋中，凱瑟曼展示令人驚豔的無線操縱功能，包括降下客廳的窗簾和開啟氛圍燈，以及和設置觀影環境的智慧功能。他展示了豪華的廚房爐具、大型櫥櫃以及大臺（但低耗能）的冰箱。

「你能想像自己住在這樣的房子裡嗎？」凱瑟曼興奮地說。「這是美國最節能的房子之一，但你不會覺得生活品質有所犧牲。」

雷納房屋在爾灣建造的房屋，以及所有加州建商必須遵守的建築規範，都在體現一套必須在世界各地應用的基本原則：減少浪費。即使在那些「節能」已成為老生常談的先進經濟體，營造品質拙劣的建築仍在浪費大量能源。由於大量的能源被用於加熱、冷卻以及維持建築的運作，所有營造品質拙劣的建築都將在未來很長的一段時間裡對氣候造成負擔。停止建造糟糕的建築至關重要。我們還需要找出方法改建舊建築，讓它們對我們的錢包和氣候的負擔降至最低。

維持室內在冬天溫暖、夏天涼爽當然是關乎健康和舒適的問題，但其功用不僅如此：這也讓人類文明能在原先難以忍受的氣候下依舊繁榮。因為有暖氣跟冷氣的存在，才能讓冬天的蒙特婁和夏天的杜拜變得適合住人。用化石燃料提供這些裝置能源的後果是，要讓建物內變得愈溫暖，地球會變熱；要讓建物內變得愈涼爽，地球也會變熱。

建築使用（或浪費）能源的方式，取決於它們的建造工法。建材和建築技術的選擇會造成巨大的差異。如果你對居家裝修有一定程度的了解，那麼下面提到的某些東西，你可能覺得很普通：用兩片玻璃疊起來的雙層玻璃窗，逸出的熱量會少於單層玻璃窗。牆壁和天花板的絕緣層可以減少你的電費帳單金額。更精密的技術也會納入應用，例如：先進的窗戶塗層可以起到無形的絕緣效果。這些所謂的「低輻射」（low-emissivity，或縮寫為 low-e）窗戶，占了很大一部分的美國家庭和企業新裝窗戶市場。你可以享受玻璃帶來的好處，但無須負擔舊款窗戶浪費掉的能源成本。但就連這些窗戶都還有改進的空間。

建築必須承受氣候的不斷侵襲。它們要面對冷熱的氣溫、陽光、雨水、雪、晝夜的條件、乾燥空氣和不同濕度。它們還必須面對各式各樣人類的使用習慣：習慣用力關門的人、喜歡洗澡的人、常常開冰箱的人、喜歡開燈的人等。理想中的建築必須用最低限度的能源來處理上述問題。這怎麼可能呢？

理想建築的第一個要素很簡單：地板、牆壁、窗戶和天花板要有良好的絕緣效果。一棟完美的絕緣建築，就算先把室內加熱到華氏七十二度（約攝氏二十二・二度）後，再將建築搬到南極，都永遠不會降溫。當然，完美狀態是不存在的，但我們如今知道怎麼做得比過去更好。如果一棟新建物能做到絕緣，並且確實封起其他縫隙，就能在有人住進來之前，解決掉大多數的能源問題。

理想建築的第二個要素是吸熱物質——簡單地說，就是在建築內部使用較重、較紮實的建材。當建築變暖時，瓷磚地板或石牆會吸收熱量，當建築變冷時，則會慢慢散發熱量。吸熱物質在較熱的氣候中尤其舒適：想像在炎熱的天氣裡走進一座古老的教堂或其他石頭建築的感受。吸熱物質像是一台免費帶給人舒適的機器，沒有零件，不需要維修，也不會消耗燃料。

理想建築的第三個要素是選擇品質精良的窗戶並安裝在正確的位置。使用不同塗層的窗戶，像是可以吸收太陽能的窗戶，適用於寒冷的明尼亞波利斯；而可以反射太陽能的窗戶，適用於潮濕的邁阿密。這聽起來有點神奇，但多虧玻璃上幾乎看不見的塗層，讓它們具備這種能力。然而，問題不僅僅在於窗戶本身：橫在窗戶上方的屋簷長度也很關鍵。對於北半球的建築來說，朝南的窗戶需要適當長度的屋簷，這樣在夏天日正當空的時候屋簷會使窗戶處於陰影中，並保持建築涼爽。相反地，冬天的時候太陽在天空中位置較低，屋簷若夠短，就能讓陽光穿過窗戶，讓建築變暖。現代建築的設計，很常違背這項基本原則。但是，若在設計時有考量這項基本原則，就能夠為建築提供免費的冷暖氣。若建築設計師有較高的彈性，建築的窗戶甚至可以全面朝南，讓冬日能為建築帶來最多的熱能。

在幾千年前，許多文明就懂得利用這些設計原則：古希臘人、巴比倫人、美國西南部的培布羅印地安人。希臘哲學家蘇格拉底（Socrates），就曾針對建築座落的方位如何安排，才能達到最高程度的舒適感提出他的建議。羅馬帝國時期的人們非常理解屋簷的作用。然而，隨著我們學會無限制地使用看似無盡的化石燃料，這些設計原則也被拋棄，因為人們覺得很麻煩且多餘。二十世紀中葉，全球建商紛紛建造直面太陽的摩天大樓，這些建築使用單層玻璃且空間密封不良——結果便形成巨型的太陽能爐，人們不得不借助同樣巨大的空調系統來解決問題。位於曼哈頓東區、建於一九四七年的聯合國總部，就是這種浪費思維的最明顯範例。那座建築的每一扇大型玻璃窗都是台暖氣機。一英里外，建於一九三〇年代前期的帝國大廈，也相當浪費。這兩座摩天大樓現在都已經完成整修，使用現代化設備降低無謂的能源消耗，但現在我們沒有理由不從頭就用對的設計方式。

若在動工前完成正確的建築設計，那麼為了減少耗能所增加的額外成本通常不高，僅占總成本的百分之幾。而且，這筆前期投資，還能夠在房屋的使用年限內，因為節能而省下的費用，獲得好幾倍的回饋。儘管如此，就算在這些設計原則都廣為人知的二〇二〇年代，在設計時就把節能考量在內的建築仍屈指可數。如果好處多於成本，為什麼人們不這麼做呢？

容我們介紹能用來解釋這種不一致現象的冷門術語「誘因分歧」（split incentive）。絕大多數負責設計和建築的人不會住在他們建造的房子裡，這代表他們不用付水電費。如果在設計建造時不用去思考太陽熱能的承受量和屋簷角度，就可以幫建築師省下時間，那他當然會這樣做。如果建商可以透過略過買家看不到的絕緣工序以節省資金，他可能會這樣做。而如果營建單位對牆壁深處暖氣管道的絕緣不夠講究，誰又會知道呢？不幸的是，將來的房客通常不會參與這些決策的討論過程。

很多人會認為只要在屋頂上安裝太陽能板，就能抵銷能源的浪費，並解決建築的能源問題。畢竟，正如我們在書的前段所描述到，這些太陽能板的價格已經暴跌。但在像是紐約的小型摩天大樓那樣的公寓裡，你在屋頂裝設的太陽能板再多，也只能抵銷建築整體能源消耗的一部分而已。若是郊區的房子，太陽能板確實可以抵銷更多的能源消耗量——有時一整年加總起來，可以做到完全抵銷。安裝太陽能板還能夠大幅減少目標百貨（Target）、沃爾瑪（Walmart）或超市等大型商業建築的用電量，而且盡可能安裝愈多愈好。但一棟在屋頂安裝許多太陽能板的建築，有時仍無法避免得從使用化石燃料的電網中獲得能源，所以我們在建築中浪費的能源愈少，我們就愈有利。

在落成的那天，新房子就必須非常節能。但是，如果沒有足夠的誘因，鼓勵建商蓋出節能的房子，而後來的房客也不知道怎麼要求建商，那麼實現這目標的唯一手段就是實行公開標準。

新的法規

過去兩個世紀所制定的法規，讓城市中的建築不再容易發生火災，但仍然會為氣候帶來負擔。如果我們認為氣候變遷問題非常緊急的話，那麼是時候分配新的工作給城市和鄉鎮的建築監管部門。這些政府部門需要變成阻止氣候變遷的前線人員。剛好這些工作已有人開始在做，但就跟其他解決氣候問題的工作一樣，目前的進展還不夠快。太多的州、郡和都市在使用建築規範在應對氣候危機的腳步還非常緩慢。

以下是另一個能決定我們社會如何運作的神祕控制桿：在全世界的大多數地方，建築規範每三年會更新一次。這些被稱為「原型」或「基本規範」的「樣本文件」，是由來自建築業、機械工程業、冷凍設備業等領域代表組成的組織所起草。多年來，這些原型規範涵蓋對梁柱的嚴格要求、合規的窗戶和其他提升建築節能的措施。

但即使每三年就會出現新的範本規範，許多美國州和城市的實施速度仍然很慢。有六個州完全沒有實行建築規範，而其他州和城市也不斷推遲。二〇〇九年，在歐巴馬（Barack Obama）總統任內由國會通過的聯邦經濟刺激法案中，包含鼓勵城市更新規範的措施，但現在十多年過去了，許多地方的建築規範，仍然停留在二〇〇九年或二〇一〇年採用的版本。遏制政策拖延，必須成為氣候倡議運動的焦點。

隨著愈來愈多地方開始有人展現出解決氣候危機的堅定決心，只要採用先進的能源規範（有時稱為分級規範或延伸規範）就有榮幸成為建築節能運動的先鋒。這些建築規範比目前的基本規範還更進步，納入更先進的節能手段——例如，不鼓勵新建案接入天然氣，這麼一來這些新房子會完全使用電力運作。

各個城市和州也需要開始透過建築規範等措施，推動新房子裝設某種裝置：使用熱泵技術的暖氣系統和熱水器。熱泵是一種能把熱量從某處移動到另一處的裝置，或者更精準地說，把熱量從某個溫度區塊移到另一個溫度區塊的裝置。你家裡就有一台熱泵裝置：冰箱。這台機器會從冰箱內吸出熱量，再把熱量輸到房間中。冰箱後面的溫暖空間，就是冰箱內部冰冷空間的反面。但你的冰箱有其限制，只能單向移動熱量。如果你的家或辦公室有空調，這也是一種單向熱泵。

但我們的建築需要更靈活的熱泵。俄亥俄州的家庭能源顧問亞當斯（Nate Adams）有一套簡潔有力的解釋。「熱泵就是『雙性戀』（bisexual）的空調，」他說。「無論是往哪個方向，都暢通無礙。」[9]

這些現代的熱泵可以同時扛下加熱與冷卻房子的重擔。冬天的時候，熱泵把熱量從室外打進室內。而且即使在室外氣溫非常低的情況下也做得到，就如同你的冰箱能夠不斷把熱量從寒冷的冰箱內部帶到溫暖的房間裡一樣。夏天的時候，家用的熱泵可以發揮冷氣的功能，將室內的熱量抽出並排放到室外。就跟冰箱一樣，熱泵的原理是當氣體減壓膨脹的時候會吸收熱能，氣體加壓收縮時就會釋放熱能。

在過去熱泵有點不可靠，使得許多人仍認為它們的功效不好。但在過去的十年內，這項技術已有顯著的進步。即使在寒冷的氣候裡，新型熱泵的效率還是比以前的熱泵還好。舊款的電暖器，能將一單位的電能轉換為一單位的熱能；而一台好的熱泵能用一單位的電能，就能運送三單位，甚至四單位的熱能。你沒看錯：由於它們的原理是移動熱量而不是產生熱量，熱泵的效能可以提升百分之三百至四百。市場上已存在使用這套原理運作的熱水器、甚至烘衣機。在未來幾年內，這些設備需要成為每棟建築的標準配備，小至獨棟住宅，大至最高的摩天大樓。

使用熱泵的家用供熱系統和熱水器，在美國東南部擁有非常大的市場占比。有時他們被當成頂級設備販售，所以售價較高。儘管這些設備的售價高昂，但因為具備長期省錢的優勢，所以在新建案中的性價比很高。[10]隨著愈來愈多城市開始透過建築規範要求新建案使用熱泵，我們預計這個市場將會擴大、設備的成本將會降低——又一個學習曲線發揮作用的例子。隨著熱泵的價格下降，當老房子的設備要汰舊換新時，熱泵就愈來愈能夠把握住這個商機。

接上電源

我們剛剛花了幾頁的篇幅，討論建築怎麼使用能源加熱和冷卻內部空間。但當然，這不是唯一的能源需求：在建築裡，人們會將各種設備插上插座。房子裡每一個用電設備，冰箱、空調、電視、燈泡等，都可能很省電或很耗電。你的平面電視沒有開的時候，會不會一直把電力轉換成熱能？你的冰箱有多老舊？你有概念它會浪費多少能源嗎？

我們都是在一九七〇年代長大的，當時的世界有著厚蓬地毯、喇叭褲，以及塗著酪梨綠色和橙紅色等奇怪顏色的時髦廚房設備。那時我們並不知道，在那些酪梨綠的冰箱門後，正在發生不好的事情。隨著幾十年前的小冰箱被更大的機型所取代，但對絕緣效果卻不夠重視，導致冰箱的能源用量攀升。

由於一九七〇年代的能源危機，讓人們重新審視能源過度使用的狀況，家電廠商也開始努力減少機器的能源消耗。由加州首開先例，到後來由美國聯邦政府制定具有法律約束力的能源使用標準，而且規範愈來愈嚴格。這項法規為冰箱帶來一次能源使用的革命，現在新款冰箱所使用的能源，比一九七〇年代的冰箱少百分之七十五。這項風潮每年為美國節省數百億美元的電力成本，想當然爾也減少全球暖化氣體的排放量。由於冰箱必須每天二十四小時運作以保持食物冷藏，其使用年限長達數十年，所以效能的改進會帶來很長遠的好處。冰箱的能源使用標準平均每年為普通的房屋持有人節省近兩百美元。[11]

如今，其他國家也採用相同的做法，而且規範對象不只有冰箱。以下是大多數消費者很少會思考到的一個例子：你會不會剛好有一台使用笨重電源供應器的舊型電子裝置？如果有的話，可以在把電源供應器插進插座一段時間後，用手摸摸它。它有沒有變熱？如果有的話，那麼它就在浪費能源——將家中的電力轉化為熱量，而不僅是設備運作所需要的五伏特或十二伏特的電。過去幾十年以來，有數十億顆像這樣的黑色立方體在世界各地販售，它們是小的能源吸血鬼，無論有沒有接上它們的供電對象，都在吸取並浪費電力。

一九九〇年代末期，有一位名叫邁爾（Alan Meier）的科學家在加州的勞倫斯柏克萊國家實驗室（Lawrence Berkeley National Laboratory），著手研究這個問題。他曾與一間矽谷公司的負責人見過面，該公司已經找到如何重新設計電源供應器的方法。在下一個十年的前幾年，他打造出一台展示裝置，顯示老式設備浪費多少的電力——你可以按下一塊面板上的按鈕，查看各種設備浪費多少能源。當小布希總統訪問加州時，他有機會向小布希展示這台裝置。

「小布希總統是個科技迷。他喜歡新奇的電子裝置，」邁爾博士回憶。「所以開始展示之後，總統花了二十分鐘按按鈕，並告訴他的能源顧問說：『我們必須改善這個問題。』」[12]

整體而言，小布希政府在環保方面表現很糟。但在這個議題上，小布希總統做了正確的事情。他的執政團隊承諾美國會協助整治全球的能源供應問題。許多國家也陸續加入，參考美國制定出國家能源使用標準，強迫電器廠商擺脫沉重且浪費的電源磚。如今，如果你購買一台電子裝置，電源供應器通常會很輕巧且高效能，這是拜現代的電子電路系統之賜，才能將能源浪費降至最低。

最近，類似的效能提升也出現在燈具之中。愛迪生在一八七九年發明的白熾燈泡一直都很浪費能源，只能把百分之十的電力轉化為光能，其餘的都化為廢熱。年齡超過二十歲的人都會記得，這些燈泡很容易變得熱到可能燙傷你的手指。日光燈泡，包括一九九〇年代開始出現可以旋入一般燈具的小型螺旋燈泡，它們的能源效能好上不少，但許多人覺得這種燈光用在家裡會太刺眼。技術發展帶來了新的解方，那就是LED，這種電子產品只需要老式愛迪生燈泡百分之十四的能源，就能把電力轉換為光能。

世界上最戲劇性的學習曲線範例之一，非LED燈泡莫屬。儘管數十年來，人類一直能夠製造出紅色和綠色的LED，但必須要有藍色的LED才能補齊光學色譜並讓燈泡發出白光。但是，找出能成功製造藍色LED的化學混合物的過程十分艱辛。兩位日本科學家和一位日裔美籍的同事，在一九八〇年代晚期到一九九〇年代早期解決了這個難題，後來也因這項成就榮獲諾貝爾獎。[13]

二〇〇〇年代初期，雖然剛問世的LED燈泡售價高昂，但有人願意買單，其中許多人的動機是因為意識到新燈泡的壽命比舊款燈泡長二十五倍。LED市場開始迅速擴張，學習曲線的魔法開始發揮作用：總產量每次翻倍，燈泡價格就下降百分之十八。[14]在二〇〇七年小布希簽署立法的一項法案中，美國國會終於強制大多數的燈泡要進行更換。在美國，用於照明的能源用量已經連續下降多年，這一趨勢肯定會繼續。沒有人因此過得不好——我們依舊擁有我們想要的燈光，而且若把燈泡的使用壽命考量進去，我們花得錢變更少。

冰箱、電源供應器、燈泡，這些只是我們如何在生活和家庭中減少能源浪費的幾個實作範例。我們所有的裝置和家電都需要變得更節能，並以最少的能源提供服務。自一九七五年起設立的一系列法律裡，美國國會指示能源部制定一系列的提升效能的規則，其範圍涵蓋從洗碗機到微波爐到泳池加熱器等各種家電。但該單位對這項任務的積極程度，似乎取決於白宮是由共和黨還是民主黨執政。共和黨人通常不願意大力推動，甚至民主黨總統有時也會有所拖延。該單位好幾次錯過推出新版規則的法律期限。國會需要對能源部更加嚴格，對於未能準時完成任務進行罰款，並提供單位足夠的資金完成任務。

對於國會尚未進行規範的各種家電或設備，各州有權自行制

圖五　LED 燈泡價格

60 瓦等效光度

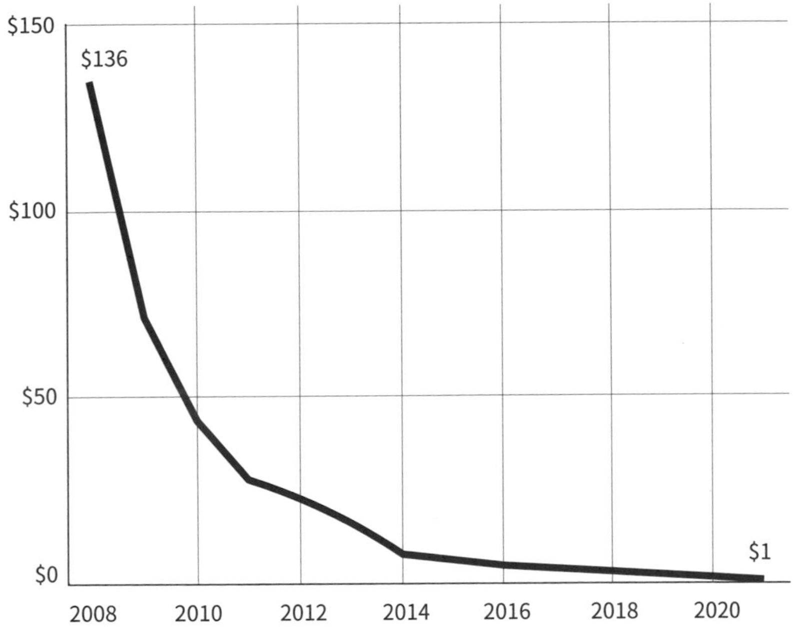

定規範。廠商很討厭這一點，因為這可能迫使他們得滿足各州五花八門的標準。因此，當幾個州準備要規範某個產品時，廠商通常會請求美國國會改為規範全國的產品，這樣他們就只需遵守一項規則。這是個很好的發展！目前，只有以加州為首的幾個州，很有企圖心要制定出自己的家電標準，但更多的州應該參與其中。他們還需要相互合作。若要制定出可行的標準，就必須針對哪樣的節能水準是在技術上跟經濟上可行的，進行大規模的研究。多個州政府應該整合資金，聘請能完成這種繁瑣工作的員工。推動新標準的州際聯盟，可能會迫使聯邦政府採取更積極的行動。

我們主張，與時俱進、有野心的建築規範可以減少新建案的能源浪費量，而積極的家電標準則可以降低接電裝置的浪費。但是，如果美國要解決氣候問題，必須解決一個更大的問題：得整治超過一億座浪費能源和金錢的老建築。從一般民房到最高的摩天大樓，幾乎每座建築都是一個需要解決的問題。

修理一切

屋頂上的融雪在屋簷邊緣凝結而成的冰壩，是麻煩出現的第一個跡象。約翰和莎隆·普歇爾（John & Sharon Poucher）在離克利夫蘭一個小時車程的郊區，買下那棟十七世紀清教徒式的鱈魚角風格房子，他們認為房子的絕緣做得很好。當然，能源費用比他們當初搬離、會有冷風竄入的老房要低。但是，在一個多雪的冬天，水開始在屋簷附近的冰壩後方匯聚。水從天花板滲漏下來。並從屋頂邊緣滴落下來，凝結成冰柱垂掛在房子上。普歐爾先生是名老經驗的機械工，他很懂房子，所以清楚這情況不應該發生。

他找到我們在本章曾提過的亞當斯，他的聲名遠播，被認為是這國家最懂家庭裝修的專家之一，而且他碰巧就住在普歐爾家附近幾英里的地方。當他一聽到他們的狀況時，亞當斯立刻知道問題出在哪裡：熱量從絕緣不良房子內部的屋頂逸出，使雪融化。房子的屋簷較冷，所以水會在附近重新凍結形成冰壩。接著更多的水會在壩後匯集。這是個可能會實際損壞房屋的問題。從屋頂流失這麼多的熱量，也是一種能源和金錢的浪費。

但是，普歐爾家的問題到底有多大呢？為了弄清楚這一點，亞當斯在一個寒冷的四月早晨到他們的住所拜訪。這對夫婦好奇地看著他把一台大風扇塞到前門的開口，然後用紅色尼龍布封住周圍的空間。陽光穿過亞當斯的設備，使客廳裡的立式鋼琴映照出一種詭異的萬聖節光芒。他在室內外安裝壓力感測器，然後打開風扇。一陣巨響聲響徹整棟房子，普歐爾夫婦看著亞當斯走進每個房間，用手持設備進行測量。

藉由高速抽取房子內的空氣，亞當斯在房子的內部跟外部之間產生壓力落差。室內的壓力下降會導致空氣從任何可能的地方湧入。藉由壓力讀數的比較，亞當斯現在證實他們所懷疑的事情：這棟房子有嚴重的漏風問題。樓上小閣樓的問題似乎最為嚴重。湧入的空氣多到讓普歐爾夫婦驚訝地看著房間地板上的地毯飄起來。亞當斯也從未見過這樣的情景。他錄了一段影片，為世人記錄下這張飄浮的地毯。

當風扇仍在運轉時，亞當斯再次走進每個房間，用特殊的紅外線相機拍照。在他的照片中，溫暖的牆壁區域會呈現橙色斑點，但是較冷的牆壁區域，因為空氣正從那邊湧入建築，便會呈現出一片片紫色。對普歐爾夫婦來說，這些照片是問題確實存在的明顯證明。

在接下來的幾個月裡，他們將要認真思考，自己是否想繼續住在這棟充滿問題的房子裡。他們看過一些待售的房子，但沒找到更喜歡的房子。最終，他們硬著頭皮下定決心，花了六萬美元進行修繕，雖然只有一半的工程是為了解決房子的能源問題。在亞當斯找來承包商封堵漏氣的洞口的同時，普歐爾夫婦還更換了房子的屋頂，並建造一扇大型天窗，把閣樓的房間改造成一個優雅的空間。

亞當斯還說服他們接受他最愛的家具升級：捨棄燃油暖爐，安裝熱泵。普歐爾先生起初對此猶豫不決；他知道數十年來，熱泵在美國一直名聲不佳。但亞當斯向他們保證，這項技術已有很大的進步，能讓他們在俄亥俄州東北部的冬天過得很舒服。在決定翻修房子時，普歐爾夫婦主要是為了追求舒適——但當亞當斯解釋能對環境帶來好處時，他們也很高興。藉由把家裡的冷暖系統的能源供應都改為電力，他們也加入「全面電氣化」的運動，所以隨著電網變得更環保，他們家製造的碳排放將會降低。

約翰和莎隆只是住在俄亥俄州的一對夫婦，但亞當斯在他們的房子裡找到的問題，其實在美國非常普遍。隨著時間的推移，建築規範和標準日漸嚴格，所以一棟房子愈新，就愈有可能愈密不透風。但即使在新建的房子中，亞當斯也一再發現問題，這顯示建築規範的執行不夠徹底。而在二十世紀中期、即戰後郊區建設繁榮期所建造的房屋，幾乎都存在嚴重的漏風問題。

這問題不僅限於獨棟住宅。公寓也存在漏風的問題。儘管在美國多數地區，租戶要負責付暖氣和冷氣的帳單，但他們對此漏風問題沒啥控制權。對於貧困人口來說，這是項重大問題，因為電費對他們的經濟負擔可能很大。甚至大型商業建築也在浪費能源：理論上，辦公室、大型商店等建築，應該有負責減少暖氣與冷氣費用的管理人員，然而研究發現，這些建築存在大量問題。通風系統的設計與安裝經常有問題，而即使有正確安裝，隨著時日增加，如何運作這套系統的知識也逐漸喪失。

對美國來說，現存建築的能源使用是一項巨大的挑戰。到頭來這可能比汽車或工廠的碳排放更難解決。如果我們要實現二〇五〇年的排放目標，我們剩不到三十年的時間，在建築中停止燃燒天然氣。我們必須讓數千萬戶住家改用電動熱泵，但我們還得確保貧困人口也被納入其中，而不是讓他們陷入因為使用不穩定、逐漸老舊的天然氣系統而負擔高昂費用的困境。完全用潔淨能源去取代化石燃料所需的電力將是一項重大挑戰。當我們將建築電氣化時，愈能夠加強建築密封性和封堵漏風，就愈能減少需要發展更多清潔能源的需求。

當然，美國存在修繕建築的私人市場，但它太小了。我們的水電費可能比必需費用還更高，但大多數人只是付帳單，不去研究他們家中出了什麼問題。這種行為在某種程度上是愚蠢的：有時修理所省下的能源費用，足夠抵銷修理費。但更多時候，要讓房子做到非常舒適（並最大程度地減少溫室氣體地排放量）所需的成本，會比從節能省下的費用還要高。亞當斯發現，要讓客戶買單「重大能源升級」，或說「深度改造」，需要盡可能少談論能源費用，多談論房子的舒適度。

美國政府必須制定出公共政策，突破這個議題現存的慣性。這是非常微妙的政治問題，因為違背屋主意志，要求他們花大錢維修的做法，可能會引起強烈反彈，甚至會毀了過往的所有努力。這也是一般公民能參與的地方。如果我們希望我們的政治人物拿出勇氣解決這樣的難題，那麼我們需要督促他們——而當無法避免的反對聲浪出現時，我們需要支持他們。

拉動控制桿 ♻ 瞭解你所在城市是否已實行建築能源使用的新規範

關鍵的第一步是讓各級政府承擔起這個議題。雖然數百座美國城市已在名義上承諾會實現《巴黎協定》的氣候目標，然而，其中許多城市還沒有採用最新的建築規範。而且很少有城市提出在未來三十年內修繕既有建築的計畫。

對公民而言，最直接的政治目標很明確：瞭解你所在城市是否已實行建築能源使用的新規範，這工作通常是由市議會負責的。如果有的話，這項新規範很可能是基於國際法規委員會（International Code Council）於二〇二一年發布的原型規範。如果一座城市在這方面進度落後，那麼公民就必須要求這個規範立即通過。如果當地建商出面反對新規範，那麼會需要關心此議題的公民出面反駁，讓他們明白其中的利害關係。在較大的城鎮，你可能找得到已在關注這議題的當地團體，或者願意承擔這責任的環保組織。如果沒有的話，那就考慮自己成立一個！通過在臉書或 Nextdoor 等社群媒體上發文，你可能會找到志同道合的公民，願意一起到市政廳提出請求。

如果有機會在所在城鎮實現更大的氣候目標，市議會應該考慮在國際法規委員會所發布的基本能源規範以外，實行更多措施。國際法規委員會在二〇二一年公布的建築規範中，提供一份更具企圖心的附錄，社區可以自願採納，或者可以向新建築學院（New Buildings Institute）等組織尋求幫助，以制定「擴展規範」或「超前規範」。州政府也可以鼓勵城市實行更進步的規範，就像加州和麻薩諸塞州那樣。需要施加壓力給美國各州去仿效他們的榜樣。

一旦新建案的規範更新到位，下一步就是市政府要設定現有建築的修繕目標。到目前為止，只有少數幾個城市開始進行這項工作，所以我們迫切需要在各地推動。城市必須實行建築維修法規，且其嚴格程度必須逐年提高。在大城市，首先要關注的是大型商業建築。市政府應該制定出有約束力的減排目標，用對待火災等公共安全威脅的態度，去對待碳排放與能源浪費。幾個大型的城市和州，已在執行這項工作。科羅拉多州、華盛頓州及華盛頓特區、紐約市和聖路易斯市，最近都通過法律，要求大型建築的業主測量並回報他們的能源使用情況，然後開始要求他們降低能源用量。這些政府花了很多時間幫助建築的業主和管理者。這些法律可能會帶來更蓬勃的建築修繕私人市場。其他幾個城市和州也正在討論類似的政策。

其他美國城市和城鎮需要仿效這些計畫，或者找出自己的發展道路，且必須認清光靠大家自動自發是不夠的。對那些拒絕採取行動的建築業主處以罰款或其他制裁，才有可能達成目標。對於違反消防安全規定的建築業主，市政府非常願意處以罰款；為什麼不跟破壞地球的人收罰款呢？

為了提高獨棟住宅買家的意識，城市需要向房地產市場推廣更多訊息。令人難以置信的是，在美國大部分地區，在一般的房地產交易中不會揭露房屋的電費。買家通常問了就會知道答案，但很多人不會這樣做。然而這項訊息很關鍵：在嚴冬或酷暑中，若電費高得嚇人，那你的房子一定有明顯的氣密問題。在美國各市、各郡或各州的議會，都應該通過要求揭露房屋電費的法案。全國的房地產經紀人可能會反對這些要求，但這做法是很不明智的：經過初步研究顯示，如果事先知道房屋的電費，人們願意多花幾千美元買房子。[15]而且這似乎跟帳單的高低無關。這乍看可能有點奇怪，但其實是有道理的：如果買家知道這些數字，他們就可以更精準計算這棟房子的每月支出，這麼一來，他們許多人可能就會理解到他們可以花多點錢來買房子。所以我們在這裡提出另一項政治目標：讓規定揭露帳單金額的法律，加入你居住的城市或郡的委員會議程裡。

揭露帳單金額後的下一步，是讓潛在的房屋買家，知道怎麼將這間房子跟市內的其他房子作比較。只要有電費帳單和面積，就可以輕鬆計算出「能源使用強度」（energy use intensity，簡稱EUI）的數值。市政府可以要求房屋業主提供一份約略揭露建築EUI的紀錄，也可以利用英文字母評價，將這座房子與區域內的類似物件進行比較。一棟得到A等級的房屋，依照當地標準是十分氣密，而得到D或F等級的房屋則代表需要進行重大升級。這種評量方式當然不完美，因為房屋的EUI可能受到居住人數等因素影響，但這類局限可以向房屋業主解釋清楚。

如果在未來幾年裡市政府能大幅提高人們對房屋能源消耗和碳排放的認識，那麼就有可能在二〇二五年左右開始實行強制性的規定。與其使用類似能源使用強度這樣的簡單測量方法，應該要求賣家測試房子，並對潛在的買家揭露實際的密封狀況。到最後，地方或州立的法律應該為即將易手的房屋設定出最低的效能要求。

測試的方法就跟亞當斯協助普歇爾夫婦所用的一樣：鼓風門氣密測試。這是種常見的房屋檢驗手段，在美國已受到廣泛應用，而這種測試需要成為每次房地產交易的必經階段之一。房屋在出售時會估價，為什麼不能同時評估能源的使用狀況呢？事實上，既然漏氣的房屋會浪費金錢，能源使用狀況就更應該成為房屋整體價值評估的一環。我們設想地方或州立法規在設定房屋效能的最低要求時，會先從相對低的標準開始，並隨著時間逐步提高。這代表前幾年，只有氣密問題最嚴重的房屋禁止出售，買賣雙方必須就誰該付錢修繕房屋以通過標準進行談判，就像他們現在會就漏水的屋頂或過時的管道設備進行談判那樣。這規則實行得愈久，標準就應該愈嚴格，才能逐漸讓整個社區的舊房子都完成整修升級。

正如我們前面所提到，有幾十個社區已經禁止或阻止新建築使用天然氣，但這些政策需要進一步擴展到讓舊房子也擺脫天然氣。市政府需要找到方法去推動（甚至到後來強制）人們要把暖爐用熱泵取代。在美國的某些地方，熱泵還不普遍，州政府可以就這點提供很大的協助。我們認為政府應該直接（但只是暫時地）干預市場，引導市場更偏好使用熱泵。暖爐和空調大多只有在舊機器壞的時候，才會緊急維修替換。各州應該對燃燒天然氣設備的銷售加稅，然後把這些錢拿來提供熱泵補助——且補助金額要夠高，讓屋主的購買決策傾向使用熱泵。各州還可以針對把暖爐換成熱泵的維修人員，提供額外的獎勵。像是這樣的五年計畫將改變市場的動態，讓人們變得更傾向使用熱泵，讓更多建築擺脫天然氣管路。如果有夠多州實行這樣的政策，將有助於進一步擴大美國的熱泵市場。而學習曲線的魔法也會發揮作用，不僅降低設備價格，到最後也無須政府介入市場。

把全美的建築完成修繕是項大工程。當然，這會用到部分納稅人的錢，但也得經過篩選，先為最貧困的人修繕房屋。大部分工程的錢需要從私人市場取得，這代表我們需要創新思維。雖然許多房主最終可能願意像俄亥俄州的普歇爾夫婦那樣，動用個人儲蓄或者申請房屋抵押貸款，但我們認為還要提供其他的財務手段。一種可能方案是仿效屋頂裝設太陽能的成功案例。現在，你不必然要為屋頂上的太陽能系統預付三萬美元。而是可以直接向太陽能公司租用，你不用付任何錢，他們也會負責初始費用。房主付錢購買太陽能板產生的潔淨能源，通常這會比地方的電費更省。我們認為可以把類似的商業模式應用到家庭能源設備的升級上，由公司安裝完成後，再將設備租給屋主。這個基本概念——能源效率即服務——已在某些地方提供給家庭和企業使用，且需要有更多人採納。

當各城市和各州制定整治計畫時，他們必需將另一種潛在資金來源納入考量：電力公司，他們將成為建築電氣化趨勢的巨大受益者。有許多公司已向屋主推出購買新型節能家電的補助計畫。但這些現有的計畫幾乎尚未發揮龐大的經濟潛力。請想像一下，一個全面電氣化的家庭，擁有智慧家電、先進的熱泵、車庫裡的電動車、屋頂上的太陽能板，以及（也許有）一顆跟房子等大的電池，能夠捕捉和儲存太陽能並在夜間使用——特斯拉（Tesla, Inc.）和其他公司已經開始在銷售這類產品。再想像一下，這些設備都連接到當地的電力公司，而且公司獲得授權可以即時控制這些設備從電網獲得多少電量。這很像我們在第二章中介紹到恆溫器和電熱水器的狀況，只是現在涵蓋到更多元的設備。有了上百萬間連上電網的房屋，電力公司就有更大的空間去調整電力系統，以因應來自風力機和太陽能電廠等清潔能源較多變的發電形式。藉由使用正在全國安裝的新型電表——「智慧電表」，電力公司將能夠計算出像這樣移轉用電負載能帶來多少價值。這種智慧電網，或許能幫助他們推遲電網的擴張，並有機會省下數十億美元。電力公司若想獲得這樣的運作空間，就應該願意支付大筆資金幫助屋主完成他們該做的事情。美國有二、三十個地方，已經在這樣做了。例如，在加州沙加緬度的市政設施區，房主若接受電氣化裝修的方案，就可以獲得超過一萬美元的補助。你可以上到 energystar.gov 並搜尋「尋找補助」（rebate finder）來找到你居住區域的類似補助。

在美國的部分地區，公用事業公司已開始針對某些用戶提供更進步的家庭升級服務。這個概念被稱為「邊省邊償還」（Pay As You Save）。公用事業公司為用戶提供房屋節能裝修的資金，並把費用攤提在用戶的每月帳單裡面——但是裝修後的帳單金額，往往比裝修前的還要少。用戶無論收入高低都有資格參加這計畫，但對於那些無力支付房屋升級費用的低收入用戶會特別有幫助。到目前為止，農村的電力合作社已是這個概念的最大實行單位，但民營的公用事業公司也開始測試。我們認為，州立公用事業委員會應該推動更多公司朝這個方向發展——這是公民的另一項政治目標。

我們的最終目標正是讓美國的房子與建築，不僅高效能、全面電氣化，還能與更智慧、更乾淨的電網維持溝通。那個世界距離我們還很遠，但除非公民開始推動政府制定有遠見的計畫，否則我們永遠無法實現這一目標。是時候釐清我們該怎麼翻修美國了。

CHAPTER

4

受制於油桶

Over a Barrel

沒有人真的預見到這事件的發生——尤其是美國人，他們自豪的情報機構應該在中東各處都有眼線。一九七三年十月五日的早晨，當尼克森（Richard M. Nixon）總統打開他的〈總統每日簡報〉（Presidential Daily Brief）時，頭版的句子會讓他感到安心：「現在埃及正在進行的軍事演練，雖然規模比以往大且逼真，但以色列人並不感到緊張。」[1]

但他們應該感到緊張。在一九六七年的「六日戰爭」（Six-Day War）之後，以色列政府非常信賴自己國家的軍事和情報系統。那一年，在埃及封閉對以色列航運至關重要的海峽之後，以色列軍隊發動攻擊，從敵人手中奪取大片領土，其中包括廣闊的西奈半島。在一九七三年，以色列因為過度自信，沒有注意到阿拉伯人即將進攻的警訊。

到了第二天早上，十月六日，這國家的心情瞬間從無憂無慮陷入驚慌之中。那天要提供給尼克森的〈總統每日簡報〉原本已經完稿，但中央情報局在頭版緊急加上一則來自以色列的情報：「埃及和敘利亞計畫在今天傍晚前橫越蘇伊士運河和戈蘭高地，發動聯合進攻。」[2]下午兩點，埃及的軍機開始轟炸以色列的防禦工事，在短短幾分鐘內，埃及的地面部隊對駐守蘇伊士運河另一端的以色列士兵發射超過一萬發的炮彈。到了傍晚，巨大的水砲在以色列的砂堆堡壘上炸出一個又一個的洞，坦克和卡車正在渡河，數以萬計的埃及部隊湧入這塊有爭議的領土。

以色列的北部，只有布署一百七十輛坦克和七十門火砲，卻要抵禦敘利亞有著一千四百輛坦克的五個師。在南部的西奈半島上，駐守當地的以色列坦克在戰爭第一天就有三分之二被埃及軍擊毀。阿拉伯聯軍連下數城的攻勢讓以色列民眾感到震驚。這場戰役後來被認為是以色列的危急存亡之秋，也是猶太國家最接近被敵人推翻的時刻。痛苦的戰役長達六天，以色列面臨可能遭擊敗的局面。根據幾十年後美國記者布爾凱特（Elinor Burkett）的報導，以色列總理梅爾（Golda Meir）向一名友人要了一些藥丸，「這樣我就可以自殺，免得落入阿拉伯人手中。」[3]

以色列的彈藥和裝備短缺，關於是否要提供以色列補給，尼克森承受很大的壓力。他猶豫的原因是：蘇聯與阿拉伯國家的關係密切，這場戰爭很可能演變成兩個核武強權之間的對抗。在戰爭的第六天，尼克森最終決定用空運為以色列陸軍和空軍提供補給。然而隨著戰事發展，大部分的美國物資都無法在戰爭結束前交付，但美國的承諾大幅提升以色列人的士氣。在阿拉伯聯軍展現驚人的軍事實力後，局勢卻快速轉向對以色列有利。以色列稱為「贖罪日戰爭」（Yom Kippur War），而阿拉伯人稱為「十月戰爭」（October War）的這次衝突，讓很多人覺醒——不僅讓以色列人意識到充滿敵意的阿拉伯國家對他們的巨大威脅，美國政府跟人民也深有所感。

在一九七三年十月之前，只有少數專家知道若遇到外部石油供應中斷時，這個國家會有多脆弱。[4]一九四〇年代末之後，美國一直無法滿足國內對石油的需求，且隨著美國人購買大台、耗油的汽車，並熱衷使用新落成的州際公路系統，石油用量仍然快速上升。美國只占世界人口的百分之五，但卻消耗近三分之一的石油。到了一九七〇年代初期，華府把經濟搞糟，也讓這狀況惡化。聯邦政府以保護消費者的名義對石油實行價格管制，但這卻使得本土廠商停止鑽掘新油井，限制對國內供應石油，導致美國更加依賴進口石油。甚至在「贖罪日戰爭」開始之前，美國各地就已出現汽油短缺的情況。[5]

儘管當時的供應量緊繃，但仍有少數人提出警告說阿拉伯國家可能會實行石油禁運，以及禁運可能帶來的傷害。這種威脅並非空想；阿拉伯產油國在「六日戰爭」期間，就曾試圖實行禁運，但當時美國還有備用產能可滿足需求。[6]美國自身的石油產量在一九七〇年達到高峰後便開始下降，到了一九七三年，全球石油市場沒什麼備用產能。

一旦美國明確表示在一九七三年的戰爭中將全力支援以色列，以沙烏地阿拉伯為首的中東產油國因為埃及的盟約，開始關閉輸油管。幾週內，美國便陷入混亂。由於民眾擔心缺油而開始囤積，汽油短缺的問題迅速惡化。[7]隨著一九七四年的到來，局勢就更加緊張。加油站附近排著一英里的長龍。[8]許多人花數個小時等著排隊加油，但當他們快排到的時候卻發現油泵已經空了。[9]人們爆發激烈的鬥毆。[10]小偷在晚上從他人的油箱中偷偷抽取汽油。[11]荒謬的是，大眾將危機歸咎於石油公司，認為他們為了抬高價格，才以某種方式壟斷供應。憤怒的卡車司機開上州際公路，用氣壓式煞車停下發出呲的一聲、接著關閉引擎，阻擋道路數小時。[12]有些不支持罷工的卡車司機甚至被支持罷工的人殺害。

以色列及其敵人最終達成一項令人不安的停火協議，五個月後禁運令解除，阿拉伯的石油再次流通於市場。然而，五年後伊朗的革命再次導致石油減供，美國人目睹醜陋的場景再度重演——加油隊伍、群眾憤怒、國會山莊上狠批石油公司，卻無濟於事。一九七〇年代的兩次石油危機，是頗關鍵的現代歷史事件，永遠改變華府和其他國家首府的戰略盤算。兩次石油危機都推高油價，導致一九七〇年代的高通膨，產生對經濟焦慮的一代美國人。

在一九七三年和一九七九年的事件之後，美國再也無法假裝不知道依賴石油所帶來的危機。專家們理解到，在美國各地的加油站，以一英呎高數字所顯示的金額，其實並沒有反應真實成本；在石油危機之後的幾十年裡，美國政府得花費數萬億美元和數千名士兵的性命打仗，而戰爭的目的，至少有部分是為了維持中東的石油管線暢通。

從近半個世紀的觀點來看，我們可以說這國家從未真正從石油危機汲取教訓。美國如今燃燒的石油比一九七三年稍微多一點——人均用量減少，但總量增多。新的技術使美國能夠自行生產更多的石油，降低石油進口量，但揮霍的舊習慣毫無改變。每當油價上漲時，美國人會選擇購買省油的汽車，並少開一點。而當油價下跌時，人們也就忘了這痛苦，耗油車（譬如美國路上常見的休旅車）的銷量再度爆增。

儘管美國人對耗油車的偏好始終不渝，但我們今天面臨的情況與一九七〇年代石油危機有很明顯的不同。在交通運輸完全仰賴石油供應的整個世紀，人們不時擔心石油會枯竭。這種恐懼在一九七〇年代似乎成真，且在二〇〇八年再次出現，當時石油供應的緊縮加上中國對石油需求的暴增，短暫地把石油價格推高至每桶一百四十七美元，是前一年平均油價的兩倍。

然而現在我們明白，真正的危機不是世界上的石油太少。[13]因為如果真的如此，我們就能期待石油短缺和油價上漲，會逼迫人們轉換成使用其他能源驅動的車輛。真正的危機是世界上有太多的石油，超過地球可以承受的燃燒量。

從排氣管排出

如今，許多人對於電動車可能成為主流這一點感到很興奮。我們也是。但是汽車的使用年限很長，人們換車的速度很慢。在實現把全世界車輛電氣化的道路上，還有重重障礙，其中包括充電站的數量不足。即使我們加大電氣化的推動力道，全面改用電動車也需要花上數十年。這代表在完成轉型之前，還有至少二十億輛燃油車會進入市場。[14]從短期來看，燃油車的效率是個關鍵問題——因此，當我們談論如何修復全世界的交通運輸系統時，不是從電動車開始，而是從那些仍燃燒汽油的汽車開始。

當你給汽車加油時，你當然認為目的是讓汽車移動。當然，你沒說錯，但是你所燃燒的汽油，大多數都沒能完成你購買時的目的。根據汽車類型的不同，約有百分之七十五到八十的汽油能量遭到浪費，並以熱能的形式從你的散熱器或排氣管逸出。只有不到百分之二十的能量被用來驅動車輪，讓汽車移動。[15]

從工程師的角度來看，這是（或者應該是）專業上的恥辱。人們會希望系統裡的大部分能量被利用，而不是被浪費！這般浪費不僅讓駕駛人花更多錢，而且代表汽車所排放出包括溫室氣體的大部分汙染物，在進到大氣之前沒做出有意義的貢獻。自從T型車問世至今已有一個多世紀的歷史，我們花費鉅額資金從地下抽取石油並提煉，接著把大部分的石油都浪費掉。這是汽車行駛或地球管理的最糟狀況。

這個問題能解決嗎？傳統的燃油引擎有改進的方式，但這些改進需要一步步進行。能量形式的轉換，例如化學能變成火焰，然後火焰變成動能，接著產生熱量，而且產生的熱量愈多，浪費的能量就愈多。這就是為什麼汽車需要散熱器和冷卻系統：它們需要散發熱量——否則引擎會熔化。電廠、噴射引擎或任何把燃料轉換為動能的技術都是如此。內燃機不會有戲劇般的進化，但逐步改進是既可行且必要的。

我們如何知道汽車可以提高效率？因為過去已有先例。在一九七〇年代的第一次石油危機之後，新上任的總統福特（Gerald Ford）要求國會通過汽車的強制燃油效率標準。福特總統要求在十年內要讓新車的平均油耗提升一倍。汽車製造商辯稱這是不可能的，政府這麼做會讓他們破產。但後來國會通過這條法案，汽車公司也依照要求進行改進。除了法律要求之外，當時的汽車市場需求也盡力讓他們往這方向邁進，因為美國人擔心高油價，開始尋找節能的汽車。就在這個時期，日本的汽車製造商靠著高效率的小車打進美國市場，從底特律的三大車廠手中，很長一段時間都搶下大部分市占。

引擎經過重新設計。汽車的重量減輕。車身經過調整，以減少空氣阻力。每一項改進都很微小，有的增加一英里、有的增加三英里的每加侖行駛距離，但全部加在一起，就變得很巨大。當然，那個時代也有幾次慘痛的失敗經驗。幾家車廠嘗試用快速且粗糙的設

圖六　美國新汽車和新卡車的燃油效率

1975 - 2020

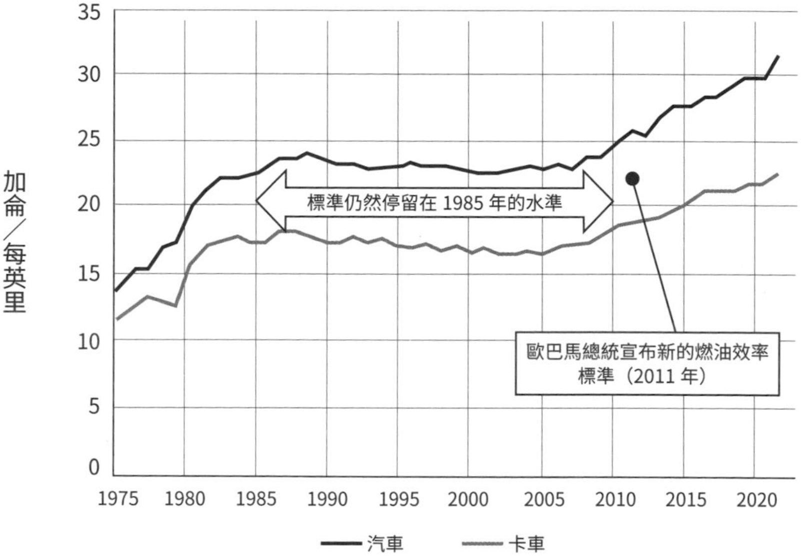

計生產小型汽車，於是我們看到福特汽車的 Pinto、美國汽車（American Motors）的 Pacer 和 Gremlin、雪佛蘭（Chevrolet）的 Vega 等失敗之作。Pacer 的設計理念是讓車的寬度和凱迪拉克一樣寬，但車身更短。Gremlin 的外型，則讓人覺得設計師的靈感來自用鏈鋸鋸開的一九七〇年代車輛。這些車成為大眾的笑柄，時至今日仍讓美國製造的小型車留下不好的名聲。但是，撇開設計上的錯誤不談，十多年來車廠一直專注於改善油耗，到了一九八二年，新車的平均油耗約為一九七三年新車的一半。

然而，回顧過去，福特總統和當時的議員犯了一個重大錯誤。或許他們假設未來的國會和總統會重新審視這個議題，所以他們在一九八五年通過停止提升油耗的規定。

美國身為世界上最大的石油市場，又有更加省油的各式汽車問世，加上來自墨西哥灣、北海的石油平台以及沙烏地阿拉伯的新油田加入市場供應，一九七〇年代石油從短缺轉為豐足。因此，任期涵蓋一九八〇年代大多數時間的美國總統，也就是雷根，受到很小的油價壓力，也沒有興趣對汽車公司實施更嚴格的規定。

在漫長的二十五年中，效率規定的修法停滯不前。在一九九〇年代末的經濟繁榮時期，美國人開始把房車換成「休旅車」，也因為這些車在規定上算是卡車，所以受到更寬鬆的規定。休旅車為汽車公司帶來更高的利潤，因而被強力行銷。汽油再次變得便宜，一般的美國民眾似乎在想，我為什麼不買一輛重達三噸的金屬巨獸載著孩子去參加足球練習呢？

有趣的是，在那些年裡汽車的進步並沒有停止——實情正好相反。工程師繼續進行小規模的調整，引擎的效率逐漸提高。車廠明明就可以在不喪失性能的前提下，利用這些改進為人們提供更好的油耗表現。但政府不再強制要求他們這樣做。他們反而利用效率的提升讓汽車變得更重、更有力。[16]在第一次石油危機期間，一輛在美國販售的典型家庭轎車，從零加速到時速六十英里（約九十六・六公里）需要大約十五秒。如果你希望車子能在七、八秒內做到這地步的話，你需要購買一輛豪華跑車。如今，像豐田（Toyota）的 Camry 這種典型家庭轎車的加速能力，已經跟半世紀前的雪佛蘭的 Corvette 一樣快。

事實證明，有些汽車買主非常在乎瞬間加速性能。因為引擎性能的提升，車廠選擇迎合這些買主的需求，而不是藉此提高汽車的油耗表現。我們並不是說汽車變得更快完全是壞事，但我們確實認為國家本來可以在省油和加速快感之間取得更好的平衡。畢竟，加速性能的提升，往往只能讓你更快抵達下一個紅綠燈。

我們認為真正的悲劇（和教訓），是一九七〇年代的美國國會沒有把持續提升效率的規定入法。如果在過去的半個世紀裡，政府持續要求車廠提高自家新車的效率，那麼美國今日的石油用量將遠遠低於目前的水平——並且儘管美國人口增長了百分之五十六，石油用量可能會比一九七三年還少。我們很可能已避免深陷中東政治的糾葛。

搶奪金錢

當汽車公司每隔幾年重新設計車輛時，他們要做出上百種權衡，包含動力、重量、成本、效率、安全性和吸引力。特別是引擎技術，這是門高深的藝術。如今進入到汽車的黃金時代，電腦操控的引擎和先進材料的出現，讓車廠大有斬獲。

斬獲有多大？當豐田汽車在二〇一八年推出大改款的 Camry 時，便決定一次加入六種新技術。結果油耗在這一年內便提高百分之二十以上。[17] 一年內就有如此大的進步並不尋常，但也說明了我們還有多少進步空間。Camry 不是款很慢、很醜的車。它是美國最暢銷的轎車，由自豪的肯塔基州汽車工人所生產。

引擎可以透過哪些方式改進？其實存在許多可能方案。譬如在點火之前提高汽油和空氣的壓縮量，就會提高效率。設計更好的軸承減少內部摩擦；搭配馬力的需求調節氣門的正時；也依據引擎排氣量做出同樣調整；壓縮進到引擎的空氣；氣缸使用低摩擦力材質的塗層。這些內容聽起來很專業，我們清楚，但這份清單只是帶你理解可行的汽車工程選項有多少。這份清單涵蓋一百多個項目。問題是，每個項目都需要精密設計，而且許多變化都會增加汽車的生產成本。

額外的生產成本，而非技術難度，才是汽車效率的無止盡爭論的核心。要知道，能源效率愈高的汽車，在其使用年限內有很高的機率能為人們節省金錢——就像高效能的房屋一樣，額外的初始成本會被省下的燃料費所抵銷。但大多數買家關注的是產品的標價，而不是產品使用總成本的差異，再加上車廠努力搶奪市場，導致提高標價成為敏感問題。

我們相信燃油效率可以再次翻倍，就像一九七〇年代晚期到一九八〇年代中期那樣。歐巴馬總統在他的執政前期就設法做到這一點，將每英里／加侖的油耗標準從二十七・五提高到五十四・五。就像福特總統的交通部門所做的那樣，歐巴馬的環境保護署提供汽車公司十年的時間來完成這項目標，期限落在二〇二五年。設定這些標準是優秀的消費者政策、優秀的能源政策和優秀的氣候政策。汽車工業甚至也支持這些標準，因為它們知道在環境汙染和氣候變遷的議題上，自己必須做得更好。但川普（Donald J. Trump）執政時期削弱這些法規。現在，鐘擺又往另一端擺動，拜登政府正在加大執行的力度。

我們認為即使是歐巴馬所提出的目標，跟實際可執行的目標相比仍顯得保守許多。新款的引擎設計經過實測，比市面上的任何引擎效率高出百分之二十，比道路上汽車的效率平均高出近百分之四十。這些引擎的設計能減少廢熱、降低摩擦並提高燃燒效率。

引擎固然重要，但汽車的其他系統也同樣重要。當你打開電燈、音響系統，尤其是空調時會發生什麼事情？引擎現在還需要為這些設備提供電力。這些設備的用電量可能非常大，但好的設計可以將其降至最低。新型烤漆的外觀雖然與舊款完全相同，但它們可以反射更多的太陽能，減少汽車吸收到的熱量。更好的玻璃可以反射部分的太陽光，也減少熱量吸收。在鳳凰城一個七月午後，這些技術能幫助在路上奔馳的車，減少空調的汽油用量。

空氣動力學變得愈來愈重要。以每小時七十五英里（約一百二十公里）速度行駛的汽車，它的阻力有多大？你的車是在推動大量的空氣，還是俐落地穿過空氣？看向汽車底部：你會看到轉向桿、避震器、排氣管、傳動軸、油箱等零組件。再看看飛機底部：一片光滑。也許汽車永遠無法像飛機那樣符合空氣動力學，但還有改進的空間。

最大的做法之一是把汽車變輕──但體積縮小並不是唯一方法。現在每輛汽車的平均重量超過三千六百磅（約一千六百三十公斤），休旅車甚至更重。福特汽車的 Lincoln Navigator 的重量上看六千磅（約兩千七百二十公斤）。每次開車出門，這麼重的物體需要停下並啟動數十次，而每次動作都需要耗費能源。先進的材料，譬如超強鋁合金或碳纖維，可以在不影響安全性的前提下大幅減少汽車重量──雖然它們的初始成本確實比傳統鋼板要多幾百美元。僅關注標價的短視近利，對整體經濟、消費者的荷包和環境來說，都會帶來長期的災難。

如果車廠必須獲得告知才會改進，那麼誰該來告訴他們呢？跟你想的一樣，對大多數國家而言，制定汽車效率標準是國家的責任之一。因為大多數的汽車由少部分的國家生產，所以世界上的幾個國家政府，對於這個國際產業有極大的影響力。而且，我們得遺憾地說，這裡面有很多政府都太過依賴車廠。德國就是一個典型的例子，在那邊福斯汽車集團和其他德國車廠擁有強大的政治影響力，甚至能讓他們逃過醜聞。幾年前震驚全球的事件，也就是福斯汽車對排放標準的造假，只是近年來最過分的案例之一。

某些讀者會認為，我們聚焦在提升燃油車效率的論述似乎很狹隘，甚至缺乏想像力，因為用電動車全面取代燃油車的可能性逐漸成形。但實情是：在這個星球上已經有超過十億輛的燃油車，而且在這個數值在發展中國家仍迅速攀升。雖然汽車僅占全世界二氧化碳排放量的約百分之九，但在像美國這樣的後工業經濟體中，汽車的排放量占比其實比世界平均值來得多。隨著電網持續整治，這個部門的碳排放因而降低，交通運輸已成為美國溫室氣體排放的最大源頭。在這個國家，每個成年人幾乎都擁有一輛汽車；我們的許多汽車都是吃油怪獸，導致汽車和輕型卡車的二氧化碳排放加總，就占美國總量的百分之二十二。若加上重型卡車和公共汽車，光陸地交通運輸部門的碳排放占比就高達百分之三十一。

包括中國十四億人口在內，世界上的其他人似乎也想學習美國人的開車模式。這會形成一個問題，因為蓬勃發展的全球汽車市場，很容易變成比現在還更大的碳排放源頭。我們認為在短期內，得讓燃料的使用量不要像汽車總量成長得那樣快，而唯一的方法就是制定嚴格的要求，以提高汽車的效率。

上述我們提到的許多議題不僅適用於汽車，還適用於卡車和巴士。幾十年來，這些車只受到薄弱的監管，即便擁有營業用車輛的人比一般的汽車買家更關注效率，甚至更願意支付額外費用，但美國的重型車輛在效率的表現仍遠低於應有的水準。

大型車輛的汙染不僅是氣候問題，還是健康問題。許多重型車輛使用柴油，而廢氣是空氣汙染的主要來源。坐柴油巴士上學的學生會受到這些廢氣影響，此時他們的肺還在發育，而空氣中的刺激物可能引發氣喘發作。貧窮小孩則遭遇更大的危機，因為他們更有可能生活在高速公路或工業設施附近，這些地方會產生大量有毒物質，並飄散到他們的社區。數十年來，公共汽車也造成嚴重的汙染問題，促使人們花費大量心力將車輛改裝為使用天然氣或丙烷，但整治工作的路還很漫長。

對於汽車、休旅車、巴士、市區的送貨卡車和高速公路上的長途大貨車，我們的短期策略都是一樣的：必須提高車輛的效率。但從長遠來看，我們必須換掉上述這些車。作為二十世紀代表性技術之一的內燃機，必須在二十一世紀走向終結。

電氣化的未來

燃油車是在十九世紀發明，並在二十世紀的頭幾十年開始普及。但在當時，如果你真的想要氣派地在城鎮四處遊覽，你不會選擇那些臭氣熏天、噪音很大的燃油車。你反而會選購一輛漂亮、設施齊全的電動車。你可能會選擇蘭塞姆·奧茲（Ransom Eli Olds）出的車款，在轉換跑道並創立汽車品牌奧茲摩比（Oldsmobile）前，他曾涉足電動車領域。愛迪生有一輛斯圖貝克公司（Studebaker）生產的電動車。一九〇一年，麥金利（William McKinley）總統在水牛城遭槍擊時，是用電動救護車把他迅速送往醫院，可能因為那是當時最快的交通工具（然而幾天後，他仍因為感染壞疽過世）。在那些日子裡，各種車輛都還是富人的玩具，[18]但在世紀之交，電動車很受歡迎，銷量甚至超過燃油車。

當然，後來汽油因為優異的能量密度表現（代表駕駛可以開得更遠）而勝出。但是在整個二十世紀，人們對電動車的興趣從未消失。隨著城市的汙染愈來愈嚴重，電動車被視為前景看好的空氣整治手段之一，尤其是在加州，該州利用行政力量說服通用汽車（General Motors）在一九九〇年代推出一款名為EV-1的汽車。但通用汽車聲稱消費者對此並不感興趣，在僅僅生產一千一百輛的EV-1後，便停產這台車。

在二十世紀末，其他國家也展開類似的實驗。在挪威，一個小型環保團體希望看到電動車有所進展，並成功引起了知名的新浪潮樂團阿哈合唱團（a-ha）對這產品的興趣。[19]他們從瑞士進口一輛電動車，然而要申請在挪威合法上路的繁文縟節讓他們覺得憤怒。他們抗議的方式是在全國各地駕駛這輛車，並拒絕支付過路費，引發群眾騷動。這一招吸引到政府的注意，他們覺得這些年輕人或許是對的——電動車應該獲得租稅減免，以及高速公路通行費優惠和能開上快速道路的權利。政府認為，市面上的電動車那麼少，這麼做有什麼壞處？然而從長遠來看，這會是個命運的決策。

包括EV－1在內的電動車，一直缺少的是某種續航里程夠長的電池，能讓駕駛不必擔心會在某個偏僻的路段拋錨且感到無助——這種擔憂最近被稱為「里程焦慮」（range anxiety）。在二十一世紀初，我們終於看到轉變，救星是原先發明用在高耗電筆記型電腦的裝置：鋰電池。隨著電池的不斷進化，世界上有些地方的聰明工程師意識到，製造優質的電動車不再是天方夜譚。最早開始投入電動車研發的公司，是二〇〇三年成立於加州、由艾伯哈德（Martin Eberhard）和塔彭寧（Marc Tarpenning）創立的公司，他們的公司是以電氣時代的早期天才之一特斯拉（Nikola Tesla）命名。需要資金的他們，很快便吸引到一名投資人，但不久之後，這人就接管公司。他是新近成為科技富豪的馬斯克（Elon Musk）。

自從那之後，提到交通工具電氣化的推動和以及化石燃料世代的終結，就會想到馬斯克的名字，更遑論他還獨資打造把太空人送上火星的太空船。他毫無疑問是現代最迷人的（有時候也是最煩人的）技術高手。馬斯克可說是愛迪生和馬戲團經紀人巴納姆（P. T. Barnum）的綜合體。特斯拉公司的股價也飛漲——市值超過福特汽車的十倍——並引起世人對電動車的興趣。藉由其他公司在大規模生產鋰電池的初步斬獲，馬斯克成功把這個百年的電動車夢，變成這時代最性感（sexy）的概念。我們是故意使用這個形容詞；以下是特斯拉推出的四款車系的名稱：Model S、Model 3、Model X和Model Y……

S3XY

沒錯，那個「3」原本應該是「E」，但福特汽車阻止特斯拉使用「E」，聲稱「Model E」聽起來太像Model T（T型車）。

當特斯拉公司最初提出具有野心的計畫時，馬斯克明確把技術的學習曲線納入自己的經營原則裡。「幾乎所有的新技術在開始最佳化之前，初期的單位成本都很高，電動車也不例外。」[20]馬斯克在二〇〇六年寫道。特斯拉公司的策略是先打入高端市場，因為這些客戶願意高價買車，接著盡快讓市場進化，做到每次新型號的推出時，產量都能增加，售價都能減少。關於學習曲線的運作，我們還沒有見過比這更簡潔的總結。

特斯拉首先推出低產量、高單價的手工跑車，用來籌措早期資金，並教導員工設計和製造車輛的藝術。接著他們推出更精緻但仍然昂貴的特斯拉Model S和Model X。二〇一七年，他們終於推出平民版電動車Model 3，這款車很快就成為美國電動車市場的龍頭。在這段期間，特斯拉不僅在車內安裝更好的電池，還建立遍布全球的自有快速充電站，都是為了解決客戶的里程焦慮。很長一段時間裡，這些充電站只對特斯拉車主開放，但在你閱讀本文時，可能已開始向所有人開放。

馬斯克的公司經歷許多成長的困擾（其中許多是自尋煩惱），[21]儘管如此，它仍給世界各大車廠帶來恐慌，紛紛推出自己的電動車。就此出現一波車廠開始大舉投資電動車的熱潮——包括在柴油排放造假醜聞後，試圖開拓新道路的福斯汽車。二〇二〇年初，美國知名車廠通用汽車宣布一項「願景」：在二〇三五年之後，公司只銷售電動車。其他公司也承諾要加速電氣化。

神奇的循環又再一次展開：隨著大型電池組的產量擴大，這技術已站上技術的學習曲線，價格正在迅速下降。我們認為，在未來二十年內，電動車有可能大規模取代汽車。這願景已在挪威實現，多虧那個曾經鮮為人知的租稅優惠，電動車在挪威新車市場的占比已經超過一半，在部分國家的占比也迅速擴張。在全球車輛市場中，電動車的新車銷售占比剛突破百分之七。[22]

電動車沿著學習曲線發展和電池成本的下降，都將為大型運輸工具的電氣化提供重要的新機會。有些國家已在實驗電動卡車，包括可以從沿著高速公路懸掛的高架電纜獲取動力的長途卡車，這技術就跟現在用來為火車供電的高架電纜一樣。特斯拉打算製造靠電池運行，而非仰賴高架電纜的電動卡車。電動公車也已問世，許多美國城市也開始購買；深圳這座中國城市已經全面改用電動公車，共有一萬七千輛，同時也有電動計程車投入服務。中國版本的優步「滴滴打車」，也將在深圳達成全面電氣化。這座城市在不到十年的時間裡，便完成上述的進展。[23]

美國政府和挪威之外的幾個歐洲國家，現在也為購買電動車的消費者提供租稅減免或其他財政補貼。這種用公共資金補貼私人交通工具的政策讓某些人難以接受，其中包括我們參與環保運動的許多朋友。我們認為，若從立即帶來的環境好處來看，這政策的立意很合理，包括得到更清新的城市空氣和更少的全球暖化汙染，以及基於國家安全的理由，可以減少從潛在敵對的國家進口石油。但是補貼並加速電動車普及的最大原因是繼續推動電池沿著學習曲線下滑。我們曾經提過電池成本下降可能為電網帶來的好處：企業正在打造的電池組，可以儲存再生能源並在用電尖峰期間發揮作用，消除對某些燃氣發電廠的需求。電動車電池的潛在市場，遠遠大於電網電池的市場，因此很奇妙的是，電網的進一步發展，必須仰賴電動車市場的擴張速度。有了大量的電動車和再生能源供電電網的組合，我們就大有機會減少溫室氣體的汙染，並整治骯髒的空氣。

電動車充電可能需要一段時間：在州際高速公路旁的快速充電站大約需要半小時；而安裝在家中車庫內，使用常用來插烘衣機迴路的「二級」充電器需要四到十個小時，實際時間則取決於車載電池的大小。快充電池即將問世，但目前使用慢速充電則代表我們需要大量的充電站——可能遠遠多於加油站，因為加油站只需五分鐘就能為汽車加滿油。在郊區的情境裡，這個問題相對容易解決：將充電器插入跟烘衣機相同迴路的插座，然後在車庫裡幫車充電。但這個問題在公寓（更遑論摩天大樓）則要複雜得多。若想再把事情搞得更複雜，請想像一下一座公車的停車場，晚上有幾百台飢餓的公車停在那。這會需要超多的銅線。

這無疑是個大工程，而且不可能在一夜之間完成。有些人擔心這永遠不會實現；因為路上的電動車太少，經營充電站可能無法獲利——但我們又需要更多的充電站，讓人們對買電動車更有信心。電動車專家暨我們最喜歡的播客之一《能源轉型秀》（Energy Transition Show）的主持人尼爾德（Chris Nelder），並不認同這種觀點。[24]「很多人說電動車存在先有雞還是先有蛋的問題，也就除非有更多的充電站，否則人們不會買電動車，但沒有人會建更多的充電站，除非有更多的電動車。」尼爾德在一次採訪中提及。「但我認為這論點有誤。我們面臨的是『先有雞還是先有鬆餅』（chicken-and-*waffles*）的問題。電動車絕對會問世，所以我們必須停止猶豫不決（waffling），開始建設充電基礎建設！」他說得有道理：車廠已經承諾要在車輛展間裡，推出更多款式的電動車。

但是在發達國家裡，全面轉換成電動車是絕對可行的。而且獲得的回饋很大，包括降低成本、減少汙染和減少對石油的依賴。考慮到納入車輛年限所計算出的總使用成本，電動車已經比汽車便宜，一部分是若把電力的成本換算成汽車加油，相當於每加侖汽油只要一．二美元。[25]然而，高昂的初始成本仍使很多人望而卻步。如果電池成本的下降速度維持，預計在二〇二五年之前，電動車的購買成本將低於汽車，這將帶來快速轉型的新機會。

拉動控制桿：改開電動車

孩子們拒絕放棄。一整個學年，他們每個月都出席鳳凰城聯合高中學區董事會的會議。他們的聲音略顯顫抖，每個月都站起來提出相同的請求：請提供電動巴士。

對於南山高中田徑隊隊長阿賽維斯（Monica Aceves），這名來自鳳凰城勞工階級社區的學生來說，她參與遊說的理由很私人。她看著自己的一名朋友在比賽中突然因氣喘發作而倒下，並住院了一週。她開始認識空汙問題，尤其是影響她所在社區的髒空氣，這些汙染來自工業廠房排放以及骯髒柴油車的排放，其中包括孩子們搭乘的校車。她告訴《亞利桑那共和報》（*Arizona Republic*）說：「我想要為我的社區發聲，因為這裡的人們值得擁有一個更好的環境、一個更適合居住的地方。」[26]

學生們的堅持在二〇一九年獲得回應，學校董事會同意購買一輛電動巴士——向遙遠的轉型之路邁出第一步。投票結果公布後，歡呼聲四起。

在馬里蘭州的蒙哥馬利郡，這個華盛頓特區郊區的小郡，也出現類似的情況。包括學生在內的一群當地市民開始在街頭遊行，並向學校董事會和郡立委員會等地方機構發送請願書，督促他們信守與氣候變遷有關的選前承諾。學校董事會檢視改用電動巴士的可能性，卻對初始成本反應激烈，因為成本可能是柴油巴士的三倍。但是，電動巴士的運作和維護成本卻要低得多，這代表若從長遠來看，有機會省下更多錢。而且，要求改變的學生們並未放棄。

「我們需要採取行動，彷彿我們的房子著火一樣，因為確實是如此。」[27]抗議活動的領袖之一，十四歲的克萊曼斯－柯普（Rosa Clemans-Cope）表示。她和姊姊艾莉諾（Eleanor）帶領一群運動人士阻礙交通，在郡長的房子外抗議等——並在過程中遭到逮捕。「當年輕人覺得為了未來，他們別無選擇得採取這種手段時，那麼我們就知道我們有問題了。」克萊曼斯－柯普說。

一間位於麻薩諸塞州的高地電動運輸公司（Highland Electric Transportation）很聰明，他們後來藉由一個特殊的提案解決郡的難題：該公司會購買電動巴士並租給學校董事會，然後在電網尖峰期間使用巴士的電池，並將電力賣回電網以獲得部分收益。這項財務方案非常吸引人，蒙哥馬利郡下訂三百輛巴士，並承諾最終會將所有柴油巴士更換為電動巴士，這是至今我們看過學校董事會所做出的最大承諾。[28]

當人們問我們該如何解決像氣候變遷這般龐大的問題時，我們總是想到這些故事。每一位美國的家長都與這問題息息相關。孩子們坐著骯髒的巴士上學；他們吸入柴油廢氣，這可能會引發氣喘；而這些巴士又增加全球暖化的汙染源，使得孩子們將不得不生活在逐漸變熱的地球上。學校董事會都會聽家長的意見。家長為什麼不出席董事會，要求學校做出改變呢？

雖然汽車、卡車和校車可能是由大公司製造的，並且是符合國家法規設計的，但我們能夠多快完成運輸系統的電氣化，有很多細節實務上還是受到各州與各地方的影響。每個美國的社區，每天都在做出讓我們持續仰賴化石燃料的決策。市政府仍採購新款燃油車作為公務車。即使電動垃圾車已經問世，各個郡仍採購柴油款式。學校負責人訂購新的柴油巴士，幾乎不曾考慮其他選擇。

超過十幾個美國城市（包括波士頓、芝加哥、休士頓、邁阿密、費城、鳳凰城、西雅圖和華盛頓等大城市）已承諾會實行大膽的氣候行動，以符合《巴黎協定》的目標。這些城市以及其他城市需要利用他們的影響力，解決阻礙加速電氣化的實務問題。他們可以影響充電站的建設數量和位置。他們可以為充電站提供市有土地。州政府也能發揮很大的作用：他們通常管理上千台的公務車，並且可以選擇將車輛電氣化。他們可以催促電力公司為汽車建造充電站，或與私人企業合作建造。負責監管計程車和叫車服務的市政府和郡政府，可以促使業者實現車輛的電氣化。

雖然在大多數的國家，汽車的監管都歸中央政府負責，但美國的情況卻非常特殊。由於歷史的偶然，加州在美國汽車政策中扮演著極重要的角色。最一開始的原因是，大洛杉磯地區有一千九百萬人開著一千五百萬輛汽車和卡車，該地區的地勢群山環繞，而這些山丘容易把空氣汙染物留在地表。出於必要，加州在一九六〇年代開始制定自己的空汙標準，由當時的州長雷根簽署通過。當聯邦政府在一九七〇年代開始介入這領域時，《空氣清潔法案》（Clean Air Act）中的一項特殊條款保留了州的管理權力。美國的其他州可以在聯邦標準和加州法規之間進行選擇，而有十五個州選擇加州。各州有充分理由跟隨加州的做法。如果他們實行加州制定的「零排放汽車計畫」政策，他們就能促使車廠在當地市場推出一系列的電動車。沒實施這政策的州的居民，可選擇的電動車款會少很多。加州還率領著一個致力於將公車和重型卡車加速電氣化的州聯盟。[29]

不幸的是，美國大部分州仍未跟隨加州的汽車標準。實行加州標準，必須成為每個州的公民的政治目標。某些州的州長有權限自力推動，但在其他州需要透過立法程序。加州標準的追隨者愈多，加州政府就愈有籌碼去促使車廠加快車輛轉型的速度。還記得我們提到過，能夠控制大多數經濟行為的神祕控制桿嗎？這些汽車的效率標準就是其中之一，我們需要用力把控制桿往整治交通工具的方向拉。

政府手中還有一個我們尚未提到的錦囊妙計，而且可能是最有效的錦囊。從挪威到印度，全球近二十個政府已訂下目標：在二〇三〇年或二〇三五年之後，他們的國家將不再銷售燃油車。到目前為止，這都還只是目標而已，但在我們寫書之際，各國正在考慮如何將目標轉化為具有法律約束力的禁令。加州州長紐森（Gavin Newsom）宣布，他希望自二〇三五年起，加州停止銷售所有燃油車，但除非聯邦政府實施全國禁令，否則目前尚不清楚加州該如何執行這項政策。麻薩諸塞州也宣布類似的目標，而紐約州的新任州長霍楚（Kathy Hochul）也剛簽署一項為該州設下類似目標的法案。

儘管只有少數國家實施嚴格的禁令，也仍是很強烈的市場信號，希望內燃機逐漸退場，也鼓勵車廠努力開發電動車。有愈多的國家實施這般禁令，就會傳遞愈強烈的市場信號，其他國家也就更容易跟上領頭羊的腳步。既使會遇到重重政治難關，美國身為最仰賴汽車的國家，仍應該成為領頭羊之一。拜登政府尚未承諾實施這樣的禁令，但已宣布一個目標：到二〇三〇年，美國一半的新車將是電動車。

市政府也可以幫助改變人民對汽車的態度。巴黎市長已經宣布，在二〇三〇年後，無論新舊與否，搭載內燃機的交通工具都不能進入巴黎市中心。但這也不過是個明確的口頭目標，我們認為應該把目標變成具有法律約束力的禁令。我們認為全球所有的大型城市，都應該實施類似的禁令。依照我們的觀點，如果你在二〇三〇年擁有一輛燃油車，你將無法開車進入紐約、舊金山、新德里、北京、倫敦或其他數百個大型城市。平心而論，在禁令生效之前，司機需要有幾年的轉換期。但是，一旦禁令的期限已定，住在這些城市附近的任何人在購買車輛時，都會慎重考慮選擇電動車。這正是市場需要的刺激，才能讓電動車在學習曲線上加速前進。

如果你手頭充裕，我們建議不要等到這些禁令生效的那天。立即成為早期用戶，改開電動車。

雖然我們在本書中主張「綠色公民」的身分比「綠色消費者」更重要，但在車輛這方面，當個「綠色消費者」確實能帶來很大的幫助。如果你打算入手特斯拉、Leaf 或 Bolt 等電動車，記得向你的鄰居宣傳。邀請他們開開看。電動車的性能相當優越，開過的人往往會立即成為信徒。隨著電動車變得愈來愈普遍，我們看到社會濡染的真正效果。

除了買綠能車外，一般公民還能如何幫助推動交通電氣化呢？我們曾提到遊說學校董事會採用電動巴士的可能性。我們看到市民結盟在國內的各個學校推動相關政策的潛力。如果你所在的地區沒有這樣的組織，可以考慮自己創立一個——或許你可以在社群媒體 Nextdoor、臉書的地方群組或其他地方發表貼文，尋找志同道合的人。當你首次與學校接觸時，請做好被拒絕的心理準備。因為電動巴士的初始成本比柴油巴士高得多，只有當學校考慮到用車期間的整體成本時，選擇採用電動巴士才說得通。學校可能需要先訂少量巴士開始，就像鳳凰城的案例一樣，久而久之愈訂愈多。他們還可以像馬里蘭州蒙哥馬利郡那樣，從資助的公司那邊租用巴士，以省去初期成本。

同樣地，我們認為公民應該詢問市議會和州議員，去瞭解他們正採取哪些措施鼓勵人們改使用電動車。你所在的城鎮是否正在與其他單位合作，在公有地上增加充電站？公務車是否開始改用電動車？那垃圾車呢？州政府是否提供租稅優惠，以加快電動車的普及速度？他們是否已經實行加州的汽車法規，要求經銷商引進更多的車款?·這些都是需要立即著手的政治目標。

部分全國性的組織，能為那些決定著手相關問題的公民，提供消息來源。例如，「奇士帕選民聯盟」（Chispa League of conservation voters）就正在號召拉丁裔的家長推動公共汽車的電氣化。而這個組織也曾幫忙鳳凰城的田徑隊。「電動車協會」（Electric Auto Association）是支持加快車輛電氣化政策的組織，並在全國各地都有分會。另外，全國性組織「為美國充電」（Plug In America）會定期發通知，提供公民可以採取的行動建議。

是時候利用政府的各種工具，將電動車推向通往未來的高速公路。也是時候讓公民意識到自己對於未來的走向擁有實質影響力。「我一直看到團結的力量，」馬里蘭州的年輕倡議者克萊曼斯-柯普說。「很鼓舞人心的一點是，瞭解到有多少人只是需要有個參與氣候議題的契機——只是需要有人向他們解釋可以怎麼做。」[30]

CHAPTER

5

都市星球

An Urban Planet

在那決定性的一月某日，斯德哥爾摩市中心的政治人物和記者都聚在通往市中心的幾座橋附近。他們緊緊抓住外套和大衣，抵禦來自波羅的海的寒風。那天早晨，在橋上也有抗議者冒著寒冷，手持標語。

幾個星期以來，這座城市充滿紛紛擾擾。在瑞典國會扮演關鍵少數的綠黨（Green Party），以實際行動逼迫政府嘗試他們得意的計畫之一。從那天早晨——二〇〇六年一月三日及其後的幾個月裡，任何需要開車進出斯德哥爾摩市中心的人，都將成為一項社會實驗的對象。綠黨想知道，對開進擁擠市中心的汽車收取「塞車費」（congestion charge）是否能減少交通量並改善空氣品質。

這個概念在全世界討論了數十年。基礎經濟理論指出，任何定價為零的商品都會遭過度使用——你可以將街道的通行容量視為某種商品。如果你真的想解決塞車問題，運輸經濟學家認為，就需要對私人用車設定某種價格信號（price signal）。但是，因為擔心得面對駕駛的政治反彈，很少有城市敢於嘗試。

埃利亞松（Jonas Eliasson）是名年輕的運輸經濟學家，被專門僱來執行斯德哥爾摩這項實驗，而他不確定會發生什麼事。就像參與其中的所有人一樣，在幾個星期內，來自朋友和鄰居的兩極意見讓他覺得很痛苦。他甚至收到他姑姑漢娜（Gunnel Hahne）的意見，她住在斯德哥爾摩以西近兩百英里（約三百二十一．九公里）的地方——她贊成新的收費措施。[1] 他在接受本書訪談時回憶說：「她認為這麼做是正確的。」

埃利亞松和他的同事利用奠基於斯德哥爾摩交通規律的電腦模型來擬定計畫，卻一直得出一個他們不太相信的答案。電腦模型顯示，斯德哥爾摩預計實行的措施——在尖峰時段對雙向通行的車輛收取略高於兩美元的過路費——將使車流量下降百分之二十至二十五。實驗開始的那個早上，他與其他專家聚在市政廳的一棟附屬建築中，盯著車流量的統計數字，當車子經過市區四周的電子收費系統時，就會留下紀錄。由於大眾對這項政策的敵意和媒體的負面報導，他們的目標是透過提供記者即時的真實消息來防止錯誤訊息的傳播。

對於瑞典人以及全球的城市主義者來說，在那個一月的斯德哥爾摩所真實發生的事件已經成為某種傳說。

到了中午，車流量下降的幅度遠超過任何人的預期。往常的塞車狀況不見了，儘管還是有部分車在通行，但街道看起來幾乎淨空。在第二天早上，統計數字出現在《捷運報》（*Metro*）的頭版頭條：「四分之一的車輛消失。」電腦的估算完全精準。拿起報紙時，「我驚呆了，」埃利亞松後來寫道。「我們掌握到的所有數據，包括行車時間、車流量等，都說明著同樣的事情，但是照片看起來特別明顯。」[2]

也許最大的驚喜是對那些有決定付錢開車進市區的人而言，生活變得多麼美好。少了市中心典型的塞車潮，行車時間急遽下降——有些原本需要四十五分鐘的路程縮短成二十五分鐘。

即使人們習慣必須支付塞車費的概念後，車流量在為期七個月長的期間裡仍穩定減少約百分之二十二。

民意調查也反映出這項驚人結果：人們無法相信斯德哥爾摩中心突然變得如此美好。交通不再繁忙、騎自行車更安全、空氣更清新，而餐廳和商店仍然生意興隆。大眾對於塞車費的反對意見也隨之瓦解。瑞典政府也信守成諾，停止實驗並將問題提交公投：人們是否希望斯德哥爾摩設立永久性的塞車費？

當公投結果出爐時，毫無意外地，斯德哥爾摩周邊郊區的選民反對收取塞車費。但是，那些生活品質直接受到影響的選民，也就是斯德哥爾摩市區的居民，以百分之五十三對上百分之四十七的比例，過半贊成。現在塞車費（在尖峰時段雙向都收約五美元）已成為斯德哥爾摩生活的日常特色之一，並得到廣泛的支持。減少交通運輸產生的溫室氣體，並不是這計畫的核心目標，但政府也有進行相關追蹤，發現城市中的溫室氣體少了超過百分之十，而在整個斯德哥爾摩地區也少了數個百分點。會被吸入肺部的空氣懸浮物也減少差不多的數量。研究人員後來證實，在塞車費實施後，因氣喘住院的人數大幅減少，為瑞典的醫療系統節省支出——甚至可能拯救性命。[3]

斯德哥爾摩並非唯一成功實施塞車費的歐洲城市。倫敦比斯德哥爾摩早三年推出這樣的制度，它們是受到新加坡成功多年的塞車費啟發。後來，塞車費的想法終於傳到美國。紐約市已對在曼哈頓下城營運的計程車和其他的租賃車輛收取塞車費，並正邁向制定對私人用車徵收高額費用的計畫。洛杉磯、西雅圖、舊金山和芝加哥也在討論這個概念。

塞車費不過是各種正在全球實行的都市改革的一個面向。巴黎經過長年的努力推動（包括把主幹道封閉變成公園），已成功地將市中心的車流量減少近一半。從美國東岸到美國西岸，都看得見城市的街道正在進行調整：減少一個（有時兩個）車道，騰出空間給更安全的自行車道、更寬的人行道和樹木。在這些「完全街道」（complete street）上，商店的生意往往會變好，原因很簡單，因為街道對行人來說更加舒適。

在前一章中，我們討論到擺脫燃油車並完全轉用電動車的必要性。但拯救氣候危機需要更多行動：我們不是只要改用另一種車就好，而是需要重新思考我們與車輛的關係。這件事已經開始發生：車輛長期在城市街道的霸主地位終於受到挑戰。雖然只獲得暫時且微小的勝利，但接下來會贏得更多。

我們相信，任何致力於減少溫室氣體和拯救氣候危機的人，都必須支持這項大範圍的都市改造議程，因為其目的是使我們的城市變得更宜居。即便碳排放不構成問題，這些轉變也是有意義的，但實際上，在仰賴汽車的城市與行人友善的城市之間，碳排放量的差距十分顯著。休士頓是世界上最仰賴車輛的國家裡最仰賴車輛的城市之一，每人每天平均乘坐汽車移動近三十七英里（約五十九．五公里）。將這數據與芝加哥相比較，後者的市中心人口更密集，並有延伸至郊區的可靠大眾運輸系統：芝加哥的相對數據是每人每天平均乘坐汽車移動約二十英里（約三十二公里），少了百分之四十六。[4]

城市的修復需要政治膽量和民眾支持，同時也需要時間。讓降低巴黎市中心車流量的諸多改變，花了數十年的時間。紐約的塞車費，光是要讓法律到位就歷經超過十年的政治角力。洛杉磯在嘗試把這片由高速公路與郊區組成的人口密集區，變成一個有著可靠通勤系統的宜居城市，目前這計畫已邁入第三個十年，至今尚未完成。隨著解決氣候變遷及相關議題的政治意願提升，新城市主義成為一盞希望的明燈，但仍面臨一些重大問題。我們這些發達國家能否加速城市的轉型，在二〇五〇年前，在碳排放方面做出真正的轉變？對那些處在混亂都市化途中的發展中國家能否避免重蹈覆轍？

發生了什麼問題？

有些人比較幸運，約有三十億人生活在最先進的國家，或者發展中國家裡的繁榮都市，從許多衡量標準來看，他們的生活比人類歷史上的任何時期都要好。曾經致命的疾病現在可以被治癒。預期壽命快速提高。分娩死亡的機率大幅下降。乾淨的水、充足的食物、室內水電管線——這些便利設施被視為理所當然。科技已經將奇蹟放到我們手中。

但在二十世紀，這些改變正發生的那幾十年，西方世界的公民幾乎忘記一件他們曾經擅長的事。他們不再建設人們能夠享受的城市。如果我們來自一個典型的美國城市，當我們參觀國外那些充滿活力、行人友善並充滿生機的老城市時，我們會感覺到某些地方出了問題。如果你去阿姆斯特丹，欣賞到城市的公園、咖啡館和街道上的活動，然後飛回，比如說亞特蘭大，你可能會發現自己在市中心最密集的地區穿梭，凝視著高樓和巨大停車場的單調牆面，想知道究竟哪裡有問題。

簡單講，問題就是汽車。亞特蘭大許多單調的建築都是基於這樣的想法設計：人們將開車進入地下車庫，乘坐電梯上班，而不需要走到室外。許多人確實這麼做——儘管從郊區沿著嚴重塞車的七十五號和八十五號州際公路，花一個小時或更長時間開車的他們，常常都滿臉怒氣抵達辦公室。從遠處來看，亞特蘭大市區看起來像個真正的城市——實際上，一些較老、高雅的街區非常迷人——但當你靠近時，你會發現市中心的太多地方是死氣沉沉和乏味的。這情況並非偶然發生的；而是被允許發生的。

即使我們大多數人都能感覺到問題，但要知道現代城市到底做錯了什麼，需要透過專家的角度觀察。街道是城市的動脈，而典型的美國城市幾乎把這些極具價值的地段全部讓給汽車。在某些市中心，街道和停車場就占去一半的土地。這與過去由行人、馬匹、運貨馬車、自行車、有軌電車甚至火車共享的街道有很大不同。二戰後，所有其他形式的運輸工具都被驅離街道。

隨著汽車接管街道，大眾運輸就進入長期衰退。許多美國城市在一百年前擁有更好的大眾運輸選擇。你有時會巧遇現在已經廢棄生鏽的舊有電車軌道。在二十世紀的下半葉，這些大眾運輸系統因為投資不足而發展有限，而資金都集中給了公路的新王者——汽車。

如今在美國，人們已經普遍接受汽車至高無上的地位，導致許多人無視法規對於走路和騎單車的歧視。都市交通工程技師打著讓道路更安全的名目拓寬道路，但實際上他們正在都市社區中建造迷你版的高速公路——加快通行速度，而他們應該努力降低通行速度。都市規範一般會要求建築開發商設立太多的停車位，這做法其實是再把停車成本外部化，迫使買東西的人或大樓房客補貼停車費用。同樣的規範往往允許建商在都市街道上建造那些單調的牆。公共政策所規畫的街道與街景，理應要提供給行人、自行車騎士、搭乘大眾運輸的乘客、或是在晴天只想坐在外頭的人。現今在都市規畫上做得最好的城市，只需要否決那些有著單調白牆的發展計畫，並要求開發商在街道上設置商店，納入方便行人和自行車使用的設施，如小公園或廣場、戶外座位和自行車停放架。

儘管如此，當今的都市規畫的暴行相較於二十世紀的那項巨大罪行——城市高速公路的建設——實在無法相提並論。高速公路（Freeway）的命名非常不恰當，因為從任何意義上講，它們都不是真的免費（Free）。其建設成本令人嘆為觀止。的確，在二十世紀中葉，總長四萬兩千五百英里（約六萬八千四百公里）的美國州際公路是項史詩般的工程壯舉；這是當時史上最大的公共建設工程。[5]對於當時的政治人物來說，目睹這項工程完工可說是大開眼界。然而，這也是美國人完全向汽車臣服、重塑都市地景讓美國成為世界石油大戶的時刻。美國的商業旅客列車服務，在歷史上的多數時間都是逐利的私人企業，而在州際公路系統完成的那一刻，就得大部分仰賴政府資金存活，這項轉變決非偶然。

也許在汽車時代，用快速道路連接美國城市是項必然，但難道把這些高速公路穿過城市的心臟地帶也是必然的規畫嗎？在幾乎每座大型美國城市，都有一條或多條高速公路直接通向市中心。為了騰出土地興建新的高速公路，不得不拆除公寓、學校和公園。在任何城市，本應是最好的土地區段——河流、湖泊或海灣的臨海土地，往往被拱手讓給高速公路建設。

在規畫高速公路時，地方領袖必須決定要摧毀哪些社區。你可能猜得到，最後被列入拆除區域的並不是富裕白人社區。在高速公路的建設狂潮中，許多歷史悠久的黑人社區的核心地帶被推土機夷為平地，這些決策背後的種族歧視非常明顯。在羅斯坦（Richard Rothstein）討論美國種族隔離的《法律的顏色》（*The Color of Law*）一書中，他引用強生（Alfred Johnson）的回憶，強生是美國州政府公路官員協會（American Association of State Highway Officials）的說客，當國會於一九五六年通過打造州際公路系統的法條時，他人在現場。據強生回憶，「某些市府官員在一九五〇年代中期表示，城市州際公路將給他們一個絕佳的機會擺脫當地的『黑鬼鎮』（niggertown）。」[6]

像這樣趁高速公路遍地開花的期間故意摧毀黑人社區的行為，不只是時代久遠的歷史不義舉動。直到現在，留在市區高速公路兩側的社區中，貧困的黑人和西班牙裔的兒童整天吸入汽車廢氣，患有高比例的氣喘和其他呼吸系統問題。從這方面以及各種面向看來，化石燃料經濟持續對黑人和棕色人種的身體進行攻擊。

市區高速公路還帶來其他負面影響。這些建設成為推動美國「白人群飛」（white flight）離開都市的途徑。一九五〇年後出現的大規模郊區，都是由高速公路所促成的，這些郊區成為戰後中產階級的「睡房社區」（bedroom community）。隨著白人（當然，也包括一定數量的中產階級黑人）逃往郊區，他們的稅金也隨之而去。加州大學聖塔芭芭拉分校的學者奈爾（Clayton Nall）認為，這種在地理上將多數黑人居住的市區和多數白人居住的郊區一分為二的現象，是現代社會政治兩極化的根源之一，這些郊區成為實力愈來愈大的保守主義運動基地，這類政治運動蔑視市區，寧願將之廢棄。[7] 直到最近，市區和郊區之間原先明顯的種族畫分開始變得更加複雜，隨著這種市區近郊居民的種族變得更加多元，某些市區近郊的政治聯盟也顯然出現變化。

簡而言之，許多最嚴重的美國問題都是相互關聯的：種族主義和種族焦慮導致郊區都市化，這又進一步造成對汽車的高度依賴，而汽車正是我們目前主要的溫室氣體排放源。然而，並非所有高速公路的案例都是悽慘的。早在一九五〇年代末期，這種情況就開始出現巨大的變化：出現了民主賦權的故事，講述市民們如何從高速公路工程師手中奪回城市的命運。在這般發生在二十世紀的群眾運動裡，我們看到二十一世紀公民可以效尤的榜樣。

反對高速公路建設的首次重大勝利，發生在一九五〇年代後期的舊金山，當時民眾的抗議希望阻止高速公路穿過大家喜歡的金門公園（Golden Gate Park）的計畫。在一九六〇年代，偉大的城市學家珍．雅各（Jane Jacobs）率領一場抗議，阻止紐約市的權貴摩西（Robert Moses）為了建造高速公路，打算破壞蘇活區和小義大利區大部分區域的行為。在全國各地，反對高速公路的人們上街遊行，他們糾纏住政治人物，有時甚至用自己的身體擋住推土機。隨著反高速公路運動的力量不斷壯大，有些工程才剛開工就被取消。時至今日，你仍可以在加州帕沙第納市看到一個大坑洞，那邊原本應該是七一〇州際公路的延伸段。[8] 在美國的其他地方，高速公路的支線有時會在杳無人煙的地方中斷，成為公路工程師的遺願紀念碑。

當然，穿過市中心的高速公路與行人優先、人性化的街景格格不入，而這些街景都為都市帶來生機。從二十世紀中葉起，城市規畫者和城市主義學者受到雅各著作的強烈啟發，開始理解到車輛對城市的破壞，不只是高速公路的建設，還包括汽車對幾乎所有城市街道的專橫掌控。人行道被縮窄只為替汽車增加更多車道；「停車」（parking）一詞的出現，原先是因為在華盛頓特區，怡人的街邊綠地（parkland）被徵收作為停放汽車的地方。而汽車排放出的汙染導致城市籠罩在名為霧霾的刺鼻煙霧中，這使得人們呼吸困難，導致孩子們被送往醫院。

那些前衛的二十世紀城市主義者開始提出解決方案：將城市回復到以人為本、適合步行和騎自行車的那種生機蓬勃的街景。但交通工程師握著主導權，汽車駕駛是有力的政治選民，導致改革進行得緩慢。直到半個世紀後的現在，我們開始看到最好的概念獲得大規模落實。在北美，加拿大的溫哥華和多倫多，一直是這項改革的領頭羊，它們創造出不僅適合汽車，也適合步行、騎自行車或摩托車的街道。去過荷蘭或丹麥的人們，可能會認為從自行車發明以來，這兩個國家一直是自行車友善的國家，但事實並非如此。他們的自行車文化以及支撐起這文化的大規模設施，是在二十世紀後幾十年的艱苦努力中所建立起來的。[9]我們所謂的「大規模」真的很大：荷蘭的烏特勒支市有一座可容納一萬兩千五百輛自行車的停車場！[10]

我們認為這種智慧城市建設方式——我們稱之為「城市修復」（city repair）的計畫——是解決氣候危機的關鍵解答之一。這不僅僅是為了已開發世界的富裕都市。在那些正以驚人速度城市化的發展中國家裡，也出現不少振奮人心的發展。

快速巴士

這是某個一月早晨的八點零五分，地點是金馬拉姆威紹的某座公車站，這個郊區位於坦尚尼亞連綿無邊的最大都會區三蘭港西邊。這個地方擠滿乘客。要前往城鎮的人們搶著購票，成人票價相當於二十八美分，學生票價為八美分。他們搶著排進等車的隊伍，但有時免不了要多等一下，因為剛到站的公車，一瞬間就被塞滿。若是一般的觀察者可能會想到發展中國家常見那種人滿為患、不完善的公車系統。

然而，這座公車站及其所屬的大型公車系統，對三蘭港的人們來說是天賜之禮。[11] 這種形式的公車系統，在世界各地協助減少通勤時間和對抗交通壅塞。

赫曼（Emmanuel Herman）是名資深攝影記者，也是金馬拉區的居民，他住在離市中心大約七英里（約十一公里）的地方。他以前開車上班，在三蘭港擁擠的路網上行駛，這段距離他可能要開長達兩個小時。現在他不再受開車所困：新的公車系統可以讓他在四十分鐘內就抵達辦公室，如果他把時間算得剛剛好，搭到特急公車，那他可以在半個小時內抵達。不僅他的用車頻率下降，他的生活品質也有所提高。「在過去，你沒有時間陪家人，但現在你可以在孩子們睡覺前早點回家，」赫曼在本書的一次採訪中談到。在三蘭港的一所職業培訓中心工作的馬普里（Charles Mapuli）也喜獲類似的轉變。他估計公車路網使他每日的通勤時間從三個小時縮短成八十分鐘。

讓新系統對人們帶來價值的訣竅是什麼？在公車路線的多數路段，公車都行駛在自己的專用道上，汽車禁止進入。這套系統仍在建置中，但完成後，公車將能夠向紅綠燈發送訊號，就會在公車接近時轉為綠燈。即使現在仍處於發展前期，但這套公車系統自從二〇一六年開通後就一直很受歡迎，政府當局正在加速推動，計畫將數百輛公車投入運行。三蘭港快速公車運輸公司（這套系統的監管機構）的執行長盧卡塔瑞（Ronald Rwakatare）表示：「在這個計畫完成之前，我們的經濟面臨嚴重的交通挑戰，像是交通堵塞和時間浪費。這個計畫徹底改變了大眾運輸。」

三蘭港沒有地鐵，坦尚尼亞也沒有數十億美元能建設地鐵。但這座城市是世界上發展最快的城市之一，預計在未來的十年裡都會區的人口將翻倍來到一千萬——三蘭港屆時將成為世界上的「超級城市」之一。這座城市正在建置的公車系統被稱為快捷公車系統（Bus Rapid Transit，簡稱ＢＲＴ），當系統一切準備就緒，這套系統應該能以不到地鐵成本的十分之一完成相同的運輸工作。坦尚尼亞政府甚至計畫在一座大壩竣工後提供潔淨能源，讓公車利用電力運作。

對於像三蘭港這樣的城市，除了優良公共運輸之外的唯一選項，就是淹沒在日益增加的汽車流量與其帶來的汙染中。這現象已發生在新德里、墨西哥市、中國蓬勃發展的工業城市等，族繁不及備載。找到一種經濟實惠且可行的方案來運送市民，對於提高這些城市的生活品質至關重要——而且，正如我們之前所解釋過的，這也能減少造成全球暖化的碳排放。但在政治上，要實行這些措施可說舉步維艱。如果要求你同意某件會要你自掏腰包的事情，比如當你的汽車開進市中心時需要多支付一筆費用，那麼減少碳排的好處可能會讓你覺得有點不切實際。

但是，如果你可以直接且立即從相同的措施獲得好處，例如改善公共運輸或提供行人友善的街道，我們認為人們會變得更願意支持。事實上，眼光前瞻的人們已開始要求這些改變。

城市修復

紐約市的官員很緊張。他們跟斯德哥爾摩的前輩一樣，準備針對不情願的市民進行社會實驗。他們說服紐約市長彭博（Michael Bloomberg），封閉一大段的百老匯大道，將時代廣場（百老匯大道在這邊以匪夷所思的角度與其他兩條街道交叉，形成幾乎永不消失的塞車路段）變成一個行人專用廣場。

原先市政府已下令要在馬路上放置椅子，但椅子遲遲未出現，而隨著關鍵日子的到來，這狀況引起一陣慌亂。經過一陣手忙腳亂，負責都市規畫的人員找上布魯克林的五金店平奇克（Pintchik），以每把十．七四美元的價格買下三百七十六把色彩鮮豔的沙灘椅。當關閉街道的那一天到來，沒有人真的知道會發生什麼事。八卦小報預估交通將陷入混亂。計程車司機很不滿意，因為他們就此失去了在這座世界上最繁忙的城市裡一條最重要的載客路線。

成功說服彭博市長執行此計畫的交通局長沙迪克－汗（Janette Sadik-Khan），下令繼續進行。橘色的筒型交通錐被滾到定位，封閉百老匯。[12]三百七十六把沙灘椅被放到馬路中央。與原先的預測相反，紐約人和遊客並不討厭這個黑色柏油的新廣場，成千上萬的人湧入這個地方。幾分鐘過後，你就找不到空著的沙灘椅。人們放聲大笑、啜飲飲料、拍照。這般情景日復一日重演，每天都持續到深夜。時代廣場的街道本來就是著名的熱鬧，但現在每天都有精彩的表演藝術輪番上陣。人們突然有足夠大的空間，能圍繞著赤裸肌肉牛仔（Naked Cowboy）等街頭藝人，欣賞他的表演。幾個月後，市政府宣布永久封閉從時代廣場一直往南延伸七個街區的先驅廣場之間的百老匯大道。常駐的小酒館桌椅最終取代了沙灘椅。

在接下來的幾年，隨著時代廣場經過更大型的城市改造，成為世界購物的目的地之一，該地區的商業活動也繁榮起來。店租先翻倍，然後再漲到三倍。其他城市會開始模仿紐約，收回車輛使用的空間，並交還給行人。紐約自己就在五個行政區內建立超過六十個這樣的廣場。

然而，最瘋狂的事情是：封閉百老匯大道的街道，也讓曼哈頓中城的交通狀況得到改善。你會問，這怎麼可能？原理其實很簡單：把與其他街道以奇怪角度交會的街道封閉之後，就能解開原先糾結的交叉路口，並為司機和行人提供更簡單的路程，以及方便通行的加長綠燈時間。即使道路的容量減少，但最接近時代廣場的通行速度卻提高了百分之七。事故率減少超過百分之六十。由於塞車中的怠速汽車會浪費大量燃料，因此經過該地區的汽車排放量可能也會降低。

這只不過是世界各地人們努力從汽車手上奪回公共空間的一個小而具體的例子。跟讓巴黎車流量減少一半的變革一樣，紐約的變革基本上是自上而下的。但在世界各地的城鎮裡，若行政機關比較不開明的話，市民有時會親自採取行動。

這項公民運動被稱為「戰術城市主義」（tactical urbanism）。這做法多少帶著這樣的意味：讓我們試著收回一些公共空間，看看是否有效。運動的目標通常是藉由臨時性的示範來獲得永久的改變。市民們用水性顏料在需要人行道的街道上畫出人行道。他們用顏料和交通錐設置出臨時的自行車道。他們把廢棄的停車場變成快閃的藝術展覽場或咖啡館。這做法並非每次都有效，但透過這種新形式的抗議，城市已經嘗試過數百次的改變。我們認為這項運動是把城市規畫的權力還給人民，市民努力奪回街道，不僅要從汽車手中奪回，還要從那些盲目只為駕駛人謀福利、犧牲其他使用者權益的交通工程師手中奪回。

然而在這個修復城市的偉大工程中，僅僅修復街道是不夠的：我們還需要解決人口密度問題。許多城市面臨著房屋短缺的問題，這導致房價比收入上升得要更快。這個問題至少在某種程度上，是肇因於城市使用分區規定，這些規定實際上導致建商無法建造足夠的市區住宅來滿足需求。

解開這些錯綜複雜的問題將會困難重重，但市政府都已經開始嘗試。在許多主要由獨棟住宅所組成的地區，加蓋房間——所謂的「祖母房」（granny flats）——的行為已經合法。這代表你可以在房子後面或車庫加蓋房間並出租。這些房間可以供單身人士或學生使用、作為小家庭的起步屋，也是退休人士的合理選擇。是否有其他好處？收到的房租有助於手頭拮据的屋主支付房貸。市政府能採取的最大膽做法是完全取消獨棟住宅的分區。明尼亞波利斯市最近就做到了，在經過一場激烈的公開辯論後，這項措施以十二比一的票數在市議會通過。現在無論原本房屋座落在哪個區，明尼亞波利斯的開發商都可以用最多三個單位的公寓來取代它們。這並不代表獨棟住宅變成不合法；如果市場有需求，沒有什麼能阻止建商繼續建造獨棟住宅。但是，如果市場需要更密集的住宅，屋主或建商可以將拿來蓋獨棟住宅的土地，興建能住更多人的房子。雖然會需要數十年的時間轉換，但明尼亞波利斯市很可能成為一座人口更密集、更充滿活力、且房子更買得起的城市。這種提升人口密度的政策，也可以在州級機關制定。加州和奧勒岡州最近立法通過，成功取消大面積的獨棟住宅分區。兩部新法都賦予城市區域的土地持有者權利，可以在現在通常只能蓋一棟房子的地段建造多達四棟公寓。

提高城市的人口密度對人們的移動能力有益，也間接降低碳排放。當然，城市愈密集，設置火車和公車的動機就愈合理。有個近幾十年內的奇怪失敗案例是，人們不被允許或鼓勵，在市區鄰近車站的地點建造高密度的住宅和商店。在許多地方，例如舊金山、洛杉磯和亞特蘭大，我們可以看到這樣的景色：高成本的鐵路路線穿越幾英里長的低矮郊區建築。相較之下，華盛頓特區周邊的一些城鎮，就在火車站附近建造密集的住宅區，方便數千人走路到車站。加州在二〇二一年底通過另一條法律，將鼓勵在鐵路沿線建築高密度的住宅，即時補救舊金山和洛杉磯的部分錯誤。

要提高人口密度的最大挑戰，很顯然是在美國郊區。我們該如何處理總面積高達數千平方英里、座落在美國都市周圍、生活方式完全仰賴汽車的住宅？因為這種住宅迫使人們到哪都要開車，所以我們必須將這種建設模式視為氣候問題重要的一環。一個解方是在政治上可行的郊區，盡可能提高人口密度。地價的趨勢開始對這個方案有利：在許多郊區，新的建案土地變得很昂貴和稀少，導致許多郊區已經修改土地分區規範，允許建造連棟住宅或低樓層的公寓。

但我們也得認清真相：美國的郊區化不是一夜之間發生的，當然也不會一夜之間逆轉。而且，在不搬家的前提下，你也能為解決問題貢獻一份心力。如果你住在必須擁有車的地方，我們鼓勵你購買電動車。如果你住在用天然氣供暖的大房子裡，我們希望你加強房屋的密封性並改用熱泵，這設備使用的能源比較少，而且能源還可以來自再生能源。在前面的章節中，我們描述過一系列的政策——特別是嚴格的建築規範——能夠減少新建築的能源用量。郊區的本質就是如此浪費，以至於在任何獨棟住宅尚在建造的地方，都必須立即實施這些政策。

如何建造一座城市

我們已經討論過舊城市的修復，但問題遠不只這些：全球各地都在建造新的城市。城市的未來，就是人類的未來。目前，世界七十五億人口中約有一半生活在城市。到了二〇五〇年左右，當我們的人口可能增長到一百一十億時，將會有約八十億人生活在城市。換句話說，在未來的幾十年內，這世界都市地區的人口將會翻倍。造成這項趨勢的不僅僅是人口增長：也因為現在有一大波的人潮，正為了工作機會從鄉村搬到都市。這現象曾發生在一個世紀前的富裕國家，現在則正在全世界發生。人類每週都在地球發展出一塊約巴黎大小的都市區域。

地球的都市化代表著我們將看到大型建案的一波熱潮，並且這趨勢註定會變得更大。幸運的是，如果都市開發做得好，不僅會產生較少的溫室氣體排放，而且居

圖七　世界都市和鄉村人口

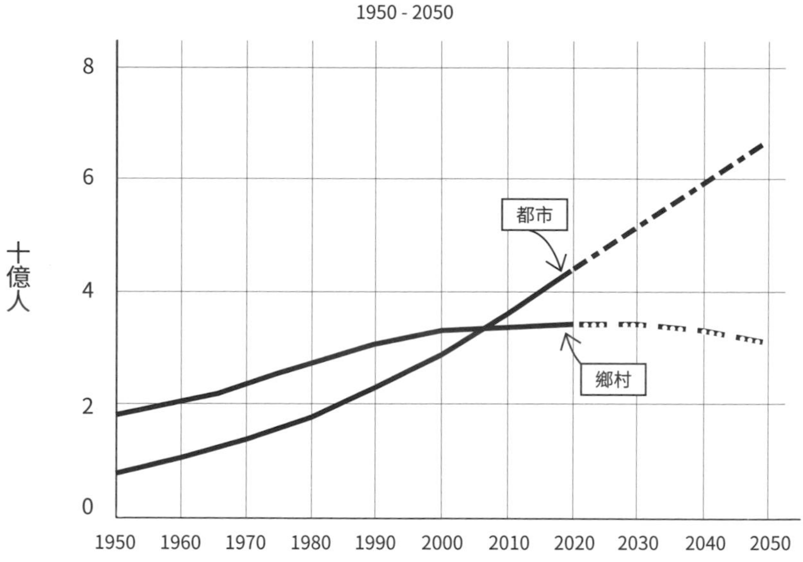

民將獲得更潔淨的空氣、更少的車流量、更少的噪音以及更多位於步行範圍的購物、娛樂和教育選擇。如果就像許多國家一樣要從零開始，你要如何建造城市才能實現這些目標呢？

在新城市的發展初期，設置格局的時刻非常關鍵。很久以前，像芝加哥的伯納姆（Daniel Burnham）和華盛頓特區的朗方（Pierre L'Enfant）這些都市規畫師所設計的格局至今都影響著人們如何移動、人們的工作和家庭生活如何連接等。如今，中國正處在這個決定性的時刻。該國正在歷經人類歷史上最快、最大型的社會轉型。在過去的三十年裡，有超過五億的中國人脫貧。在很大程度上這是因為人們從鄉村搬到城市，而城市是所有現代經濟的火車頭。一九七八年，只有兩億的中國人生活在城市；現在這個數字已經超過五億，到二〇三〇年，還會再增加三億人。這代表著在短短十年內，中國的城市人口，會再增加等同美國總人口的數量。

規畫出正確的城市基本格局很關鍵，因為這些決策會帶來長遠的影響。不幸的是，目前中國的都市規畫邏輯會造成塞車並逼迫人們得長途跋涉。設計出大型街區（這種超長街區裡會由多線道的大馬路區隔）並將居住與工作、購物和娛樂區域事先分開，這種先天結構的決策是難以逆轉的。城市理應是暢行無阻且多元融合的，所以我們該拒絕二十世紀時期蘇聯和現代主義規畫師所迷戀的那種華而不實設計。

在一天當中人們需要滿足許多需求——他們需要上學、上班、去附近的公園、去商店、去診所、參加社區活動、去洗衣店、去健身房等。將這些地點分隔數英里之遠，就等於逼著人們需要開車。大量車輛與大量的出遊加乘之下，就等於車流量、塞車和過量排放。

現在只有不到十分之一的中國人擁有汽車，但中國已經面臨著嚴重的塞車問題。二〇一〇年，北京獲得世界上最嚴重塞車的不光榮紀錄，車輛回堵長達六十一英里（約九十八公里），耗費十一天才終於紓解。顯然，目前用車需求的提升，導致移動能力的降低。

鼓勵大眾不開車改走路或騎自行車的想法，無論在中國還是在西方世界都並非烏托邦的空想。在阿姆斯特丹，這個以陰雨天氣著稱的城市，有三分之一的移動需求是靠自行車完成的，而步行也有差不多的占比，汽車僅占總量的百分之二十。在北美的大城市中，溫哥華一直致力於自行車友善的規畫，擁有龐大規模路網的自行車專用道，可以免受汽車的侵擾。

近年來，電動輔助自行車的出現，有時徹底改變城市單車移動的前景。在電動自行車上騎乘的距離從幾英里增加到多兩倍。要帶著雜貨或孩子騎車變成很容易。騎上坡變得跟騎平地沒兩樣。而且騎車上班也不再會汗流浹背。中國現在有超過三億輛電動輔助自行車，騎乘人數正在迅速增加，因為那裡的城市工程師和規畫師已經意識到，自行車比汽車能夠有效利用有限的街道空間。自行車和走路並非解決所有交通問題的解方，但能成為構成解方的一大部分。

如果一座城市能夠規畫出正確的基本街道網絡，那麼大眾運輸就是能左右它成功（或其碳排放）的關鍵議題。正如波哥大市長佩尼亞洛薩（Enrique Peñalosa）所說：「一個先進的城市不是連窮人都用汽車的城市，而是連富人都使用大眾運輸的城市。」[13]因為這是最快速、最便利的移動方式。如果大眾運輸只是次級選項——緩慢、不可靠、不方便、骯髒，那它將成為最後的選擇。所有負擔得起的人都會改開汽車。若人人都這麼做，就會減少大眾運輸系統的收入，導致服務品質下降，刺激更多的人選擇離開，造成惡性循環。

我們在本章前面討論過的快捷公車系統，最早起源於位於巴西的古里提巴市。若有正確使用這套系統，就能成為發展中國家快速增長的城市的理想解方，因為這些城市還無法負擔耗資百億美元的地鐵工程。正如我們之前提到，只要不到新地鐵建設成本的百分之十，快捷公車系統就可以達成地鐵的行駛速度和運輸量。其訣竅是聰明使用地面街道，配合聰明的公車安排，讓公車能夠繞過車流量大的路段，避免公車每隔一個街區要停車載客時造成的塞車。高品質的快捷公車系統會使用設置收費閘門的車站月台，這樣乘客在上車前就先付款，加快發車速度。公車有一大面跟地鐵車廂一樣的門，可以讓數十人同時上車。中國廣州最近完成一項快捷公車系統，每天以高速運輸八十萬人次，中國已承諾在未來五年內建設超過三千英里（約四千兩百公里）這形式的公車通道。過去我們習慣新發明會先出現在富裕國家，然後逐漸擴散到發展中世界，但BRT的方向卻是相反。在美國，印第安納坡里斯市、匹茲堡和維吉尼亞州的首府列治文市等城市都設立了快捷公車系統。列治文的新快捷公車系統載客量是建設前預估的兩倍。市政府利用BRT系統的普及，在公車通道的沿線重新規畫土地使用分區，核准建造多達七千棟新公寓，增加城市的人口密度。像三蘭港的同行一樣，列治文的運輸系統管理者正在努力提升系統的容納量，以滿足大眾的需求。

如果這種做法可以在列治文、三蘭港和廣州等截然不同的城市都取得成功，那麼一定能在任何地方奏效。

拉動控制桿 ♻ 支持完全街道、支持自行車道

這些咖啡壺來自附近的餐廳。人們找來椅子、花箱和老式路燈。昏暗的店面外牆經過重新粉刷，藝術家定居在其中一棟老建築中。二〇一〇年的某幾天，達拉斯市中心西南部某個社區的居民，決定向市政廳展示修復那些被忽視的城市空間的做法。在一條市政府不願設置自行車道的街道上，這群人拿出綠色噴漆罐，親手繪製一條自行車道。

「這是種具備龐克搖滾精神、與權威對抗的事情，」「更好街區」(Better Block) 的計畫負責人羅伯滋 (Jason Roberts) 在接受《休士頓紀事報》(*Houston Chronicle*) 採訪時表示。「我們蔑視所有的法律。」事實上，他的團隊在附近張貼公告，解釋他們故意違反哪些過時的市政規畫法規。在眾多荒謬的法規裡，包括一條要求花費一千美元才能在街道上擺放花卉的法規。那個週末，隨著街道逐漸恢復生機，鄰居們等著警察出現逮捕他們。

但事情發展並非如此。「許多人湧入街道，」《休士頓紀事報》的記者格雷 (Lisa Gray) 寫道。[14]「他們買鮮花和食物，聚集在哲學咖啡館 (Philosophia Cafe)，用咖啡壺倒咖啡和品嘗糕點。現場有樂隊演奏。人力車穿梭往返。有人下棋。孩子們用粉筆在街道上畫畫。」

不僅有很多居民現身，市議員也來了。他們並不覺得生氣。他們反而明智地向選民請教如何

讓達拉斯變得更好。在一年以內，市政府就向羅伯滋和他的團隊諮詢，如何讓市政廳前死氣沉沉的廣場恢復生機。

那個週末，達拉斯的居民所建立的就是一條「完全街道」——汽車可以通行，但通行範圍被限縮以容納除汽車以外的其他活動。多虧了《休士頓紀事報》的報導，達拉斯的這個事件成為「戰術城市主義」的經典範例，人們會藉由「弄假成真」來迫使不情願的市政官僚體系接受變革。[15]

這股看似冷漠而高不可攀的力量塑造了現代美國城市、把街道上的活動逐出城市、使城市臣服於汽車的專制統治。但這些糟糕的決策是由人們做出的。我們可以扭轉這些決策。全球各地的公民運動家正在證明這一點。美國奧勒岡州波特蘭市某個取名為「城市修復」的戰術城市主義團體，成功在當地復甦數個路口。[16] 這個概念也已散播到全國各地的城鎮。

我們認為這個城市主義的行動目標，和氣候的行動目標相輔相成。如果提供人們安全的通道，他們會騎自行車上班或去雜貨店，從而減少開車機會和碳排放。如果公共運輸夠可靠且價格親民，他們也會選擇搭乘公共運輸上班，同樣減少開車機會。但這些轉變需要政治人物拿出勇氣，勇於對抗可能反對改變的駕駛人或目光短淺的商業利益團體。

這就是為什麼關心氣候問題的人們需要發聲支持完全街道、支持自行車道，支持讓某些街道完全禁止汽車通行。如果一座城市的官僚機構不願行動，我們需要拿出油漆罐，親自在街道上畫出自行車道和人行道。我們需要走到市政廳，明確表示我們支持取消獨棟住宅分區的限制，以便逐步提高社區的人口密度。在交通擁擠的城市，我們需要對徵收塞車費表示贊同，並將這些費用收來的錢用於改善大眾運輸。

我們需要反對在任何地方所提出的高速公路擴建案。透過擴建高速公路解決交通問題的方式只是徒勞；更寬的道路只會吸引更多的汽車，最終導致交通惡化回到原先的水準。這個被稱為「誘發需求」（induced demand）的問題，早在一九三〇年代就有人發現，然而交通工程師似乎永遠學不會。對於不斷擴充高速公路容量的瘋狂追求，在休士頓來到了巔峰，凱帝高速公路（Katy Freeway）的某個路段，包含銜接道路在內，總共有二十六條車道。州政府計畫擴建休士頓以北的四十五號州際公路，人們對此有番爭論。擴建工程將增加車流量，將更多汙染物排放到空氣中，損害二十六所靠近高速公路的學校學生的肺部健康，並鼓勵人們更仰賴汽車。休士頓社區運動人士尼爾森（Bakeya Nelson）領導著反對該工程的聯盟，她主張在針對有色人種社區周邊的影響評估完成之前，應該在全國暫停擴建都市高速公路。

我們不僅同意她的觀點，而且我們認為很多城市高速公路實際上需要被拆除。氣候倡導者需要支持這種做法。這已經發生在許多城市中；波士頓將名為「中央動脈」（Central Artery）的高速公路移到地下，而在地震損毀舊金山的濱海高速公路後，市政府也決定拆除它。高速公路的拆除幾乎都帶來正面影響，城市發展和街道上的活動重返被破壞的社區。一個名為「新城市主義大會」（Congress for a New Urbanism）的組織每年都會發布一份名為〈沒有未來的高速公路〉（Freeways Without Futures）的報告，報告中列出應該被拆除的高速公路清單。最新版的清單上有十五條高速公路。[17]

這是個好的開始，但我們還需要做得更多。高速公路建設工程造成的歷史不公需要獲得改正。二〇二一年，國會終於撥下一百五十億美元的工程款，用來重建那些被高速公路畫斷的黑人社區。又或者在亞特蘭大，有項進行中的計畫，預計把一個巨大的平台覆蓋在十二車道的高速公路區域——一個「高速公路蓋」（freeway cap）——用來承載總共十四英畝（約五・六公頃）的公園、街道和大眾運輸設施。這對於幾乎被七十五號和八十五號州際道路破壞的社區，是非常棒的新設施。

這個計畫名為「縫補」（Stitch），可說非常名符其實。我們覺得這個名稱是個很貼切的比喻，用來代表所有人都需要接受的那項遠大的計畫。我們需要將美國的城市脈絡重新縫合起來。因為氣候的未來取決於此。

CHAPTER

6

人、土地、食物

People, Land, and Food

森林是新英格蘭引以為傲的景觀。到了春天，連綿數百萬英畝的闊葉林擺脫冬雪，冒出綠葉：紅橡樹、白橡樹、黑橡樹、樺樹、山毛櫸和楓樹。在緯度略高且寒冷的海拔地區，像雲杉、冷杉和北美喬松等常綠樹木可能會與落葉樹混著生長。秋天，落葉為鄉村繪上火焰紅、金黃色和熔岩橘的條紋。觀賞秋日景色的遊客紛紛慕名而來。如果你在盛夏時分漫步在這片森林中，你可能會想像它一直存在那裡。一百五十英呎（約四十六公尺）高的橡樹，用其廣闊的樹冠為你遮蔽陽光。你可能會在停在其中一棵樹下野餐，感激這樣壯觀的森林能逃過人類破壞環境的魔掌。

但別被外貌給騙了。

繼續漫步在新英格蘭的森林裡，你會開始看到一些不太對勁的事物。在荒郊野外，你可能會遇到一面疊得非常整齊的石牆，似乎是出於個性一絲不苟的人類之手，但為什麼有人會在森林中花時間做這種事呢？繼續前行，你會遇到森林裡的舊煙囪。如果你除去落葉，仔細檢查煙囪周圍的地面，你可能會找到房屋殘骸或其他能證明這裡曾有農舍的證據。再走遠一點，你也許會看到用石頭圍成的舊圈欄，那裡曾飼養豬和其他家畜。

事實上在十九世紀，新英格蘭地區的許多森林地區被砍伐為農田。如果你能回到過去，你所看到的景象將大不相同，這裡會是由小型農場和細心照料的田地所組成的地區，而殘存的森林在其中零星分布。這片景觀和殖民者的故鄉——細心照料的英國鄉村——很相似。「當歐洲殖民者來到美國時，他們看到了樹木，而他們想要的是田地和牧場。」[1] 哈佛大學的研究員蒙格（William J. Munger）解釋，他的研究主題是該地區的森林。

在十九世紀中葉，新英格蘭的農民遭遇一場（他們眼中的）經濟災難。自從伊利運河和後續開通的鐵路讓人們更容易前往內陸地區，在新英格蘭多石土壤上耕種的農民發現，他們很難與美國中西部肥沃黑土上種植的作物競爭。正當農村生活變得愈來愈艱難時，工業化為新英格蘭的城鎮和都市帶來一種新的生活方式。新英格蘭的農場一個接一個被遺棄。大自然開始甦醒。樹木開始重新入侵舊田地、農舍頹傾——只剩下磚頭構造和疊石圍牆能證明那已消失無蹤的生活型態。

如今，重新茁壯的新英格蘭森林不僅是美麗的旅遊景點，還是美國對抗全球暖化最重要的資產之一。全美的森林抵銷超過百分之十的美國二氧化碳排放。嚴謹的科學研究證明，美國許多地區的森林樹木變得愈來愈重，因為它們從空氣中吸收碳後，再將其以碳水化合物和蛋白質的形式儲存在組織中。樹木就像是吸收我們所排出二氧化碳的一種海綿，這在全世界也是如此。

人類對土地的利用方式，包括如何管理（或不善管理）森林、如何經營農場、我們選擇在農場生產和食用的農產品等，都對氣候有深遠的影響。森林、濕地、草原和泥炭地的破壞是導致氣候危機的碳排放的主要來源之一。這種肆無忌憚的破壞行為還導致第二個危機，也就是可能會嚴重破壞世界上的生物多樣性。然而，即便在這些悲劇發生的同時，土地也提供潛在的解方。如果我們能釐清新英格蘭森林中所發生的事，我們或許能找到從空氣中吸回大量二氧化碳的可能方法——只是規模要比森林更大。

森林的管理方式不同，會導致全球暖化趨緩或加劇。人類從幾個世紀前就開始砍伐樹木、破壞土壤和濕地，而如今大氣層中的超量二氧化碳，約有四分之一就來自上述的破壞行為。但與只會排放溫室氣體的工業不同，土地還有另一種作用——可以吸收二氧化碳。從科學的角度來看，世界上的土地既是溫室氣體的來源，也是溫室氣體存放的地方。

世界上的森林已經吸收人類排放的多數二氧化碳。在我們排放至空氣的所有二氧化碳之中，長期留在大氣裡的比例略低於一半。海洋吸收的二氧化碳略低於四分之一，陸地吸收的則略高於四分之一。這項工作主要由樹木完成，它們從空氣中吸收數十億噸的二氧化碳，經過分解為氧跟碳之後，再將碳變成樹木、樹葉和樹根生長的基石。農業作物也有同樣的用途，它們會將碳與水跟土壤中的元素結合，形成我們所吃的食物以及飼養農場動物飼料裡的糖、脂肪和蛋白質。

人口成長為養育我們的土地帶來很大的負荷。傳統社會中兒童的出生率和死亡率都很高。在工業化社會裡，十九世紀開始的基本衛生措施開始降低兒童死亡率，二戰後這些措施開始在全球推廣。兒童死亡率迅速下降，但出生率下降得較慢。結果導致全球人口激增，光在二十世紀人口就提升至三倍多，從十六億增加到六十億。目前，全球人口成長率已經放緩，導致部分國家擔心人口下降。然而，這個「人口轉型」（demographic transition）尚未完全結束：世界上仍然存在人口成長的熱點，特別是在南亞和撒哈拉沙漠以南的非洲國家。如今，世界人口接近八十億，且在達到高峰之前可能超過一百億。[2]

隨著二十世紀中葉的人口迅速增長，許多人擔心會發生大規模的饑荒。布勞格（Norman E. Borlaug）是洛克斐勒基金會（Rockefeller Foundation）聘用的農業專家，他在墨西哥研究小麥的產量，並開發出可以大幅提高發展中國家貧困農民糧食產量的改良作物品種，但這前提是要使用大量化肥。這些被稱為「綠色革命」（Green Revolution）的重要技術發展的推廣遏止了大規模饑荒。在一九七〇年代，這些技術傳到有過大規模饑荒悲慘歷史的國家——中國。通過確保糧食安全並讓農民轉業，投身都市工廠工作，綠色革命奠定中國崛起為工業大國的基礎。

儘管能夠遏止饑荒，綠色革命仍帶來環境和社會成本。若要提高玉米和小麥這些作物的產量會需要使用人工氮肥。氮素是製造蛋白質的必備元素，因此是植物和動物組織的關鍵成分；儘管空氣中含有大量不易起化學反應的惰性氮氣，但植物需要不同的、高活性形式的氮素。在傳統農業中，這種氮素一直供不應求。在二十世紀初，這個古老的農業局限被一項工業技術打破：透過天然氣和一系列的化學反應從空氣中獲得氮素，然後將其轉化為植物可以利用的形式。少了這種人造肥料，我們所生產出的糧食，只足夠滿低於百分之四十世界人口的現有飲食需求。這類氮素以氨或氮化物的形式在農田上施放，然後被植物吸收，成為蛋白質的基本化學結構單位。然後，這些蛋白質進入人體。學者斯米爾（Vaclav Smil）將這種對人造氮的成癮稱為「對化學的強烈依賴」。[3]

在某些地方，尤其是中國，政府為使用氮肥的農民提供大量補助，而農民為了保證農產豐收會過量使用。多餘的氮肥有時會轉化成氣體進入大氣層，成為全球暖化的原因之一。然而，大部分肥料會流入河流，其中氮素會導致藻類大量繁殖，而當藻類死亡並分解時，可能會消耗水中的大部分氧氣，形成無法生存的「死區」。現在世界各地的河口至少有數百個死區，而且這問題還在惡化。雖然在美國，這種稱為優養化的氮過量問題沒有中國那麼嚴峻，但仍然十分嚴重。在密西西比河口每年都會出現一個大型死區。

人口激增不僅產生對肥料的龐大需求，還對世界土地資源帶來巨大的壓力。全球至少三分之一的森林、以及大片的草原和濕地為了開發農業而被摧毀。人類對自然景觀的破壞是導致動植物滅絕的最大因素。地質紀錄顯示，過去地球上發生過五次導致多數生物消失的大滅絕，其中包括導致恐龍滅亡的那次。一些專家擔心，人類現在可能正在引發地球歷史上的第六次大滅絕。[4]

要阻止這種情況，人類真的需要收手——停止過度開發土地、將部分土地還給自然、讓森林得以恢復生機、使自然世界獲得復原。這也將有助於從大氣中吸收更多的二氧化碳。然而，人口和經濟壓力正把我們往反方向推進。糧食需求正在上升，這不僅是因為人口持續成長，還因為國家變得愈來愈富裕，人們要求更豐富的飲食方式。儘管肉類是我們所吃的食物中對環境影響最大的，全球肉類的消費量仍在上升。在主要肉類品種中，牛肉的環境破壞程度遠高於其他品種；牛肉生產的溫室氣體排放量與蔬菜相比，最高可達到產出相同熱量蔬菜的六十倍。主要原因是，與豬或雞相比，牛的消化過程會產生大量的甲烷氣體。甲烷是一種強大的溫室氣體，儘管它在大氣中分解速度很快，但牛隻的排放量高到足以對全球暖化帶來重要影響。

當然，正如前面已經討論過的，農業並非全世界土地的唯一壓力來源。與農業相比，城市相對集中，但在世界的很多地方，城市不斷向外擴張，形成浪費的郊區化模式、出現依賴汽車的大規模低密度發展地帶，同時破壞森林和農田。新英格蘭獲得復原的森林正再度承受這種壓力，部分地區為了郊區開發被二度砍伐。

在這些壓力之上，還存在著氣候危機。升高的氣溫和水資源壓力正為森林和草原的健康帶來另一種威脅。因為乾旱、火災和熱愛高溫的昆蟲侵襲，森林持續吸收大量二氧化碳排放的能力正陷入困境。我們需要在更少的土地上生產更多的食物，但不穩定的天氣正在與我們作對。然而，儘管土地壓力不斷增加，更有效的土地利用方式可能是解決氣候危機的答案之一。

一組研究人員計算出，美國土地的二氧化碳吸收量有翻倍的潛力。[5]這可能會成為解決國家氣候問題的主要手段。當然，這麼做需要花錢。而且，還需要說服、要求或付錢給全國數百萬土地持有人，改以不同的方式管理土地。

你可能已猜到最直接的可能作法，就是種植更多樹木。砍伐森林的術語是「毀林」（deforestation），它有一個反義詞：「造林」（afforestation）。中國和其他一些國家已經證明，我們可以極大規模進行造林。但是，如果你以為這種事情可以靠幾個童子軍小隊完成，並通過賣糕點獲得經費，請再多想一下。美國已經有自願植樹計畫，但其覆蓋範圍有限。植樹的成本高昂：幼苗需要在苗圃中開始生長，而且需要專業知識才能將樹木種植在合適它們茁壯的地方。如果美國實施全國性政策，大面積造林，這項成本可能會降低，但目前每英畝土地的造林成本常常高達數百，甚至數千美元。

有一種可能方案是調整國家的農業計畫，鼓勵種植更多樹，以及其他有益土地的行為。農民會從聯邦政府獲得大量協助。這些計畫有著高度的政治性，但藉由提高計畫的整體預算，然後使用在正確的目的上，或許有機會實現部分土地利用的目標。其中一項特別有助益的是「長期休耕保育計畫」（Conservation Reserve Program），此計畫會向農民提供資金，鼓勵他們將那些不適合耕作的土地休耕，恢復為自然植被。此計畫目前設有兩千五百萬英畝（約一千萬公頃）的上限。我們認為國會應該擴大此項計畫，提高付給農民保育土地的金額，並設下保育五千萬英畝土地的長期目標。

另一個有助益的方案是擴大付錢給農民種植覆土作物的既有計畫。這些作物，如黑麥、苜蓿和高粱，並非是經濟作物，只是種來為土壤添加有機質。農民通常會在沒有經濟作物生長的期間種植這些作物，然後讓其在田野中枯萎。這些腐爛的覆土作物可以為土壤增添有機質。這種物質被稱為腐植質，本質上就是以另一種名稱存在的碳。農地利用這種形式儲存大量的碳，因此，如果將種植覆土作物與減少耕作面積的手段結合，就能提升土地中的碳含量。政府已經實施一項全國性的計畫，幫助農民負擔種植覆土作物的成本，但因為資助的金額太低，所以我們呼籲政府在這方面需要更有企圖心。

有時候，人們對於如果政府實行不同的務農方法實際能在土壤中儲存多少碳，會提出一些荒謬的說法。但如同之前提到，資金是項關鍵問題：種植覆土作物和種樹一樣昂貴。當土壤變得更肥沃時，農民會獲得長期利益，但他們經常在微薄的利潤下經營，所以可能盤算自己不值得為了這些未來收益而投入更多短期成本。人們目前尚不清楚，我們方才提到的這類計畫究竟能夠捕捉多少的碳，因為美國甚至沒有在全國各地測量土壤中的碳含量。我們需要一系列國家級的實驗，在某種程度上這類似測試新藥的臨床試驗。國會應該核准幾項大規模的前導計畫，付錢給農民遵循特定務農方法，同時科學家將這些土地與慣行農法的土地進行比較。這計畫的目標是在現實的條件下，找出所有技術之中何者最有捕捉碳的潛力，以及實際讓農民實行這些技術所需要的成本。但在國家實施這樣的計畫之前，各州可以努力解決這些問題。

國家需要聽到全國人民的聲音，提出更廣泛實施土地復原農法的政治訴求。似乎沒有人反對植樹，但你肯定看不到任何主流團體會為此遊行。要展開這樣的社會運動，公民可以從地方層級開始努力，無論是在城市還是鄉村。事實上，正是在城市中，即使只付出一點點的政治努力，也可能幫助解決國家中最不為人知的不平等問題之一。

如果你漫步在美國老城市最漂亮的街區，你可能會走在大而美麗的樹蔭下。現在去城市的貧困區看看：從一九四〇年代的居住區隔離政策開始，幾十年的市政疏忽導致低收入社區幾乎看不到樹木。這項差異非常關鍵——在炎熱的天氣裡，有樹蔭的街區比沒有樹木的街區還涼快華氏十五度（約攝氏九．四度）。隨著氣候變暖，這項差異變得愈來愈關鍵。在熱浪之下，沒有空調的窮人更容易受到影響；一九九五年芝加哥有發生一次高溫緊急狀態，就導致超過七百人死亡，絕大多數是居住在樹蔭稀少的低收入社區的有色人種。[6] 城市植樹計畫的成本甚至可能比農田的植樹成本更高，但我們顯然需要擴大植樹規模。根據美國環保署估算，都市的樹木已吸收全國約百分之二的二氧化碳排放量；就長遠來看，種植更多樹木不僅有助於抵銷氣候危機，而且在短期內也有機會拯救人命。利用更有企圖心的國家補助計畫推廣都市綠化，會是項明智的政策。如底特律和鳳凰城等幾座城市，已開始著手解決這個問題，承諾實現「樹木平等」，將會使用政府預算來反轉歷史上的不平等。

拯救熱帶地區

在世界地圖上，有兩個特別顯眼的連續森林帶，環繞著地球的陸地區域。巨大的北方森林，又稱北方針葉林，是橫跨阿拉斯加、加拿大、斯堪地那維亞和俄羅斯的北部常綠森林。然而，從生物多樣性的角度看，最大、最豐富的森林帶是熱帶森林，包括南美洲的亞馬遜雨林以及非洲和印尼的熱帶雨林和潮濕葉林。

有著全年日照和充足雨水的熱帶森林，孕育出地球上最多樣化的陸地生物。在熱帶森林地區過夜的人永遠不會忘記那裡。森林裡傳出的聲音非常繽紛，密密麻麻的聲音組成一道音牆：猴子的嚎叫、數百萬昆蟲的唧唧聲和求偶聲、青蛙的呱呱聲、蝙蝠翅膀高速的嗖嗖聲、以及像豬一樣的動物——貘的低沉嗚咽聲。到了白天，五彩繽紛的蝴蝶和鮮豔鳥類在涼爽的森林下層穿梭。

數十年來，保護熱帶雨林一直是最受歡迎的環保行動之一。然而，這是一場持續敗退的戰役。亞馬遜的雨林已消失大約百分之二十。印尼的許多島嶼已變得光禿禿，人們得採取緊急措施，拯救曾生活在那些森林的猩猩。非洲的毀林速度稍慢於其他嚴重地區，但速度也在增長。大猩猩可能是動物王國中與我們關係最近的親戚，但這並沒有阻止我們破壞他們的家。野生大猩猩正陷入絕種的危機。

這些森林最大的問題是伐木業和農業的某種結合體。不斷上升的全球需求是主要因素之一，特別是對於只能在熱帶地區生產的商品。巧克力、咖啡和棕櫚油市場的擴大，誘使生產商砍伐大片森林。然而，現今最大的壓力可能來自全球的肉類產業。部分牛隻在熱帶地區飼養後會被運往國外，但大部分的破壞並非這般直接：熱帶地區的土地會用來生產如豆粕等飼料，然後再運往其他國家供應給工業規模的肉類工廠。還記得我們之前提到中國在二十世紀開始懂得自給自足嗎？如今的情況已不再如此：中國現在從巴西進口大量的黃豆，以滿足蓬勃發展的肉類產業，特別是豬肉。

但是在解決毀林的問題上，巴西是個重要的成功案例。前總統魯拉（Luiz Inácio Lula da Silva）上任時，擔心亞馬遜森林的迅速消失會影響巴西的國際形象以及（在環保團體要求抵制巴西農產品的情況下的）商業前景。二〇〇三年，他開始努力認真解決這個問題，包括起訴違反保護森林法規的農民。在十年內，巴西將毀林量降低百分之八十。近年來，在受農業利益影響的新右翼政府執政下，毀林的數量有些回升，但仍遠低於二十一世紀初的最高峰。不幸的是，亞馬遜也開始受到異常劇烈的乾旱侵襲，讓人們擔憂氣候變遷帶來的升溫現象可能會威脅森林的生存。

許多拯救熱帶雨林的成果來自經濟施壓，但不是來自於西方政府，而是環保團體和一般公民。他們將目標瞄準在乎自身形象的西方品牌，去給予熱帶國家的供應商壓力，要求他們採用生態永續的生產方式。在某種程度上，這在咖啡、巧克力，以及近年來在印尼帶來大規模破壞的棕櫚油等經濟作物上都獲得好的成果。然而，擁有更多資金的全球肉類產業，大多都成功抵禦這些經濟施壓。此外，對於國際法規規範的非法商品，仍存在大量的走私市場，包括瀕危的熱帶硬木。

我們認為，美國必須以國家的力量來支持這些公民行動。聯邦政府有能力在邊境加強執法阻止非法產品，還可以利用基因測試來檢測出非法砍伐的樹木。依照慣例，國家還可以對允許大規模毀林的國家的農產品徵收關稅。然而，實際上要如何全面執行是

圖八　轉換成為人類用途的土地

目前全球將近一半的可居住土地為農業用地

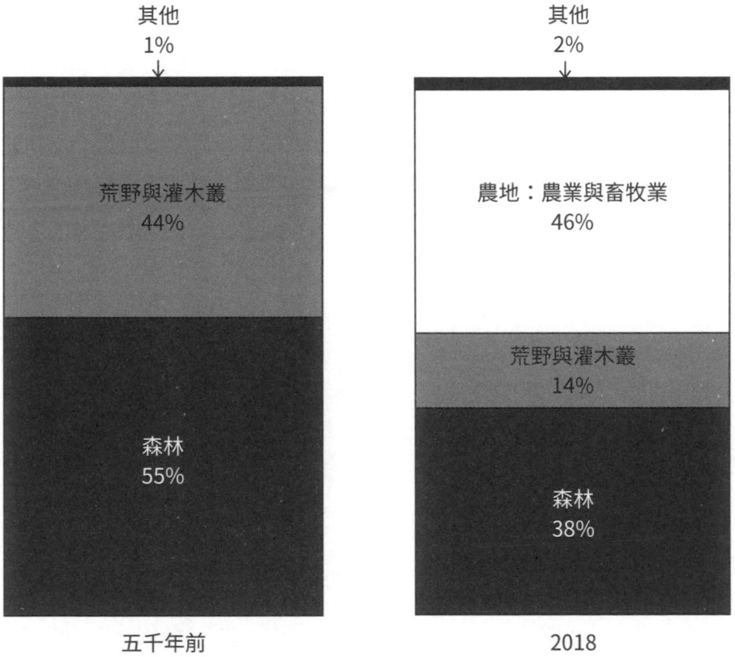

個棘手的難題。請記住，需要為氣候暖化負主要責任的國家是大型的工業國家，而不是貧窮的熱帶國家。在富裕國家盡力減少自身的能源排放之前，他們在道德上沒有什麼立場能指責那些更貧窮的國家。這也是美國該在國內制定出可靠的減排計畫的關鍵因素之一——若美國沒有做到自律，當美國人在指責其他國家的碳排放問題時，就會顯得很虛偽。

如果我們真的想要解決毀林的問題，很重要的一點是為熱帶國家提供誘因，而非只進行懲罰。誘因的可能形式之一是貿易協定：與其僅針對不良產品徵收關稅，不如當該國能夠提出他們有在控制毀林的證明，就在農業出口的談判中提供較優惠的貿易條款。當然，最大的誘因還是現金。十多年來，富裕國家一直承諾要出錢拯救熱帶森林，利用衛星監測毀林並向控制毀林情況的國家提供金援。這個概念是，熱帶國家需要他們所缺乏的資金去實踐護林的法規、為現在靠著伐木或自耕維生的人創造出新的工作來源、或者改善擁有大面積森林土著的生活品質。迄今為止，與當初承諾的數百億美元相比，每年只有幾十億美元被用於解決這個問題。[7] 我們認為，包括美國在內的富裕國家必須想出金援的方法。這是世界上最佳的投資之一，因為它不僅能挽救可以抵銷工業碳排放的森林，還可以保護這些地區的生物多樣性。

不幸的是，我們堅信這項投資只有大規模實行才會奏效——例如，在整個巴西或哥倫比亞的省政府實行。資金的分散會帶來真正的風險，那就是可能在一塊土地所阻止的毀林，不過只是轉移到另一塊土地上發生。省長必須是負責達成阻止毀林目標的一方；如果森林的損失減少，省長將獲得外國承諾提供的資金。如今利用衛星可以很容易測量毀林情況，所以州長無法隱藏失敗的結果。

雖然阻止損失森林非常重要，但這麼做還不夠。就像在美國種樹一樣，熱帶國家也有很高的機會能在水土流失的地區跟邊際農地上進行森林再造。熱帶次生林已成為某些地方景觀的關鍵一環。哥斯大黎加可能是世界上最顯著的案例。從一九四〇年代到一九八〇年代，該國失去百分之七十的熱帶森林植被。但後來有遠見的領導人實施一項政策，補貼那些讓森林重新生長的農民，並對化石燃料徵收少量稅收來資助此計畫。自那以後，哥斯大黎加的森林植被面積增加近三倍。受惠於相對成功的觀光經濟，哥斯大黎加能夠負擔得起這項計畫，但較貧窮的國家需要外界的幫助。在某些地方，需要積極（且昂貴）的植樹行動。但熱帶地區的土地如此肥沃，在與原始森林距離夠近的任何一塊地，只要農民停止種植作物，都會自行復原。動物和風會傳播生長所需的種子。畢竟，森林長期以來一直都能在歷經自然災害（如火災和暴風雨）後復原；如果條件允許的話，它們也可以從人類造成的災害中復原。

「森林知道如何做到這一點，」美國科學家恰茲東（Robin Chazdon）說，她在熱帶地區研究幾十年的次生林。「能夠不斷復原是它們的天性。」[8]

餵飽世人

世界各地的窮人都陷入一陣騷動。在墨西哥城，遊行者在政府大樓前不停敲打金屬罐子與鍋子，並將鍋子倒轉過來，凸顯裡面是空的。在埃及，抗議者縱火焚燒汽車，敲碎政府大樓的窗戶。在海地的暴動十分激烈，導致過國內數量有限的醫院病床躺滿傷患，民眾的怒火迫使議員開除總理並重組新政府。

至少有三十個國家爆發暴力衝突或群眾抗議，數十個國家的情勢變得緊張。這場動亂是自二〇〇七年底開始，並在二〇〇八年達到高峰。而造成動亂原因是包括窮人所仰賴的稻米、小麥和玉米在內的全球大宗糧食商品的價格迅速上升。幾個主要糧食生產國歉收是導致價格上漲的主要原因之一，而影響或加劇歉收的因素，是氣候危機所特有的嚴重熱浪。美國是大宗糧食的出口國，因此美國計畫將三分之一的玉米轉製為汽車使用乙醇的政策，很明顯對解決這問題沒有幫助。如果讓美國的休旅車駕駛和生活在邊緣的窮人彼此爭奪糧食，你猜誰會贏？

如果各國政府當時的對策夠聰明，或許可以控制住這場危機，但他們的對策卻很愚蠢。面對糧食可能耗盡的恐慌，一些中等收入的國家開始禁止糧食出口，即使許多更窮困的國家正拚命想獲得糧食供給。結果一如預期，禁止出口帶來的連鎖反應，使得愈來愈多的國家開始在國境內囤積糧食，並加速全球糧食價格的上漲。這樣的漲價對富裕國家的人們影響不大，因為原物料的價格在加工食品成本的占比很小。但在那些人們會將大部分收入用來購買少許糧食以維持家庭生計的國家，糧食漲價就造成一片混亂。在那幾年裡，全球饑荒人口出現數十年來的最大成長。[9]

後來於二〇〇八年和二〇〇九年發生的全球金融危機有助於降低糧食價格，而連續幾年的豐收又把全球已匱乏的糧倉給補滿。然而數年後，二〇一一年，又一次的歉收讓整個事件再重演一遍。糧食價格比二〇〇八年時漲得更高。但這一次，各國政府做好準備，金融專家在幕後努力阻止幾年前發生的那種恐慌性禁止糧食出口的行為。與前一次相比，第二次的危機引起較少公憤，儘管對世界上的窮人來說處境仍然很艱難。此後的幾年裡，多數年份的收成都不錯，全球商品市場的運行平穩。原本低得危險的糧食庫存已恢復一定水位，商品價格再次下跌的幅度之大，讓出口糧食國家的農民對此有所怨言。

然而，我們認為應將十多年前發生的這些事件視為警告。人類所面對到氣候危機帶來的主要風險之一（也可能是最重要的風險），就是農民可能無法在熱浪、乾旱、洪水和其他不穩定氣候對作物生長帶來威脅的情況下，跟上全球糧食需求的成長。科學家已經計算出，不斷升高的氣溫可能已導致某些主要糧食的產量減少幾個百分點。[10]這有可能是因為相對於綠色革命的輝煌時期，糧食生產的增長速度在趨緩，儘管這可能不是唯一因素。「如果糧食每年都出現短缺，那將是多麼可怕的世界，」農業經濟學家雷諾茲（Matthew Reynolds）說。「這會對社會帶來什麼影響？」[11]

很少人意識到世界糧食系統的脆弱程度。你可能會想像政府在某處儲存大量的糧食和其他用品，能在緊急情況時使用。美國難道沒有在某個安全的地下倉庫裡儲放可用數年的糧食嗎？不幸的是，答案是否定的。有準備戰略糧食儲備的國家相對地少，大多數國家根本沒有儲備。全球糧食供應鏈中的企業掌握了更多的儲備，一般可以彌補一年的歉收，但無法應對連續幾年的歉收。人類基本上靠著每年的收成過活，而由於地球上大部分的土地位於北半球，因此世界上大部分的糧食也是在那裡生產的。這代表若北半球的天氣連續幾年都很糟的話，可能會將整個世界帶入嚴重的麻煩之中。發生一場大規模的火山爆發，將灰燼噴入空中並遮擋陽光——像這樣導致全球糧食危機的事件並非不會發生。

貨物的國際貿易對於維持人類生存至關重要。整個中東和北非地區的國家大量進口糧食，而且他們別無選擇。該地區目前有四億人口，而且部分地區的人口仍在迅速成長。也如同我們之前提到的，中國也不斷加深對進口商品的依賴，儘管它確實生產大部分自用的糧食。南美洲已經成為主要的糧食生產國，但非洲在每英畝的平均產量上仍嚴重落後。

農業永遠不是個能完全解決的問題。攻擊作物的昆蟲、真菌和其他害蟲會根據農民抑制它們的手法有所進化。因此人類必須不斷投資來培育出更具抗性的作物，才能維持過去的生產量，更遑論說提高產量。迄今為止，全球農業已成功滿足人類對糧食的需求，儘管這些需求仍在遽增。在理解到現代農業對環境造成龐大負擔的前提下，我們仍認為這是人類最壯觀的成就之一。

在過去，要滿足成長的需求，不僅僅是透過技術創新，還有（像我們之前所提到的）透過擴大耕地面積。整片森林被砍伐殆盡，且至今破壞仍在繼續。而且，不只有森林面臨危機。巴西在國際壓力下停止亞馬遜雨林的毀林，導致對農業發展的需求轉移到巴西的塞拉多地區。有片規模龐大、生物多樣性豐富的疏林草原及草地被犁為平地，人們在那邊開創生產黃豆、牛肉和豬肉的龐大產業，其中很多產品出口到中國。

糧食系統中一直有個麻煩，就是那些宣稱自己知道如何做得更好的意識形態主義者。我們不會像他們一樣講得斬釘截鐵，但我們確實認為有些事情是毫無疑問的。農業的全球擴張必須停止。我們不能繼續破壞世界上僅存的野生地區。這種不斷把農業擴張到更多土地的現象被稱為「農業擴張化」（agricultural extensification）；這現象必須被「農業集約化」（agricultural intensification）取代，也就是逐年提升每畝農地的產量。這在已開發國家的農民中已行之有年，但在數千萬名發展中國家的農民中則比較少見。一英畝土地上實際的產量，和可能的產量之間的差距被稱為「產量落差」（yield gap），而在綠色革命的半個世紀後，這個落差仍然很龐大，尤其是在非洲。美國中西部的農民在豐收年通常每英畝的玉米產量可達一百六十或一百七十蒲式耳，而尚比亞的小農民每英畝的玉米產量可能不到五十蒲式耳。[12]

為了實現全球農業的集約化，農民需要哪些東西？這份所需清單相當長，但並不神祕。

許多非洲農民仍無法使用現代化的肥料，尤其是氮肥料，你或許記得，這是植物生長的主要限制因素。在世界的某些地區，農民沒有道路可用，他們也往往缺乏購買種子或設備的金錢，有時還無法取得如市場價格等基本資訊。發展中國家需要加大對農業系統的投資，因為在綠色革命之後的幾年內，全球糧食的價格很低，導致他們並未加大投資。他們還需要獲得協助：在二〇〇八年和二〇一一年的糧食危機之後，各國政府承諾投入數十億美元在農業發展上，也多少透過投資在全球農業研究和農業援助計畫來兌現這一承諾。但是隨著糧食動亂的記憶逐漸淡化，我們擔心他們會再次忘記重點何在。國際的農業發展是全球議程中最重要的議題之一，也是我們替國際經濟注入氣候韌性的最關鍵行動之一。美國政府在川普總統任內的四年中忽略這個問題，但我們希望這能成為拜登政府的高度優先事項。比爾和梅琳達·蓋茲基金會（Bill and Melinda Gates Foundation）這個私人慈善團體，大量投資於貧困農民的生活改善上，但就算是像這樣一個大型慈善團體，如果沒有各國政府的支持，也沒有足夠的資金來完成所有必要的工作。

若希望解決全球的糧食問題，並限制農業所產生的溫室氣體排放，那麼抑制需求的增加，會帶來很大的成效。能最有效實現這項目標的方法就是減少對肉類和乳製品的消費量。隨著發展中國家的消費者變得更富有，他們迅速將蛋白質納入飲食，雖然尚未達到美國人和歐洲人的食肉量，但正在朝這個方向發展。為了生產一磅的肉類或乳製品，農民必須種植用來飼養家畜的好幾磅穀物，因此所有肉類和乳品生產本質上都很浪費——浪費水、土地和用於種植穀物的化石能源。然而，儘管說服人們（尤其是在已開發國家）少吃肉類或乳酪對環境有益，但對於人們可以怎麼做的指示並不明確。根據蓋洛普民調的結果，雖然在美國對於肉類生產環境成本的討論已有數十年，只有約百分之五的美國人自認是素食者，而只有百分之三的人實行更嚴格的純素飲食。[13]素食主義可能不是大多數人的答案，但或許適度節制才是正途？二〇一九年，近四分之一的美國人告訴蓋洛普民調，他們已經減少肉類的消費——你可以將這解讀為好消息，但考慮到美國人吃的肉類之多，如果百分之百的美國人都減少肉類攝入，將對氣候和我們自己的健康帶來更多好處。[14]

美國政府受到肉類產業的遊說影響很大，並沒有太努力說服民眾改變他們的飲食習慣。同樣地，其他國家的政府也沒有採取行動。他們讓消費者主權主導市場，專注於滿足不斷增長的肉類需求，而不是試著限制需求。你可能會說，政府在這個問題上表現得很膽小（chicken）。

但說到雞肉（chickens），這其實可能是解方之一。當胡佛（Herbert Hoover）在一九二八年競選美國總統時，有些他的共和黨支持者在《紐約時報》登了全版廣告，頭條是「每個鍋裡都有一隻雞」。[15]對現代人來說，這聽起來像是某種荒唐的競選噱頭。但對於一九二〇年代的家庭來說，這項承諾意義重大。在那個時候，烹飪全雞是一種難得的享受，都會區的家庭一年可能只有一兩次這樣的機會。在一九二八年，「每個鍋裡都有一隻雞」的承諾，意味著承諾能為所有美國人帶來真正的繁榮。

自第二次世界大戰以降的幾十年間，人們已實現雞肉生產的工業化，價格也相對下降。隨著雞肉變得更便宜、更充足，以及營養學家警告不要吃太多紅肉，雞肉正逐漸征服美國人的飲食習慣。自一九七六年達到高峰以來，人均牛肉消費量實際上已經下降了百分之三十八，而同期人均雞肉消費量則增加了百分之一百二十九。[16]如今，訂一份雞肉三明治當午餐，或者從超市帶一隻烤雞回家做晚餐，人們已經將上述行為視為理所當然，但這些都是相對晚近的發展。

你可能會問，為什麼這是個好消息？簡短的理由是，雖然所有的肉類對環境都有影響，但雞肉比其他常見的肉類影響要小。飼料轉換效率的比較與這點息息相關：動物吃的糧食中有多少能轉換為可食用的肉？對於牛來說，答案大約是百分之十；對於豬來說，大約是百分之二十；而對於雞來說，則是大約百分之四十。[17]你可以把吃牛肉想像成開著一輛很耗油的休旅車，而吃雞肉就像是開著一輛省油的本田喜美（Honda Civic）。在兩種情況下，你都在破壞地球，但如果必須選擇其一，那就選擇喜美吧。或者選擇雞肉三明治而非牛肉漢堡。

從目前的情況來看，我們相信在這個議題上，人們需要的是穩定且認真的逐步改變。說服人們少吃肉類或者少喝乳製品，即使他們還沒有準備好全面吃素，這些作法也都在朝正確的方向邁出一步。我們需要更多的實驗作法來讓人們改變飲食習慣。牛津大學的一個研究小組建議開徵肉稅以降低購買量，雖然主要的目的是改善人們的健康，但也可能順便得到減少溫室氣體的好處。[18]但是，目前還沒有哪個政府敢於嘗試這政策，所以我們無法得知它的成效好壞。

肉類消費的增加已成為非常緊急的國際問題，也終於激發出人類的創新精神。幾十年來，用植物製成的肉類替代品早已存在市面上，但大多數人認為這些「素漢堡」等類似產品無法完美取代牛絞肉，所以市場規模有限。但現在情況正在快速改變，也為消費者提供一個新機會，可以推動美國的食品系統往新的方向邁進。

拉動控制桿 ♻ 少吃肉

如果你走進美國的任何一家漢堡王，你會發現，一度無敵的華堡如今有了競爭對手。只需比經典華堡多花約一美元，你就可以買到一份其肉餅並非使用牛肉、而是由植物提煉成分製成的「不可能華堡」（Impossible Whopper）。

女士們、先生們，請買那個漢堡！

我們在本書開頭就說過，我們不認為光靠認真的「綠色消費者」做出不同的消費選擇就可以拯救氣候。我們反而呼籲實踐「綠色公民」的身分——也就是說，讓選民把自己置身在政府運作機制當中，要求政府做出有助於氣候的明智選擇。然而，現在我們要提出一項例外。在糧食供應的這個環節，我們認為消費者的選擇可以帶來夠大的影響，並向市場發出訊號，鼓勵能夠減少糧食系統碳排放的創新。

為什麼我們會這麼認為呢？簡單來說：因為矽谷正在研究這個問題。也就是說，人類社會已來到那個真正的創新正開始發生的時刻，其中許多的創新都源自於舊金山灣區的科技聚落。「不可能華堡」是某個版本的「不可能漢堡」（Impossible Burger），這產品在美國已變得非常普及，可能已出現在你家附近的雜貨店裡。這間來自加州奧克蘭的「不可能食品」（Impossible

Foods），他們幾乎已掌握使用豌豆和大豆蛋白、酵母提取物等植物成分製作仿牛絞肉的技術。「不可能食品」面臨來自一家名為「超越肉類」（Beyond Meat）公司的激烈競爭。兩間公司都能做出很像牛絞肉的素絞肉。然而他們和一群崛起中的競爭廠商都想做出更多的突破，努力用植物性替代品取代幾乎任何肉類和乳製品貨架上的產品。如果你在當地的超市還找不到容易弄假成真的乳酪、雞蛋、魚和牛奶的替代品，很快你就能看到了。你可能很熟悉杏仁奶和豆奶等植物奶。這類品項的市場已經非常成熟，每年的銷售額接近二十億美元，而且我們認為類似的替代商品，將沿著植物奶所開闢出的道路前進。

最大的問題是在漢堡王要多付一美元的溢價。或者說，你在任何地方購買這類產品時都必須多付一點金額。我們認為「不可能華堡」的價格應該至少便宜一美元，而不是貴一美元。這個情況在超市更加顯著：即便經過近期的降價之後，「不可能食品」的漢堡排在超市的價格還可能是牛絞肉的兩倍。商品的售價需要大幅降低。植物性食品的低價將吸引數百萬人嘗試並且（我們預測）喜歡它們。現在你應該知道接下來我們要說啥：我們需要透過消費，讓肉類替代品的成本沿著學習曲線下滑。雖然消費者確實不具備讓電力和鋼鐵變乾淨的能力，但在食品上，他們確實擁有這種能力。就像二十年前的平板電視一樣，購買這些產品的人愈多，它們的生產規模就會擴張愈快，價格也會愈快降低。

純素主義者和素食飲食不僅對氣候有好處，也比吃肉類替代品更有益健康，後者往往有較高的脂肪、鹽分和碳水化合物含量。但是，我們生活在一個不完美的世界，我們知道，現在美國吃素的人口仍然很少。我們的建議很簡單：如果吃純素或素食適合你，那就這麼做。如果你無法全面實行，也許你可以成為一名「兼職素食者」。無肉星期一是個好的開始。此外，盡可能做出對氣候友善的飲食選擇：豬肉對氣候的影響比牛肉少，雞肉對氣候的影響比豬肉或牛肉少得多。可以的話，嘗試「不可能漢堡」或其他的肉類替代品。在你的飲食中盡可能減少攝取乳製品。

原則上，因為植物的供應鏈所需的能源、土地和水比動物少，因此生產這些替代蛋白質的成本應該比肉類更低。我們認為這只是市場規模的問題，只要本書的每位讀者願意定期嘗試這些產品，都對擴大市場有幫助。若要大規模生產這些產品，總共會需要再投入數十億美元，我們認為當投資者看到市場在成長時，就會把資金投入這產業。而且它們已經在成長：過去十年，「不可能食品」的銷售額一直攀升，這個產業的幾間其他公司也有類似的成長表現。讓我們幫助它們更快成長。

在植物替代品之後，緊接著登場的是另一種動物肉的替代品，在幾年前這個深具潛力的品項，還像是只會出現在科幻小說的東西。有一群新創公司正嘗試在被稱為「生物反應器」(bioreactors)的大型發酵槽中培養真正的肌肉組織，目標是把肉類生產變成一個真正的工業，而不是現在的半農業半工業的運作方式。我們要提醒大家，因為目前尚無太多研究資料可以用來評估這種生產方式的生態足跡，所以這方式會比飼養動物更不浪費能源的想法只是種假設。早期的研究指出，這些產品必須使用再生能源才能有效減少碳排放。我們很快就會發現哪些方案真的可行。我們希望讀者們能夠保持開放的心態，並在這些產品上市時嘗試看看。這些產品已經開始進到市場，像是在新加坡的幾個地方就有開始販售實驗室培養的雞肉丸子。但一盤差不多要二十美元，所以明顯它們仍位於學習曲線的頂端。

即使在人類飲食的環節上，想拯救氣候的倡議者也無法完全避開政治。生產肉類替代品的公司面臨著嚴重的法律威脅：有些州立法試圖阻止它們在包裝上使用「肉」、「漢堡」或「奶油」等詞語。這些法律是在肉類產業的要求下通過的，他們試圖在競爭萌芽階段時就先行擊退對手。已經有十幾個州通過這樣的法律，儘管這些法律正因為遭認為有違反《美國憲法第一修正案》(First Amendment) 保障的言論自由權，而在法庭上受到挑戰。我們希望法院否決掉這條法律，但我們還需要在所有尚未通過這些法律的州中進行抗爭。請別誤會了：這些法律並不是為了保護消費者不會被標籤文字混淆而設立的。當然，這些產品需要加上修飾語才夠精準，但這樣就夠了。沒有人會被寫著「植物奶油」或「素食漢堡」的標籤混淆。這些法律只是保護主義，我們需要大聲疾呼，要求立法者拒絕為他們立法。

我們在土地使用的面向還有其他手段可以使用。在本章的前面部分，我們提到「樹木平等」——藉由在黑人和棕色人種的社區裡種樹來改正過去樹木種得不多的歷史。這需要成為美國每個城市的政治目標。然而，問題並不像乍看的那麼單純。光是種樹是不夠的；它們需要照料，特別是在美國西部，在地表乾燥時，就需要澆水。貧窮家庭負擔不起照料植物和澆水所需的費用，所以這項工作將不得不以政府預算來完成。要求你的城市這麼做，是個既有利於社會公平，也有利於氣候的訴求。

到了最後，我們需要國會採取行動，批准並資助在美國大規模種樹，並採取鼓勵熱帶森林保育的手段，包括對非法砍伐的進口木材實施嚴格懲罰。正如我們之前提到的，國會需要將「長期休耕保育計畫」的規模擴大一倍，並擴大現有資助覆土作物種植的計畫。在政府單位為這項充滿企圖心的全國行動做好準備前，各州和城市應該先利用自己的前導計畫搶得先機。一個名為「美國森林」（American Forests）的組織正密切關注這些問題，包括在貧困城市社區的「樹木平等」計畫，我們鼓勵讀者也參與他們的活動。

CHAPTER

7

我們生產的物品

The Stuff We Make

建設美國西部的鋼鐵廠座落在科羅拉多州東部的乾燥平原上，洛磯山脈在遠處隱約可見。於十九世紀落成的科羅拉多燃料與鐵公司（Colorado Fuel and Iron），幾十年來一直是密西西比河以西最大的鋼鐵廠，早期由洛克斐勒（John D. Rockefeller）和顧爾德（Jay Gould）等大亨的後代所經營。這座鋼鐵廠在美國歷史上有著傳奇地位：生產出多數鐵路公司在美國西部鋪設的鋼軌，幫助人們將一個小型農業國家轉變成工業強國。

然而，位於科羅拉多州培布羅的這座偉大的鋼鐵廠，也曾發生過一系列的不幸事件，從美國最血腥的幾樁勞工鬥爭到數十年的財務困境。[1] 它歷經多次破產並被多次出售。如今，一間龐大的俄羅斯鋼鐵集團控制著擁有這座鋼鐵廠的美國公司，公司的老闆高度關注營運成本和盈利能力。近年來，培布羅的鋼鐵廠公開表示，如果管理高層無法降低成本，可能不得不關閉工廠。

接著，最不可能的救星登場。二〇一九年，公司所有人達成一項協議，在鋼鐵廠旁邊設立一座巨大的太陽能電廠。電廠建成後，將成為美國最大的太陽能電廠之一。這座電廠的大部分電力會供給鋼鐵廠使用，利用巨大的電弧熔化廢鋼，再將其回收製成新產品。多餘的電力則會輸入電網。作為合作條件的一部分，卓越能源公司提供鋼鐵廠優惠的電費，這也是促使俄羅斯老闆決定投資更新設備的關鍵因素，並保住近千個工作崗位。這是美國歷史上第一次，但很可能不是最後一次，廉價的太陽能幫助挽救一座強大的工廠。而培布羅的鋼鐵廠將得以宣稱，它所生產的是北美最環保的鋼鐵：不僅是回收再造的，而且使用的還是太陽能。

大多數人在生活中並不會花太多時間去思考鋼鐵，以及人類文明的另一項偉大基礎：水泥。水泥是最常見的人造產品，我們所建造的所有東西，幾乎都會用它作為基本材料。水泥是一種黏合劑（本質上是一種膠水）能和沙子、石頭與水混合形成混凝土。這個配方最早在羅馬共和國時期就發展完成，並從而改變建築技術，有時更被稱為「混凝土革命」。羅馬人用他們的混凝土建造出至今仍在使用的道路、橋梁和輸水道，並建成一座建築——萬神殿（the Pantheon）——其頂部是世界上最大的無鋼筋混凝土穹頂。鋼鐵和混凝土最後在十九世紀組合起來，搭配內部的鋼骨結構，為厚重的混凝土建築提供額外的強度。這項組合讓人們能大量建造橋梁、高樓、道路和鐵軌等定義現代社會的建設。

如今，最高速的火車沿著鋼軌行駛，而鋼軌安裝在混凝土枕上。我們開著汽車經過高聳的混凝土橋梁，而橋梁由鋼筋加固。我們乘坐由鋼鐵製成的電梯來到高樓頂端，而高樓以鋼筋加固的混凝土建成。我們的房屋和公寓建在混凝土板上，愈來愈多的路燈桿座由混凝土製成，我們的許多道路也是混凝土的鋪面。全球每年生產三百八十億噸的混凝土，相當於地球上每個男人、女人和孩子都能分到超過五噸的混凝土製品。

很不幸的是，生產四十億噸混凝土的關鍵原料水泥，是很龐大的溫室氣體排放來源。事實上，光是這產品的製程，就占去全球近百分之七的二氧化碳排放量。[2]而鐵和鋼的製程加上所需消耗的電力，則占全球近百分之十的二氧化碳排放量。把上面兩點綜合起來，就成為我們對抗氣候變遷時要面對的最大問題之一。問題不僅僅在於生產鐵、鋼和水泥需要從燃燒化石燃料中獲得大量的能量（雖然確實如此）。更大的問題是這些材料的製程，包含會直接釋放溫室氣體的化學反應。例如，水泥的生產要從用巨大的窯將石灰石（主要成分為碳酸鈣）燒製成石灰（氧化鈣）開始。這個化學反應會釋放出碳，使其與氧結合，並將二氧化碳排放到空氣中。這代表著你每天上班可能走過的人行道和樓梯，都對日益嚴重的氣候危機有所貢獻。

在本章中，我們把目光轉向工業，現代社會非常仰賴這個經濟部門所產出的物質流。你可能會覺得自己的生活與世界上的鋼鐵廠、水泥廠、煉油廠、化工廠、製藥商和化肥廠相距甚遠，但這只是一種假象。你所購買的每一件商品，從超市的每一袋食物、每一台 iPhone、每一輛汽車、每一顆燈泡、每一棟房子以及房子裡的所有東西，都是因為這些物質流才得以存在。目前，幾乎所有的物質流都仰賴化石燃料。如果把工廠使用的電力算在內，全球工業占世界二氧化碳排放的百分之三十。

在解決氣候變遷的問題上，如果不改革我們的工業製程，我們將無法獲得成功。這是我們所面臨到最艱鉅的任務之一，因為這些企業的規模深不可測。有些工廠的廠房有一英里之長，從太空看地球時，礦場在視線中顯得突兀；溫度高達華氏兩千度的巨大爐子將礦石冶煉成鐵和鋼。與所有這些挖掘、研磨、加熱、冶煉、鑄造、提煉和組裝零件相比，安裝幾個太陽能板或購買一輛電動車的行為似乎顯得微不足道。儘管人們顯然已開始尋找替代或低碳排的方案來完成上述的製程，但我們仍處於起步的階段。

幸好企業一直以來都有個與氣候變遷無關的減排動機——能源使用是其主要成本，所以減少能源使用有助於提高利潤。幾十年來，世界各地的經濟體持續提升生產效率，代表他們能用更少的能源來達成一美元、一塊人民幣或一歐元的經濟產值。當然，整體經濟和人口的成長仍然推高碳排放，但如果沒有改善生產效率，情況會更糟。

這種逐步提升能源效率的做法值得稱許，但尚有不足的地方。我們必須加快解決氣候危機的速度，不僅要提高現有製程的效率，還要用能夠完全消滅溫室氣體排放或至

圖九　工業排放的規模

這份圖表顯示了全球工業排放的規模。
最短的條形圖則為美國的交通排放，和其他國家相比最高。

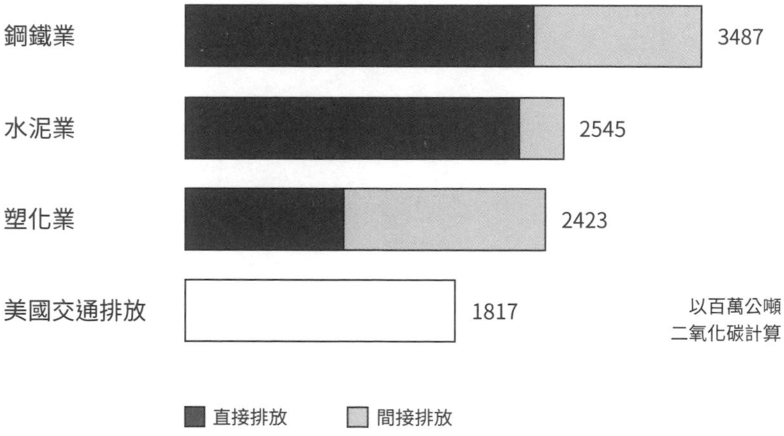

少大幅削減排放的全新製程來取代它們。在世界各地，有遠見的企業領袖都已開始探索新的工業製程。然而，有許多的成果都讓人覺得很脆弱和不穩定，因為它們一再受到每次嘗試解決氣候問題時面臨的相同缺陷所困擾：缺乏強而有力的公共政策來推動減少碳排放。

也許跟當今的其他經濟環節相比，我們更迫切要對工業傳遞一個訊息：新的、乾淨的製程能夠獲得市場支持。當然，大多數的普通公民並不經營水泥廠或鋼鐵廠，也對我們的手機、鞋子或人行道的製程沒有多少發言權。那麼，我們該如何引導公司步上正軌，並鼓勵他們找到更快減少碳排放的方法呢？

我們可以怎麼做

有三種方法有望全面減少工業的二氧化碳排放，而我們需要全部採用。第一種方法是提高工業製程的效率，但進步速度要比過去更快。第二種方法是用不同的燃料來供應生產所需的能源。第三種方法是藉由設計的改善和使用更好的技術來大幅減少材料和能源的使用。其中幾種方法可能只適用於特定行業，例如，使用再生電力產出的氫來生產鋼鐵，而其他方法則廣泛適用於許多產業。

正如我們之前所提到，尋求更高效率已經成為企業的口號。有時候這項任務的進展迅速，沿著學習曲線迅速往下華；有時候，卻只能緩慢地取得進展。然而，找到更好的製程是工程師的信條，自由市場經濟也喜歡效率，所以即使沒有強力的政策，追求效率的引擎仍會運轉。問題是能否加快速度，使企業在持續賺錢的同時大幅減少碳排放。

效率有兩種形式：設備效率和系統效率。設備效率很容易理解：世界上最好的電動馬達，能以最佳的速度和負載的配比運轉，並幾乎可以將提供給它們的全部電能轉化為動力。與價格低廉的馬達相比，一個大型高效率馬達在其使用年限內可以節省下數百萬美元的電力成本，但低價馬達的零件之間可能會相互摩擦，而摩擦會浪費能量，產出額外的熱量。這種便宜馬達的效率可能只有百分之八十。

全世界的馬達就使用掉全球一半的電力。[3]這數據看似很驚人，直到你發現到在許多類別的設備中，馬達都悄悄地發揮作用，從電梯到冰箱，再到電動門。馬達促進商辦和摩天大樓內的空氣循環，並驅動空調設備。馬達抽取全世界的淨水跟汙水。馬達推動流水線、運轉冷卻設備、驅動研磨機和粉碎機，並提供動力搬運任何類型的原物料。馬達可說是幾乎所有人類活動的倍力器。

如果選對馬達和（更重要的）選對正確的運轉方式，就能減少能源的消耗。以泵浦馬達這個簡單的系統為例。在傳統的設定中，你打開由馬達驅動的泵浦，並調整閥門大小，就能在指定的時間內得到特定的水量。但是，這種做法從能源消耗的角度看來，相當於用雙腳踩住汽車的兩個踏板。讓油門一路踩到底，然後只靠剎車調整速度，這樣做是不是很愚蠢？然而，超過百分之八十的馬達都是這樣運作的——電力全開，並透過機械方式調節流量。這是個工程界的恥辱。

更好的方法是使用電子控制系統來改變馬達本身的速度，而不是用閥門來限制流量。讓人難以置信的是，如果這項轉變持續在全世界實施，光靠這一點就能節省相較於幾百座核電廠的發電量。之所以我們沒見到夠大的實作規模的原因之一是，變速馬達的成本更高。但就像能源問題的許多其他層面一樣，這筆投資在幾年內就能通過節能回收成本。

「系統效率」則可以從這個馬達的概念做進一步延伸。泵浦所需的能量取決於「功」的量，用物理術語來說，就是克服地心引力所需的能量，例如要在工廠中將液體向上推動幾層樓高所需的能量；再加上特定系統中的附加阻力，如管道中的摩擦。在這種情況下，系統的權衡相對簡單：長而細的管道，轉彎處較多，使泵浦需要更賣力運作。粗的管道，轉彎處較緩和，則較節省能源。[4] 與好的系統設計相比，壞的系統設計所需的額外能量，可能就是好的系統設計所需能量的好幾倍。這就是系統效率的真諦：如何調整系統中的任一個甚至所有環節，使系統效率變更高？

問題在於，系統效率是一種複雜的工程實踐方法，因此很少被使用。大多數的工程師會使用手冊制定的標準來指定系統使用的馬達尺寸、閥門類型、管道尺寸等。他們會先擺放完所有的機器，再進行管線的配置，並因為過彎和太長的管線弄得一團亂。他們使用機械調節流量的泵浦，因為這是最簡單、標準的做法。這些系統設計選擇可能會導致工廠的能源使用量和溫室氣體的排放量，比最低需求的設計高出四倍。

政府理所當然不願意介入像是工廠設計等複雜的工程端決策，而他們確實不應該。但是，他們需要推動各項產業加速減少碳排放。他們可以做些什麼呢？其中一項基本策略是，每個主要類別的工業設備都應受到「最低性能標準」的法律約束。每個馬達、空調、壓縮機、泵浦等，都應該有高效率的性能表現。而且，這些標準應該每隔幾年就提高一點，讓持續進步成為工程業的慣性。這種制定標準的措施已在包括美國在內的大多數工業化國家使用了幾十年，並取得顯著的成果。但是，制定和升級這些標準的過程緩慢得令人覺得痛苦，即使定期進行相關作業的國家，每次進步的程度也常常不如理想。其中一項重大因素是我們之前提過的：工業設備的買家跟汽車買家一樣對標價非常敏感，而對長期省下來的成本卻置若罔聞。因此，生產舊設備的公司反對提高標準。以上綜合起來，這代表我們錯失掉數十億美元的機會，並將數十億噸的二氧化碳排放到大氣中，但這些都是沒有必要的。

針對整個工業部門（如水泥業或鋼鐵業）也可以使用更廣義的性能標準規定。在這類措施下，政策會設定出每噸混凝土的最大排放量，然後每隔幾年稍微降低該數字。工廠老闆可能會抱怨，公務員所制定出的標準過於苛刻、成本過高，且太過獨斷。像這樣的抱怨可能很合理，但有一種很神奇的方法可以解決。政府可以透過檢查目前表現最佳的水泥廠或鋼鐵廠，來理解實際可行的標準，並將之設定為所有工廠新的最低要求，然後每四、五年重複這個流程。今天的最高效率標準將成為明天的新的最低標準。

這個概念最早由日本政府提出，並在該國被稱為「領跑者」（Top Runner）制度。日本將這套制度用於各種產品，從消費品到重工業，並幫助日本成為能源效率的世界領導者。

只設定產品的每噸排放標準的一個重要特點是，這制度將具體細節留給工廠的工程師處理。這避免讓政府官員在工廠裡四處走動，提出應交由專業人士做決定的指示。只需為工程師設定出目標，他們可以選用各種方式來實現：他們可以翻新熔爐、捕捉並重複使用廢熱、更換泵浦和管線、研究新的化學物質、尋找更潔淨的能源供應方式等。重點是，不斷提高的標準能夠激發他們利用自己的技能和專業知識，使他們成為更潔淨工業的倡議者，而不是抵抗分子。

另一種選擇是讓政府針對工業排放的二氧化碳和其他溫室氣體收取高額的費用。這做法可以是透過稅收，或者要求企業購買在市場交易的汙染許可證。在本書的其他部分，我們對於為二氧化碳和其他溫室氣體排放加上價格的做法表示懷疑，主要是因為在政治上，高到足以產生改變的定價政策不大可能會通過。但是如果能克服這些政治問題，我們認為碳權價格在工業部門將發揮很大的作用。若碳權價格設定得夠高，就會對任何大型企業每週必須進行的數千種成本計算過程帶來改變，特別是排放量最高的企業：鋼鐵、水泥、化學品等。

公司還需要知道碳權價格將隨著時間日漸增加，這樣愈早投資在減排上，就能得到回報。加州提出實現這項目標的一種方案，即「限額與交易」（cap and trade）制度，該制度要求大型企業從國家購買許可證，以獲得排放溫室氣體的權利。小型企業則獲得豁免。加州對許可證的價格設定出明確的最低價和最高價，讓企業有跡可循，但這制度預計將隨著排放額度的緊縮，出售愈來愈少的許可證。這代表許可證的價格應會日漸升高。這制度為企業提供達成明確目標的時間表和決心。由於允許企業之間交易許可證，這套制度有助於企業在加州經濟體中尋找最便宜的減排方式。[5]這是因為擁有最便宜減排方式的公司可以「超額減排」，並將多餘的許可證在市場上賣給減排有困難的公司。這麼一來就降低所有公司的成本。然而，我們必須強調這種制度並非萬靈丹。會需要精密的監控和審核，否則企業可能會忍不住作弊。

徵收排放稅的政策充滿政治挑戰，因為可能會反反覆覆，反而給產業帶來巨大的不確定性。例如，澳洲在二〇一二年就制定過碳排放的價格，然後兩年後政權轉換，該政策就遭推翻，也破壞企業對這項長期政策走向的信心。工業設備的使用年限長達數十年，有時甚至能使用半個世紀之久。讓工廠最有效率的最佳時機，是初落成之時，或者剛大幅更新設備之際。在這些時機點進行改善的成本很低，或者完全免費；若在工廠建成初期就進行改造則成本高昂。目前只有北歐各國的政府，長期且持續釋放出要求減少碳排放的訊號。在其他地方，政治上的挫敗和不確定性導致工業部門的碳排放量比製程實際所需的量還要高，並且在製程整治方面的投資過少。

新類型燃料、新的化學品

另一種整治工業的手段是使用新的低碳燃料。從某個程度上來看，這項轉變已經發生：請記住，因為工廠使用的多數能源是電力，隨著電網變得更潔淨，工廠高層無須做任何事項，就能減少工廠的碳排。用低碳排的能源來運作電力系統，對每個部門都帶來巨大的回報，尤其是工業部門。但不幸的是，有許多的工業排放不是來自使用電力，而是來自生產過程中直接燃燒的煤炭、石油和天然氣。

讓我們回到水泥的例子。標準的水泥製程需要燃燒化石燃料（通常是煤炭），將石灰石煮成石灰——水泥的主要成分。然而，化石燃料只占這製程碳排放量的不到一半。其餘的排放量來自將石灰石轉化為石灰的化學反應，所釋放出的二氧化碳。這種排放有個粗略的術語是「過程排放」（process emissions），在某些行業裡，這種排放比用電產生的碳排放要大得多。

在水泥的例子中，只要改進燒爐就可以提升加熱階段的效率。製作混凝土的配方也可以進行調整，以節省水泥的使用。但最有機會的地方是大幅改變水泥製程中的化學反應。有些看法認為，集中精力整治水泥產業可將碳排放減少一半以上——請記住，水泥產業是全球工業碳排放的最大來源之一。這是天大的機會，我們認為政府和企業都應在這方面加大力度推動。

有幾間公司正在研究低碳排的水泥。在紐澤西州，固化技術公司（Solidia）正在把羅格斯大學開發的一種化學配方變成產品，此配方被認為可以將水泥製程的排放量減少一半以上。到目前為止，這個製程主要應用在可以在工廠生產的混凝土產品——如鋪設車道和露台的材料、燈杆、鐵軌枕等。這類產品大約占水泥市場的三分之一。更大一部分的水泥市場是現場澆置的混凝土，用於建造建築、道路或橋梁。固化技術公司已經開始銷售一款可澆置的低碳水泥。另一間公司「碳對策」（CarbonCure）也在尋求類似的方法。好消息是，幾間世界主流的水泥製造商對這類製程感興趣，在過去幾年已談成協議要進行嘗試。

同樣地，在鐵和鋼的製程中，人們正在開發一項大有可為的新技術，也可能大規模減少碳排放。這項製程改使用氫氣而非燃燒化石燃料，做為提煉鐵礦的能源來源。氫氣的生產會需要使用再生電力將水分解為水的組成成分：氫素和氧素。在瑞典，已有一間能使用這製程的前導鋼鐵廠投入運作，德國也在積極探索這套技術。在下一章中，我們將花更多篇幅討論氫在未來經濟中的潛在角色。

在水泥和鋼鐵產業中，替代方案的推廣進度十分緩慢，這不僅反映出這些產業的保守，也反映出市場對於低碳排放的產品，所傳遞出的訊號不夠強烈。政府的任何強制措施也無法彌補市場機制的失敗。當然，這種情況可以追溯到在氣候變遷議題上政府未實行強力政策所導致的失敗。

設計的力量

我們之前提到過，幾十年來，要達成一定程度經濟產量的總能源用量一直在下滑，但這個下滑被不斷成長的經濟體和人口所抵銷。你可能會認為這代表著經濟系統中已不存在浪費。這論點沒什麼問題，但遺憾的是，世界上仍存在大量的浪費。

像是人類社會如何利用從鋼鐵廠和水泥窯產出的所有原料，就是一個很好的實例。用混凝土建造大型、笨重、長方形的建築很容易，因為只需將木製模具接在一起，就可以方便製作出方形的混凝土澆置模板。但這並不代表這項過程裡的所有混凝土都是必需的，實情恰恰相反。在這些大型的長方形結構裡，不同位置的應力和應變是絕對不同的，這代表在許多的使用情境中，多數的混凝土只是用來填充。如果能夠只在有需要的地方放置混凝土，這樣東一點西一點，也能省下很可觀的混凝土。

一項新技術的出現，也可能改變我們使用混凝土和其他材料的方式：3D列印。你可能已經在商店裡看到過小規模的3D列印產品，3D列印機會通過一次次擠出一小滴的熔化塑膠製造出小玩意。在這類規模的產品上，這項技術已經獲得廣泛的使用。建築公司使用3D列印機製造出設計的模型。公司用它們製造出只需少量的塑膠零件。在新冠疫情肆虐期間，義大利等地區有具備冒險精神的業餘愛好者使用3D列印機製造出短缺的塑膠醫療器材。

然而，我們仍在初步探索這項技術有潛力做到的事情。現在正在測試的大型3D列印機，有能力靠著一層層放上材料，建造出複雜的結構。也許有一天，整間房屋和辦公室都可能會以這種方式建造而成，但能更快實現的是用這技術建造自行車用的橋、汽車用的橋和公共廁所的可能性。也有可以用來建造建築的原型機器。與其搭建出巨大和臨時的模具來倒入濕的混凝土，這台新機器可以旋轉，並將混凝土以不連續的滴狀或流狀的形式放下——只放在需要確保物件結構完整性的地方。這種列印方式（我們暫且先這樣稱呼）能把混凝土從一種笨重、普通的材料變成一種精密材料。在實務上，3D建築若再結合某些創意思維，就能讓工程師用堅強的設計去取代強硬材料的使用。

3D列印的真正優勢在於，這技術把複雜的設計變得簡單。那些原先不可能實現、或者成本太高而無法達成的造型，可以靠著程式簡單完成。當然，從這些早期的示範專案，到真正能成為全世界通用的工法之間還有很長的一段距離。而且，3D列印技術本身可能會使用大量能源——如果你要將熔化的不銹鋼錠一層層就定位，想像一下這過程要使用多少熱能，因此能用潔淨電力供應這類機器就成為很重要的一環。

總的來看，我們認為這項技術很可能會帶來好處：如果可以用精緻、輕盈的物體替換掉笨重的物體，那麼就有潛力減少大量的碳排放。請思考一下，假如世界上的每座新橋梁所需的混凝土，只需現在的一半，會對混凝土的碳排放產生什麼影響。我們認為政府和企業應該加把勁推動這項技術，以找出它真正能達成的境界。

舊經濟——浪費、超量、過度設計、奢侈的經濟體，必須在二十一世紀讓位給新經濟，也就是對於材料或能源使用的每一個決策，都經過仔細考量的經濟體。這項任務，主要會由私人企業負責完成，但在我們所實行的公開標準，能真正啟發這時代偉大的創意思維之前，這項任務的進展速度會不符所需。

拉動控制桿♻支持「乾淨採購」

我們已經提過我們認為市場上最大的問題：企業沒有收到夠多的訊號，讓他們知道更新、更環保的生產方式將會受到重視。現在，你知道所有新技術剛問世時，成本都很高。人們對於購買有環保意識產品的興趣缺缺，會阻礙企業對新製程的投資，因而阻止這些製程進入學習曲線，並開始降低生產成本。

我們為這個問題提出一個解方：要求政府制定出「乾淨採購」（Buy Clean）的新政策。這個政策的意義在於，當政府進到市場與企業簽署合約鋪設人行道、建造橋梁、供應新車等行為時，他們應該提出要優先採用低碳排的產品和材料。願意提供更環保產品的投標者可以獲得額外經費。額外的經費當然不能毫無限制——沒有政府敢要納稅人買單一項從十億變成二十億的橋梁工程。但政府應該願意多支付幾個百分比的費用，以獲得對氣候友善的材料。

「乾淨採購」這個控制桿有很大的潛力，原因很簡單：政府是鋼鐵和混凝土等散料的重量級買家。畢竟，通常是由政府承包建造道路、橋梁、鐵路、下水道管道等大型基礎設施。在美國，有百分之四十的混凝土和鋼鐵用於這些政府出資的工程項目。[6] 各級政府都會購買這些材料。市和州政府都要監督道路、高速公路和橋梁工程。聯邦政府透過向各州發放大量資金來資助許多更為重要的工程。它還在聯邦建築上花費大量資金。

那麼，我們的政治目標很明確：我們需要在各級政府推行「乾淨採購」政策。這個概念尚在前期發展階段，但已經開始推行。加州於二〇一七年通過第一項「乾淨採購」法律，科羅拉多州、華盛頓州和明尼蘇達州近年來也紛紛推動類似的政策，通常是從前導計畫開始。其他州的類似提案還在審議中。地方政府也有在關注這個議題，已有少數的地方政府實行自己的「乾淨採購」政策。二〇二一年底，於格拉斯哥舉行的一場重大氣候會議上，美國協助組織一個全球聯盟，其成員國將致力於實行「乾淨採購」政策。這些國家的公民需要督促他們的政府付諸行動，向國際市場發出明確的信號。

不幸的是，加州的水泥產業在最後一刻成功使自己免於一開始就受這條法律規定。但州議會隨後通過的一項措施，應該會在一段時間後將水泥納入「乾淨採購」的規定裡。在其他通過「乾淨採購」措施的州，水泥必須從一開始就列入規定當中。

身為公民，你可以做什麼？向每一位希望你投票給他的政治人物，提出「乾淨採購」立法的想法。在所在地的市議會或郡議會的會議中提出這個議題。雖然目前在地方層級通過的「乾淨採購」法案還不多，但我們認為這是一個即將到來的浪潮——所以我們鼓勵你用你的聲音幫助加速推動法案通過。

如果你在大公司工作，還有另一種方法可以幫助推動工業的綠色革命。愈來愈多的員工開始在公司內部發聲，要求公司承諾投入拯救氣候的行動。各種公司都需要有拯救氣候的計畫。即使是那些不直接生產工業製品的公司，幾乎也都是這些產品的買家。他們要求整治供應鏈的壓力能夠產生影響。

二〇一九年五月，七千六百名亞馬遜員工簽署一份請求，希望公司制定出更認真面對氣候變遷的行動計畫。經過幾個月公司內部的緊張情勢，執行長貝佐斯（Jeff Bezos）在那年年底針對此議題做出幾項引人注目的承諾。該公司訂購十萬台預計逐年交付的電動卡車，讓其龐大的運輸業務可以減去部分碳排放。亞馬遜還邀請其他大型企業加入「氣候承諾」（Climate Pledge）的倡議，和亞馬遜一同承諾會在二〇四〇年就實現《巴黎協定》的目標，比原定的時間點提前十年。此後，已有超過兩百家大型公司簽署，包括百思買（Best Buy）、科技巨頭飛利浦（Philips）、IBM和寶潔（Procter & Gamble）。貝佐斯本人於二〇二〇年加入這項倡議，承諾將十億美元的個人財富用來創辦「貝索斯地球基金」（Bezos Earth Fund），這個投資氣候解決方案的慈善基金。

在許多其他公司的內部，來自員工的壓力已成為關鍵的因素，尤其在科技產業。這產業的幾乎所有公司都在購買再生能源供公司營運使用，許多公司正努力整治自家的工業供應鏈。這項運動正蔓延到科技業之外。名為「氣候之聲」（Climate Voice）的組織提供具體的技巧和建議，教你如何在公司內部採取行動。這組織還大規模向大學生宣傳，要求他們簽署一份宣言，承諾自己會在應徵公司時，提出關於氣候變遷的問題，更會在加入公司後繼續為此發聲。我們鼓勵美國的每一位大學生都簽署這份宣言。另一個氣候組織「倒數計畫」（Project Drawdown）出版了一本關於如何在公司內部採取行動的指南。

我們相信，我們描述出的這些步驟可以在工業部門內發揮啟動進度的作用，能將更環保的生產技術帶入市場，並使其在學習曲線上開始下滑。政府需要從「乾淨採購」政策開始進行，但一旦我們更清楚供應鏈的整治速度可以多快，政府就需要做好準備，做得比這政策更多。就像他們對待冰箱和電視等消費型產品一樣，政府需要對水泥、鋼鐵、化學品、化肥以及其他重工業領域，設定出性能標準和排放目標。

我們必須儘快讓某種世界實現：在這個世界裡，公司不再只是因為公民的道德心才決定整治工業生產的供應鏈；而是因為法律有規定。

CHAPTER

8

創新未來

Inventing Tomorrow

不久前，在荷蘭的大型港口城市鹿特丹的一個社區裡，出現三個奇怪的藍色立方體。它們跟貨櫃差不多大，頂部有些管子，但除此之外沒有其他線索可以解釋它們的用途。路過的人可能會想像，是不是外星人將某種奇特的新技術帶到風景如畫的羅森堡社區。事實上，這些藍色盒子使用再生電能將水分解成氫和氧，然後將這種「環保氫氣」輸送到附近的一棟公寓裡，在那裡會燃燒氫氣來點燃鍋爐，為一部分的大樓提供暖氣。直到幾年前，該建築還在使用天然氣供熱。

在五千英里之外的德州，有個更大的工業計畫出現在那裡的地平線上。這是一座很不尋常的新型電廠，雖然也燃燒天然氣，但會在捕捉碳排放後，將其埋在地下。還有一個進行中的計畫，會在英國建造一座更大規模利用這技術的電廠，而碳排放會封存在北海的地底下。

在美國遙遠的西北部，一項新型核子反應爐的計畫已進到後期階段。它的設計理念比傳統核子反應爐更安全，並且更具模組化，這麼一來許多零件都能在工廠中生產——有望克服給舊式核電廠帶來困擾的那種昂貴的大型建設失誤。這個計畫是由奧勒岡州的一間公司，為愛達荷州的一座廠址進行開發，人們對這個計畫賦予厚望，希望能重新振興美國的核能產業。

上述的三種技術目前都還沒有準備好投入大規模使用。很難說它們在未來是否可行或能夠提供經濟價值。但這些技術都值得關注，因為它們都是為了發明未來而做的努力，期待創造出能在二〇三〇年代和二〇四〇年代大規模投入使用、並降低碳排放的技術。

在這本書中我們主張，二〇二〇年代的現行技術，就很有可能讓我們實現氣候目標。我們需要在再生能源、電動車和電動巴士、建築的全面電氣化以及修復我們的城市各方面加強努力。但是，雖然這樣力道的加深很關鍵，仍不足以確保未來的氣候宜居。請記住，我們只能藉由將碳排放降至零來解決這個問題——而對於那些仰賴化石燃料的重要經濟活動，我們目前還不知道如何做到這一點。

例如，我們該如何應對飛機的碳排放？飛機的碳排放目前相對較少，但卻在快速增加。短程班機或許可以改用以電池供電的飛機，目前人們正在研發這類飛機，但長途班機仍然需要液態燃料。那麼消耗大量化石燃料的大型航運呢？在前一章中，我們討論到生產鋼鐵和水泥等散料的碳排放以及減少這類排放的實驗性作法——就算已付出這些努力，我們離徹底解決這些產業整體排放的問題，還有很長的路要走。

面對當前的危機，人類社會既需要將太陽能和風電等既有技術推向極限，同時也需要創新。我們必須創造出能夠在大幅減少碳排放的同時，也提供人們所需的商品和服務的新技術。在世界各地，工程師、公司和大學機構已經在積極研究。然而，實驗室規模的研究進展過於緩慢。更糟糕的是，那些在早期示範階段已證明可行的技術，其進展仍緩慢得就像蝸牛爬行。當然，最根本的問題是資金。對能源技術來說，由於規模龐大，單個前導計畫的成本可能就高達十億美元或更多。私人企業通常願意投入大筆資金，但當企業為了實現社會目標，冒著很大的風險投入未經驗證的技術時，他們通常會需要政府的一些協助。

直到最近，美國政府每年花在能源研究上的支出大約為一百億美元，其中只有不到一半被用在我們認為可能產出真正創新的項目上。這可說是國家的恥辱：美國人民每年在慶祝萬聖節上的支出，比他們花在能夠拯救地球的能源創新研究還要多。這種情況在二〇二一年底有了重大改變，美國總統拜登在國會推動一項重大基礎設施的投資法案。這項法案包含用在氣候和能源研究的數十億美元，以及用在部署新能源技術的高額租稅減免。這筆新的資金應該會促使某些有前景的技術展開大規模測試。不幸的是，該法案只獲得極少數共和黨議員支持下通過。如果未來共和黨上台，那麼華府對能源創新才剛萌芽的興趣，就會有所縮減。

世界的富裕國家大量投資創新技術，是道義上的必然。自工業革命以來，歐洲和美國這些最富有的地區一直是創新的源頭。這些地區很大一部分是靠著燃燒化石燃料致富的，因此他們要為我們現在的處境負很大一部分的責任。這代表美國和歐盟，以及日本、加拿大和澳洲等其他富裕國家，不僅需要減少自己的排放，還需要領銜開發出能全世界適用的新技術。因為只有這些富裕國家，兼具技術實力和所需資金。

拜登的基礎設施法案，只不過等同於政府在應對氣候危機上，需要採取的措施的頭期款。美國公民必須要求政府將投資創新能源研究的資金提高三或四倍，並督促其他富裕國家也這樣做。這類計畫需要為大學實驗室提供更多資金，以進行最早期的研究。同樣重要的是，政府需要協助實驗室將這些創新科技的規模商品化。這代表要投入一筆高額的賭注在首度問世的電廠類型和其他大型、昂貴的工程項目上。納稅人的錢是珍貴的，當然必須明智地使用。與此同時，如果這些大型項目都沒有失敗，那就代表著政府及其選擇支持的創新者不夠大膽。部分項目不可避免地會失敗，這正是私人企業不敢獨自承擔這項任務的原因。有時，這些首度問世的項目可能獲得大量的投資，因此任務失敗可能會導致公司破產。

在開始推動這類創新時，政府尤其應該遵循技術學習率的概念。最適合加速發展的技術，是那些剛開始變便宜的潔淨科技，而這計畫的目標是加快降價的速度，直到它們變得負擔得起。同樣地，當全新的技術還很昂貴時，當然應該獲得政府的補助和其他的財政支持，但只應支持到搞清楚這些技術是否具有大幅降低成本潛力的時間為止。失敗的技術需要及早放棄，而納稅人的錢應該用於進一步發展可能成功的技術。正因為如此，負責審核政府補助案的公務員，在面對新技術時，需要反覆詢問本書中多次提到的問題：這項技術是否已站在學習曲線上？

需要開發的技術可能有數千種，因為在二〇二〇年代，真的沒有人能預測到二〇五〇年代或二〇八〇年代的社會需要什麼。但是，值得在未來五到十年大力推動的某些技術已經出現在眼前。其中最重要的是那些有潛力跟再生電力互補的技術，能平衡風電、太陽能和水力發電的不穩定。為了實現我們的氣候目標，我們最晚要在二〇四〇年代（甚至更早）之前，就需要擁有這些能支援電網的技術。本章的其他部分描述這個層面中最有前景的四種方案。這些技術都需要政府和企業之間的密切合作。

氫能：從炒作到希望

幾十年來，「氫能經濟」（hydrogen economy）即將降臨的想法一直在遠方閃爍，像是沙漠中的海市蜃樓。關於人們在開始使用氫能代替化石燃料時所期待的奇蹟，已經有幾本專書在討論。[1] 自一九七〇年代的石油危機以來，氫能經歷過至少兩波很顯著的投資熱潮。各國政府已投入數十億美元期望能夠實現氫能經濟，尤其是日本政府，他們看到一個能夠立足未來產業前緣的機會。如今，市面上已有使用氫能驅動的車輛、卡車和公車，其中大部分是日本研發的。然而，這兩波的投資產出的氫能太少，熱議太多。

要把氫素當成燃料使用的障礙，從研發至今都依舊很大。這些氫能源車的銷量不佳，而如果你有機會在極少數提供這些車輛的地區（像是加州）租到一台氫能源車，請先有預期會遇到某些嚴重的補給障礙，像是有時候需要在數量稀少的加氫站大排長龍。開這種車進行長途旅行，也必須承擔沒有燃料的風險。

早期的炒作總是七分假三分真。氫能的確具備一些近乎奇蹟的特性，而且在減少化石燃料的某些難以消滅碳排放的這個面向來說，氫能幾乎確實能扮演重要角色。最近許多政府和企業領袖已經意識到這一點，包含那些過去對氫能源持懷疑態度的人。我們看到氫能相關的投資增加，也有人承諾會推動將氫能應用在各種目的的示範計畫。國際能源署近期的報告指出，全球有十七個國家的政府已經制定氫能源的戰略，還有二十個國家正在制定中。[2]

為什麼氫能是如此充滿潛力的神奇燃料？最主要是因為氫素很簡單。氫素是宇宙中最輕的元素，大部分的氫素由一個質子，和繞著質子旋轉的電子組成。如果你燃燒氫素，兩個氫分子會空氣中的一個氧分子結合，產生一股能量，和一種正式名稱為一氧化二氫的新化合物——也就是水。由於氫素是如此簡單的分子，所以燃燒氫就不會像燃燒組成較複雜的燃料那般產生汙染。如果有座城市只有燃燒氫的車輛和電廠，那麼空氣汙染將大幅降低。如果我們能在全世界實現這項目標，光是更乾淨的空氣就能拯救數百萬條的人命。而且你甚至不需要燃燒氫就能使用它。所謂的燃料電池可以將氫素與空氣中的氧結合，產生電能和熱能，而且不用實際燃燒氫。現有的氫能源車和卡車實際上是由氫燃料電池所供電的電動車。它們的排氣管只會排放水蒸氣。

氫素的問題在於，從某種重大的意義來說，它根本不是一種燃料。專家們將之稱為「能源載體」（energy carrier）。氫素的活性很大，容易跟其他元素結合，因此在地球上不存在單獨的氫素，或至少數量並不可觀。這代表你無法像開採煤礦或石油那樣挖出氫能源並賣給人們。

如果你想使用氫，你必須藉由分解某種化學化合物（通常是水）來製造氫素，而這會需要從另一個來源輸入能量。如果是由化石燃料提供能量的話，我們的整體碳排放還是沒有減少。所以如果我們要大規模使用氫能源，我們需要用另一種方式來生產它。

氫素有一些缺點，最大的缺點是氫素可能會爆炸，但也有一個巨大的優點：你可以儲存氫素。現代高強度的儲存槽和管線通常可以安全地儲存和輸送氫素。而氫素能夠儲存的這一點，是讓氫能源有潛力參與能源轉型的關鍵之一。我們回顧一下那些常用來反駁再生能源的論點：陽光並非總是普照，風也不是總是吹拂。我們已經證明過這種論點稍嫌誇大，而且若要在近年內大規模應用這些能源，這些特性也不會實際造成阻礙。然而就長線來看，我們確實面臨到一些難題。許多研究認為，只要發電的成本保持合理，電力系統可以使用風力機和太陽能電池板來供應高達百分之七十或百分之八十的電力，但要突破這數字就有難度。原因是，電力系統有時可能需要在幾乎沒有再生能源產出的情況下，連續運行數日。在短期內，我們正使用燃氣電廠來填補這個空缺，從長線來看，我們需要其他替代方案。

其中一個可能的選項是，把過剩的電力儲存起來，並在短缺的時候使用這些儲備電力。電池也許可以為我們儲存能用幾個小時的電力，但我們或許需要數天甚至數週的供應，而且即使在幾十年後，電池的價格可能依舊高昂，無法用於這樣長時間的儲存。我們反而可以利用多餘的電力分解水分子，再將氫素打入鹽洞或其他大型儲藏處。人們使用這種名為電解的製程來製造氫素，已有一個世紀之久。你甚至可能在高中化學課上親自動手操作過。如果我們的電解槽設備，是使用再生能源將水分子分解為氫素和氧素來大規模製造氫能源的話，我們就能夠儲存氫能源，彌補電廠發電量不足時的短缺。

目前全球每年製造出數百萬噸的氫素。這種化合物大規模應用在不同工業中，特別是生產化學品和提煉石油。但一般而言，工業並不是靠電解來製造氫素。而是由天然氣中提取氫素，因為天然氣主要由甲烷組成：這種化學化合物，是由一個碳原子與四個氫原子結合。這種生產氫素的原理，是把氫原子剝離後，將碳原子以二氧化碳的形式排放到大氣中——因而成為造成全球暖化問題的另一個來源。企業會這麼做的部分原因，是因為他們可以免費處置廢棄的二氧化碳，所以生產這種「灰氫」（gray hydrogen）的過程比電解來得便宜。如果企業被迫在一夜之間改使用電解，氫素的生產成本大概會多四倍。

但是在近期，某些用於電解的設備價格已經下降。雖然還仍在發展前期，但隨著大學和新創公司正努力試圖讓這製程變得更便宜和更具效率，估計又會掀起一波熱潮。電解槽已經位於學習曲線上——每當這些設備的累積生產量翻倍，它們的成本就會下降大約百分之十六。[3]另一項關鍵因素將會是有沒有大量且便宜的電力供應電解槽的運作，而隨著風電和太陽能成本的下降，這項技術的前景一片看好。如果用這種製程所產出的便宜氫素，即所謂的「綠氫」（green hydrogen），變得愈來愈容易取得，電力的儲存只不過是我們發展相關應用的起點。

譬如，綠氫也許會是消除某些工業種類碳排放的唯一可行途徑。在第七章中，我們曾提到這或許是整治鐵和鋼生產方式的最佳做法。化學工業也因為依賴天然氣，所以是大型的碳排放來源。製造對世界糧食供應至關重要的氮肥，也需要使用大量的天然氣。而因為氫素能夠在這些產業中，扮演跟化石燃料一樣的角色，因此如果氫素的供應充足，這些產業都可能變得更環保。

而且，氫能還可以經過處理變成液態燃料，會比氣態的氫素更方便運輸和處理。其中一個例子是氨，它被用作肥料，但也可以當成燃料燃燒。理論上，氫素也可以轉化成和航空煤油或柴油類似的其他液態燃料，並可直接使用於現有的飛機、卡車和船隻。這項製程所需的核心技術，從一九二〇年代就存在至今，也在二戰時間用來為德國提供液態燃料。但問題仍然是成本。如今，這種製程生產出的燃料價格可能是化石燃料的幾倍。面對這情況，需要政府的集中投資來降低成本。而關鍵的第一步是替再生能源制定出更有野心的目標，才能提供足以用來生產氫素的能源。但毫無疑問的是，目前人們對於氫素的熱度和期待，有可能會因為發現到大量生產和使用上，所帶來的實際經濟效果而降溫，但是就某些特定的需求來說，也許能證明潔淨的氫素是不可或缺的。

核能難題

故障的連鎖反應從當天的早班開始，當時試圖清理濾心的核電廠技工意外堵住一條送氣的軟管。他們那天晚上回家時，還不知道自己釀下怎麼樣的大錯。在日出之前，這個看似微不足道的錯誤將演變成核能歷史上最重要的事件之一。

一九七九年三月二十八日的凌晨四點，美國賓夕凡尼亞州中部「三哩島」（Three Mile Island）核電廠的狀況開始惡化。塞住的送氣軟管導致泵浦停止運轉，讓反應爐核心的核燃料無法正常受到冷卻。安全迴路感應到這個異常狀況，在八秒內便「急停」反應爐：控制棒自動插進反應爐堆芯，利用鈾原子分裂來產生熱量的核連鎖反應也立即停止。但在這個時候，之前釀下的錯誤已讓一個冷卻迴路失效，所以在停機之後，熱量仍持續累積，最終氣體逃離圍阻體，並將少量的放射性物質帶入大氣層。十四萬人在幾天之內，恐慌地逃離賓夕凡尼亞州中部。[4]很巧的是，講述發生爐心熔毀下場的電影《大特寫》（*The China Syndrome*）在兩週前剛上映。目睹恐怖電影的劇情在眼前真實上演，美國民眾對核能安全變得更加懷疑。政府對核能企業的管理也受到抨擊。

這一系列事件所造成的影響將持續數十年——事實上，我們現在仍受到影響。後來發生在蘇聯的車諾比和日本福島的核能事故，加深了許多人認為核能不安全的看法。上述這三起災難的發展，有可能變得更糟。例如，福島事故差點迫使人民從世界上最大的都會區東京撤離。然而，事實上，燃燒化石燃料所造成的死亡人數遠遠超過核能事故——每年就有超過八百萬人，[5]因為空氣汙染而早逝；但在核能技術的歷史上，因核能事故死亡人數，根據最可靠資料得出的最高預估，少於五千人。在三哩島事件中，沒有人死亡。

從原則上來說，儘管核能存在自己的問題，但它仍然是一種可以取代我們從地底下開採那骯髒、致命黑色燃料的發電方式。但在現實生活中，核能是一種很棘手且充滿爭議的技術。弄清楚核能在能源轉型中應該扮演什麼角色，是未來幾年內政府將面臨到最艱難的問題之一。

在三哩島事件後的幾十年裡，美國幾乎沒有新的核電廠建造計畫。在這個曾經比其他任何國家都更努力推動核能發展的國家，核能技術卻開始逐漸衰退。同樣的現象後來也發生在大部分的西方國家。核電廠建造的供應鏈日漸退化，關鍵的知識與經驗也在流失。

在過去的十五年裡，政府和企業極力振興核能產業。在美國，在田納西河谷地區管理局的資助下，一座新的核電廠（但使用一九七〇年代的建築設計圖）開始運作。然而，南卡羅萊納州的一座核電廠因預算飛漲而中止興建，導致該州的用電戶得負擔地表上那個耗資八十億的洞。[6]喬治亞州正在建造的兩座反應爐，成本超支也累積達數十億美元。歐洲的情況也是如此，包含法國的佛萊明維爾（Flamanville）和芬蘭的奧爾基洛托（Olkiluoto）：兩座電廠都延後多年才完工，且都有數十億美元的成本超支，以及人民對於西方國家到底能不能重新學會準時在預算內蓋好核電廠的不確定性。

即使少數幾座核電廠能夠完工，根據目前的預估指出，它們生產能源的成本將比相同數量的再生能源電廠昂貴四到五倍，而且這個倍數還在上升。跟再生能源相比，核電廠的確有兩個主要優勢，也就是它們可以不受天氣影響且不分晝夜運行，而且可以在相對小面積的土地產出大量的電力。但是，隨著每項工程的成本不斷上漲，投資者對於投資這些核電廠的態度變得非常謹慎。目前在西方國家建造的少數幾座核電廠，都需要政府提供高額貸款擔保或補助，而且與再生能源的補助不同之處在於，沒有證據指出這些補助能逐年讓成本下降。換句話說，核能從未站上學習曲線。

最核心的問題是，目前建造核電廠的方法本身就很容易出錯。它們是龐大而複雜的基礎設施工程，其中由混凝土和鋼材製成的重型構件必須按照嚴謹的規格書建造。安全規格可能會迅速改變，就像福島事件發生之後，大部分國家就做出調整。所有這些複雜的工作都必須在工地現場完成，而且工作人員很可能之前從未建造過核電廠。

這種無法按時、按預算建造核電廠的情況，似乎主要是西方國家的問題。在亞洲，核電的處境看似有些不同，在南韓、中國和俄羅斯的電力公司找到方法以相對合理的速度建造核電廠，而且沒有出現巨大的失誤。關鍵在於，那邊的承包商正在建造許多座核電廠，所以他們的團隊能夠把從興建前一座電廠累積的經驗傳承到下一座。這做法讓這些電廠比西方充滿毛病的電廠便宜，雖然仍比再生能源電廠的成本高。即使在亞洲，這些核電廠的興建速度也無法跟上電力需求的攀升。這代表從一九九〇年代以來，核能在全球能源組成的占比一直在下降。而且，近年來興建的亞洲核電廠，其設計安全性尚未真正獲得檢驗——若在中國發生類似福島的核能災難，可能會徹底改變他們對於核能的輿論。但就目前而言，核電廠持續在興建中。

美國或許可以做到像中國和韓國那樣——建造足夠多的核電廠，以重拾建造核電廠的能力。但我們猜想（這只是猜測），納稅人可能會需要同意撥款五百億美元或更多經費去彌補成本超支，才能使該產業恢復到最低標準的能力。當大型風電廠和太陽能電廠通常能在幾個月內便準時在預算內落成時，你不得不問，重啟受困於過時設計的核電產業，是否真的是五百億美元的能源轉型預算使用的最佳選擇。

要澄清一點，我們認為核能是電力的重要來源。全球有超過四百五十座運作中的核電廠，其中四分之一位於美國。核電供應全球約百分之十、美國約百分之二十的電力，使其成為這個國家最大的低碳排的電力來源。即使我們不知道如何建造新的核電廠，我們也無法承受在短期內失去這些舊的核電廠。

美國的許多核電廠在三哩島事件前就完成簽約，並在事件之後的幾年內落成，因此它們已經有些歲數了：平均年齡約為四十年，最老的已超過五十年。由於輻照物理學相關的原因，這些核電廠的關鍵構件的使用年限有限。經過多年放射線的不斷攻擊，鋼製反應爐槽變得脆弱。

圖十　有關核能的兩張圖表

從絕對數字來看，近年來全球電力生產來自核能發電已經增加⋯⋯

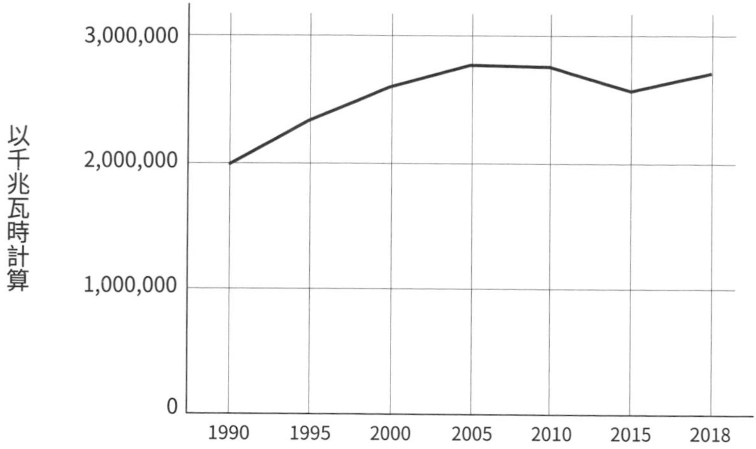

⋯⋯但從相對數字來看，核能發電在全球電力生產中的占比正在下降

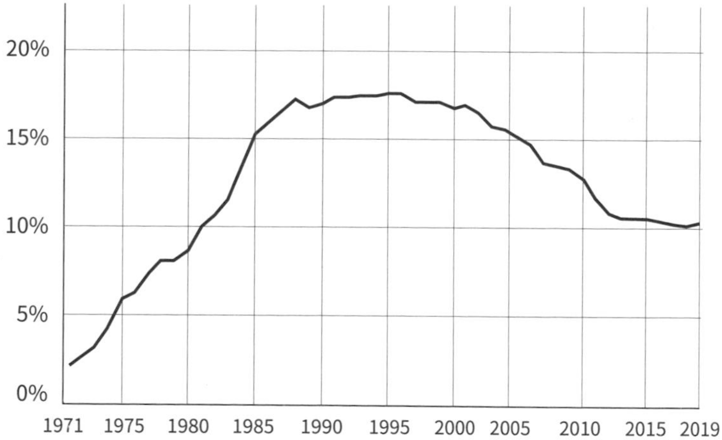

有幾間電力公司宣布他們預計讓旗下的核電廠運行長達八十年，但目前尚不清楚這會需要怎樣的維修，或者是否負擔得起。

正當這些變老的核電廠需要大量的投資來維持運作時，它們也陷入和便宜燃氣發電激烈競爭的困境，而且也愈來愈難和便宜的再生能源競爭。部分核電廠已因為經濟因素而關閉。幾個州提出補貼的政策，以防止州內的核電廠關閉，實質上是在找到長期策略之前先應急。二〇二一年底，美國國會終於推出一項提供核電廠共六百億美元補貼的計畫，這可能足以讓它們在未來幾年內維持運轉，但這並非長久的解方。

所有上述議題促使美國核能產業形成一個很大的共識，就是國家需要跳脫二十世紀的核電廠設計，找到新的方向。有一種新觀點認為，該產業需要在現場建造較少的設備、在工廠內生產更多關鍵構件，這麼一來就能應用現代的製程與品管方法。就理論上來說，將主要構件在工廠生產應該可以避免成本失控；就實務上，這樣生產的次數愈多，生產成本應該愈低。換句話說，核能產業希望用上學習曲線的優勢。得益於技術的進步，這種新世代核電廠的安全性也會優於舊式核電廠——即使核電廠內所有主動式安全系統都因不明原因失效，核電廠仍能在不爆炸或輻射洩漏的前提下自行關閉。其中一種做法是妥善配置核燃料，讓它的溫度不會升到足以讓反應爐熔毀的高溫。

許多年輕的工程師和企業家投身於這項任務，創立有著大膽計畫的新公司，而矽谷也暫時證明他們有意願投資這些概念。甚至還有私人公司投注心力開發使用核融合而非核分裂技術的反應爐——也就是說，這種核電廠能透過將氫素融合成更重的元素來產生熱量，而不是像現在的反應爐那樣，是將重元素分裂成輕元素來產生熱量。核融合是太陽的能量來源，但要將這技術在地球上應用卻極為複雜。核融合技術公司近期一系列的消息，提高了人們對這技術終於能走上軌道的期望。

如果新世代的核反應爐真的是我們需要的技術，那似乎還有很長的路要走。國會已經採取一些措施，讓國家的核能產業和相關規範與時俱進，但幾十年來，國會並不認為有必要投入資金認真發展這項技術。然而情況有所改變，一樣是在二〇二一年底拜登政府的要求之下，總統的基礎建設法案承諾會在先進核反應爐的示範項目上投入超過三十億美元。這只等同於這項發展所需的頭期款。

雖然核能可能永遠無法為解決氣候挑戰做出重大的貢獻，但如果這項評價後來被證明有誤的話，那就太好了。要實現這項目標，政治人物必須以身體力行取代對核能的溢美之詞。國家需要徹底弄清楚，自己能否找到走出核能難題的道路——或者是否應該放棄並尋找下一個解方。

但核能的發展也有一些亮點。一間名為「新規力量」（NuScale Power）的公司，在新型模組化反應爐的設計上已取得很大的進展，這代表著反應爐能夠在工廠裡生產，然後在現場安裝。這不完全是我們剛才討論到的新款核能設計之一，而只是現有技術的縮小版。但是，藉由實現模組化，這間公司有可能解決一些既有的核電建設問題。藉由連結數個模組，可以建造出大型核電廠。這家公司得到聯邦政府的支持，並選定愛達荷州的某處建設首座電廠。如果這項工程最終取得成功，我們可能會在二〇二〇年代尾聲知道「新規力量」的反應爐能否正常運作，以及他們能否在成本不嚴重超支的前提下完工。如果結果順利的話，那麼「新規力量」就有機會為能源轉型盡一份心力，在更現代化核電廠設計成形之前，作為過渡時期的核電廠。與此同時，國家不能假設核能就能解決我們的問題。我們需要繼續在其他技術上獲得進展。

把碳放回去？

昆士蘭州是澳洲擁有大量煤礦坑的州之一，而當地的政治人物正語帶興奮地交談著。他們已經下定決心要徹底證明，對付碳排放問題的潛力解方就在眼前。這個概念已經討論了幾十年，在理論上，這技術簡單到不行：只需捕捉電廠和工廠的碳排放，然後將之注入地下。如果大自然已經將碳以煤、石油和天然氣的形式儲存在地下儲集層數百萬年，那麼人類難道不能利用這些碳之後，然後再將廢物重新放回原處嗎？

這個概念獲得背書，因為這個方案所需的所有技術，都經過大規模的測試和實證。事實上石油公司（尤其是美國的石油公司）就定期會將二氧化碳注入地下，以增加儲集層的壓力，讓更多的石油流出。挪威人花了好幾年的時間證明，若在合適的地點將二氧化碳注入地下，就很可能讓它待在那裡。樂觀主義者認為，你真正需要做的就是將所有技術組合在一起。

事實上，化石燃料產業的某些人對這個概念非常興奮，以至於他們過分樂觀，將「清潔煤」（clean coal）這個行銷術語當成已經實現的成果。但在二十一世紀之際，這種被稱為碳捕捉和封存的作法，人們對它的實用性仍抱持很大的懷疑。在澳洲政府、昆士蘭州政府和澳洲煤炭產業的支持下，葛利格（Chris Greig）打算回答這之中最大的問題：建造和營運一座無碳排的正常規模電廠，實際上需要花多少錢？

有些人曾發表樂觀的預測，聲稱這些項目可以用略高於目前電價的成本來建造和營運。葛利格博士和他的團隊，花了將近十年的時間和一億美元的預算，進行研究和設計工程計畫，最後他們透過有著「零世代」（ZeroGen）這個樂觀名稱的電廠證實，澳洲和昆士蘭政府需要以高於市價四倍的電價購買電，電廠才有機會回本。

他們遇到的某些困難只不過是運氣不好。昆士蘭州在煤炭生產區中選出設置電廠的地點，其地層不適合儲存大量的二氧化碳。這裡的地層實在太密；但地下砂岩層需要具有相當的滲透性，才能接受大量的二氧化碳。等到所有的測試鑽探完成並發現這項結構問題時，這項計畫就變得岌岌可危。理論上，「零世代」可以建造一條管線將產生出的二氧化碳打入更適合的地層區塊，但這會墊高已經昂貴的計畫成本。最終，這項目被中止。[7]

從更廣泛的意義上來說，「零世代」這項工程彰顯出一個全球都會遇到的問題，因為人們逐漸看清楚，要讓「潔淨煤」大幅減少發電的碳排放量，並不是一件簡單的事情。讓這樣複雜的發電廠的每個環節都能夠穩定共同運作，是非常大的工程挑戰。等到幾座電廠完工後，興建成本肯定會降低，但成本能否降低到讓這種發電廠成為具有競爭力的低碳能源供應方案？面對這個問題，世界仍沒有解答。

二〇一一年，「零世代」被取消，而那時美國正在追求自己的「潔淨煤」計畫。這個名為「未來發電」（FutureGen）的計畫位於伊利諾州的馬頓市。這個計畫也受到高昂成本的困擾，加上政府對於是否願意投入必要的資金上一直猶豫不決。「未來發電」被中止、重啟、搬遷，然後再次中止，在二〇一五年終於被取消之前共耗費兩億美元。

你可能會認為仰賴化石燃料的產業有很大的動機想要主導碳捕捉和封存技術的開發，的確，有些公司曾嘗試推動幾個項目。但是這當中有幾個項目後來的進展，沒有比政府贊助的大型項目好。南方電力公司（Southern Company）是一家大型控股公司，其子公司為美國南部地區提供大部分電力，而該公司在密西西比州主導一個測試此技術的計畫。但他們犯了一個關鍵性的錯誤：他們投入在基本工程和設計規畫的資源，只有澳洲人的一小部分，而且他們在這些規畫完成前就開始動工。後來計畫的成本高漲，該公司遇到困難，無法讓碳捕捉技術正常運作，最後放棄這計畫，並把將座電廠視為常規的發電廠運轉，一樣燃燒天然氣，並將碳排放直接釋放到大氣中。二〇二一年，工人終於炸毀原本應該用來捕捉二氧化碳的部分廠區。[8]密西西比州作為美國最貧困的州之一，得在未來幾十年內承擔這個計畫的部分成本。[9]

經歷這些悲慘事蹟過後，你可能會認為大部分的專家會對這種解決碳排放問題方案的一切都抱持深度懷疑。但這想法只有部分正確。碳捕捉和封存技術仍具有一定的潛力，事實上，最近又有新一波的計畫開始啟動。這項技術可能對於解決某些類型的碳排放問題至關重要。如果生產水泥、鋼鐵和某些化學品的新製程行不通，那麼整治這些產業的唯一方法可能就是捕捉碳排放並將其封存。這代表雖然政府需要從過去的錯誤中學習，但它們也需要繼續投資這項技術的未來。隨著美國擴大研究潔淨能源的力度，勢必有一部分的資金需要用來研究這項技術是否能帶來貢獻。

有些希望的曙光已經出現在地平線上。大型石油公司殼牌（Shell）正在加拿大的「邊境水壩」（Boundary Dam）測試一項碳捕捉專案，儘管初期遇到嚴重問題，但現在看起來運作得相當不錯。德州也有一座碳捕捉廠開始運作。這是個前導專案，比商業電廠的規模要小得多，但可以用來驗證理念。這座電廠使用一種特殊的技術，能將純二氧化碳變成方便埋到地底的流體，這可能比其他碳捕捉的發電廠更具經濟效益。英國已經宣布要計畫建設更大規模的這類型電廠。

美國國會最近對進行碳捕捉和封存的公司，提供特別協助。這些公司現在只要把碳排放封存到地下，就可以獲得高達每噸八十五美元的租稅補貼，這個補貼金額足夠讓某些專案更具經濟效益。因此，在接下來的十年裡，我們可能會對這種方案進行更認真的測試。然而，如果我們真的要繼續使用化石燃料並捕捉碳排放，那我們會面臨巨大的挑戰。如果我們使用世上既存的石油基礎設施——所有的管線、泵浦、船隻、石油平台和油井來把二氧化碳送回地下，仍只能處理目前世界碳排放量的百分之十不到。這還沒算入下列設備：捕捉電廠和工廠所排放出包含二氧化碳的廢氣的設備、把二氧化碳提煉至一定純度的設備、從數千個來源蒐集並壓縮二氧化碳以方便被送入地底的設備——所有的設備都要花錢購買，並使用能源。

從事碳捕捉工作的大多數人都非常清楚這一切。但他們仍持續逐夢。

無處不在的炎熱岩石

那天傍晚人們剛下班，躲避雨勢的他們有的回家、有的去商店挑選聖誕禮物。接著，地面開始搖晃。[10]

在這城市主要報社的新聞室裡，不習慣地震的記者們紛紛躲到桌子下面，直到一位資深編輯命令他們到外面，查明到底發生什麼事。年輕女服務生莫爾莫爾（Aysel Mermer）以為是炸彈爆炸。接待員梅亞（Eveline Meyer）當時人在家裡，她猜測是她的洗衣機可能自己動了起來，並因不平衡的負載而開始發出格格聲響。「我現在是不是瘋了？」她打電話問朋友。

事實上，瑞士巴塞爾這座優雅的城市，剛剛經歷一次三．四級的地震。相對於其他地震來說，這次地震算是比較小的，但已經足以讓人們感到害怕，而且這個城市上一次經歷大地震已經是六百五十年前的事了。一三五六年的那場地震是場自然災害。而在二〇〇六年十二月八日襲擊巴塞爾的地震，則完全不是自然形成的。

這次地震是由紐豪斯街和謝佛巷的轉角處的一個探鑽計畫所引起的，這個鑽井設備在地球上打出一個深達三英里的洞。多年後，《紐約時報》的記者格蘭茲（James Glanz）在重述當天的事件時，將這計畫描述為嘗試開採「就像是出自凡爾納（Jules Verne）小說中的情節般，一個大型的潔淨、再生能源的來源：地球岩石中蘊含的熱能」。

在地震剛搖晃這座城市後，鑽探專案的一位高階主管被警車載到市區，解釋發生了什麼事。該項計畫被迅速關閉。但它無意間達成一個目標：幫助釐清開發地熱成為能源來源的過程中，可能會帶來的一種大型風險。

這是個很不祥的開端，至少對這個新的潔淨能源概念來說。但就像本書的讀者現在都理解到的，所有的潔淨能源都存在風險和困難，而它們要取代的化石能源也是如此。發生在巴塞爾的事件可能會減緩類似計畫的部署速度，但並未扼殺人們對這類方案的興趣。這個事件反而有助於提出正確的問題，特別是：這項技術的風險能否得到足夠妥當的管理，讓地熱成為一項主要的能源來源？

火山有時用很嚇人的方式提醒我們，雖然冷卻的地殼適宜居住，但地球內部的溫度其實很高。在某些地方，這股熱能會上升到接近地表的地方，而在這些區域已存在一些傳統技術，能夠利用熱能來產生電力。

迄今為止，這項技術有所限制，只能用在特別可行的地點。大多數的美國地熱電廠位於西部，該地區的地質活動比東部來得多，地熱也更靠近地表。加州有將近百分之六的電力來自地熱電廠，其中大部分的電廠位於舊金山北部的蓋薩斯地區。一般而言，這些電廠會透過井將水注入地熱的深處，然後使用另外的幾座井產出蒸汽，這蒸汽會用來驅動連接發電機的渦輪機。有些國家特別具備傳統地熱的發電潛力；例如，冰島幾乎所有的電力都來自地熱。但你不會在美國東海岸附近或世界大部分的地區找到地熱電廠，因為炎熱的岩石埋得很深。

在過去的幾十年中，科學家和工程師意識到他們可能可以克服這項局限——因為只要你鑽得夠深，你可以在任何地方找到地熱。因為深處的岩石可能不會接觸到地下水，甚至可能由幾乎不透水的花崗岩或其他密度更高的石頭組成，因此在這裡進行發電可能會比西部的既有工程更困難。然而，二〇〇六年，麻省理工學院的研究人員在一份關鍵報告中解釋一種可能可以克服這些局限的作法。[11]報告發現，水力壓裂——就是那項讓能源公司能從過去無法穿透的岩層中抽取大量石油和天然氣的技術，也可以用於其他目的。你只要鑽得夠深、破碎岩石、注入水，接著就能收到足以讓發電廠運作的蒸汽。根據報告的實際估算，這將是個龐大的能源來源——至少在理論上，足以滿足美國整個國家能源需求的兩千倍。

這技術的最大風險可能是巴塞爾鑽探工程中確定會發生的「誘發地震」，這個花俏的說法，指的是鑽探行為和連動的水力壓裂活動可能會引發地震。即使是在較淺深度運作的舊式地熱能源也可能引起地震，儘管這些地震通常規模較小。但正如巴塞爾事件所顯示，深層鑽探引發的地震可能大到讓整座城市陷入混亂。

如果地熱有望成為更大的能量來源，我們需要知道能否降低這種風險。是否有可能找出比較不會造成地震的區域，這些地方或許特別適合鑽探？反之，是否可以找出風險特別高的區域並予以排除？修改水力壓裂的技術是否可以降低風險？加拿大的一家新創公司認為，我們也許可以在世界各地建立地熱電廠，而不需要水力壓裂技術——只需使用鑽孔在地下深處埋設收集熱量的管線。[12]

除了安全問題之外，地熱技術的最大問題也很明顯：需要多少經費？開鑿地熱井需要使用和生產石油或天然氣截然不同的裂解技術。地熱井所需的裂縫要小得多。但工作溫度更高。但鑽頭要面對的物質（堅硬的岩石）比儲存石油的頁岩更堅硬。即使有能力建造這些地熱電廠，我們還不知道能否負擔它的營運成本。在接下來的經濟競爭中，需要有種發電方式能夠靈活供電，以滿足擁有大量風電和太陽能的電網需求，而地熱的支持者需要證明他們能用可負擔的成本建造出低風險的電廠。

有個好消息是，美國政府還沒完全放棄這項技術。自二〇〇六年麻省理工學院發表報告以來，美國能源部一直對這項技術很有興趣。他們不僅資助初期的示範專案，最近還在猶他州設立一個大型測試場所，用來改進鑽探技術和研究這些發電廠的建造方式。然而，即使這樣還遠遠不夠。這個有前景的技術應該要更大力推動，並投入更多聯邦經費來求證這項技術的基本概念。其他國家也需要投入更多資源——特別是中國，中國需要進行大量的地質研究，瞭解岩層結構和如何利用岩層獲取潔淨能源。電力買家也可以發揮作用。谷歌最近與 Fervo 能源公司簽署協議，會向他們購買某項很有前景的開發中專案所發的電。

當然，我們並不完全確定是否真的需要這種能源。但是如果先進的核電發展失敗，或者埋藏化石能源電廠排放物的方案變得不切實際，那麼在能源轉型的後期，地熱可能會扮演至關重要的角色。各國和各家公司都應該把資源投入這項技術，並視之為有可能拯救世界的科技，因為它最終可能會證明自己真的是如此。

創新文化

本章所提到的技術都值得大眾支持進行開發、測試，並檢驗其實用性。其中大部分的技術都包含將潔淨能源輸入電網，這與解決碳排放問題「全面電氣化」的做法目標一致，也就是在遠離燃燒燃料設備（如汽油車或燃氣爐）的同時，用電力滿足這些需求來整治電網。因此我們的名單主要會關注在中期的發展：我們需要在未來十年裡，檢驗這些技術會成功還是失敗。但是這些發電技術，絕不是我們長線來看唯一需要的創新。人類社會必須學會用最環保、最高效率的方式，滿足現代社會所有的能源和物質需求。

許多令人振奮的技術仍處於最早期的階段：正在大學實驗室中開發，或卡在從實驗室推廣到市場的顛簸道路上。例如，有人正在研究一種電池，最終可能擁有目前電池三到四倍的電量，並且可以在幾分鐘內完成充電。有人則在研究更節能的建築手法，利用很少的電力就能提升或降低建築的室溫，並讓所有的設備與電網合作，在電網最有餘裕且最便宜的時候取得電力。我們會需要特殊的新型化合物、更環保開採鋰和鈷等金屬的新方法，以及回收電池、太陽能板和風力機扇葉的新方案。

但我們得切記，新材料和新機器並非我們唯一需要的創新。它們甚至可能不是最重要的。我們還需要市場創新，這麼一來市場才能對低碳排技術的價值做出正確評估。我們需要在公共政策上取得創新，社會才會制定出長期的排放目標並將之入法，讓每個人清楚我們要邁向的目標。我們需要針對如何改變人們習慣的方法進行實驗和創新，像是我們在書中曾提到過，針對肉類徵收的特定稅額。許多保守派人士以及許多經濟學家，可能會認為應該由市場而不是政府來執行我們討論的這些決策。在某種程度上，我們同意這一點：在任何有機會的地方，都應該利用市場機制找到實現目標的最便宜手段。市場競爭是人類創造出最棒的價格評斷機制。但這並不代表所有的重大經濟決策，更遑論道德的決策，都可以由市場來決定。世界上有許多只能藉由公開標準和集體決策解決的問題。為後代子孫留下一顆適合居住的地球，因而選擇減少大量碳排放的道德責任，就是一個無法且不能光靠市場機制來決策的例子。

馬祖卡托（Mariana Mazzucato）是在倫敦大學學院研究創新政策的教授，她認為所謂的「市場」和「政府」之間的界線在本質上是虛假的。許多我們現在視為理所當然的技術創新都可以追溯得到政府的投資紀錄，或者政府是搶著購買的頭號買家。最著名的例子是網際網路，這項技術的誕生地，是一個願意資助創新與天馬行空想法的五角大樓部門。而智慧型手機的許多關鍵技術也是這樣開始的，包括觸控螢幕、行動數據和全球定位系統。事實上，整個電腦革命的起源是一九五〇年代五角大樓早年簽署的合約，當時政府為新發明的半導體芯片支付高昂的價格。矽谷的先驅多年來一直依賴政府的慷慨支持。

在能源領域，聯邦研究部門、政府補助和政府採購，也刺激尖端燃氣發電機組的發展。他們成為3D地震成像和水力壓裂的研究先驅，這兩項技術也導致美國石油和天然氣產業蓬勃發展。他們直接撥款給美國西北部大型的邦納維爾電力（Bonneville Power）系統、鄉村的電氣化以及核能的開發費用。在大型能源技術的各種進展裡，很難找到沒有聯邦政府支持的項目。

為了避免迫在眉睫的氣候危機，政府和企業必須更加專注在我們能夠用來取代化石能源系統的新技術——不僅僅是發明潔淨技術，還要將這些技術從實驗室中帶出來，擴大其規模。這代表要投入數十億美元用於示範計畫和首度問世的電廠類型。這也代表著政府要擺脫對特定技術的偏好，專注在真正的目標：減少排放。

問題不只是我們需要哪種技術才實現能源轉型，而是我們推廣這些技術的速度和規模夠不夠快和不夠大到能逃離最嚴重的傷害。這個問題在美國尤其嚴重，因為美國大部分的公共基礎設施，如電廠、公路、供水系統等，都是在二十世紀中葉完工的，它們正面臨快速老化。近年來，美國的政治文化變得如此糟糕，導致政府甚至無法籌措資金來維護這些舊系統，更不用說建造新的基礎設施。在拜登總統任內初期，他呼籲投入大筆資金用來更新國家的基礎設施，而國會也通過這個大膽的第一步。美國所面臨的問題是，這國家是否能夠跨越政治的兩極化，重新學會如何處理重大的國家工程。

企業也扮演著至關重要的角色。在某個程度上，它們已在扮演這類角色。數百間美國企業已設定出自家減少溫室氣體排放的目標，其中許多企業直接從風電或太陽能電廠購買再生能源。但是，參與數量需要成長到數千間。金融家也已開始重新調整他們的投資項目，從化石燃料轉向潔淨能源。但我們需要打破解決氣候危機投資上的許多障礙（像是疲弱的公共政策和公司的短視近利）。

我們知道，這項任務聽起來很嚇人。那麼一般人要怎麼樣協助引導全球金融朝著更潔淨的經濟方向發展呢？

拉動控制桿 ♻ 在個人職場及投資行為中為氣候問題發聲

我們認為，其中一個手段是我們在第七章中提到過的方法。企業內部的員工需要對氣候問題發聲，並詢問自己的公司在這方面投入哪些努力。其中一些問題應該相當基本：公司是否對自己的排放量負責？公司有在努力削減排放嗎？如何做到？公司是否也有承擔整個供應鏈的碳排放責任？如果你在一間大型的上市公司工作，請詢問公司是否每年都會發布永續報告書，以及公司是否已達成報告書中列出的目標。這些目標是否與《巴黎協定》的目標一致？

如果你任職於投資技術發展的公司，或者是為基礎設施興建提供資金的公司，那麼你有更好的機會。公司是否正在關注有望幫忙減少碳排放的尖端發展技術，例如我們上面提到的那些技術？公司是否有投資任何其中一間公司？公司是否已承擔一定的資本風險，以表示公司對改善氣候的承諾是認真的？太多身懷數十億美元投資預算的公司，選擇在這邊花費一千萬美金，或者在那邊花費兩千萬美金，就說自己有涉足綠能技術。這樣子的投資計畫並不認真；這只是在假裝宣示自身對環境保護的付出，但實際上卻是反其道而行的「漂綠」（greenwashing）行為。而且其實其中有部分的小額投資，甚至是由公司的公關預算所支付。

雖然要和公司高層討論他們的氣候承諾可能會很棘手，但需要有人當面提出這些問題。正在考慮加入公司的年輕求職者也可以提出這些問題。如果你已經簽署我們在第七章提到的「氣候之聲」承諾（你應該這麼做），那麼你就已承諾會在任職某間公司之前提出這些議題。當你提出疑問，如果你得到含糊其辭的答案，那就去其他地方工作，並告訴公司你放棄的原因。

一般人還可以通過另一種方式影響企業的行為。如果你是有在投資的那一半的幸運美國人，仔細檢查你持有的股票，以及這些公司是否真的符合你的環保價值觀。如果你的投資主要集中在共同基金中，會比較麻煩一點，因為這些基金是主動式管理，所以實際的投資組合每天都在變化。幸運的是，將環境和社會目標納入考量的基金，在華爾街愈來愈多。這些基金的經理人向投資者承諾，他們將避免投資某些類型的股票——例如石油和煤炭公司。這類投資在華爾街的行話是「ESG」基金，這三個字母代表的概念是用環境保護（Environmental）、社會責任（Social）和公司治理（Governance）的標準來篩選投資標的。我們知道有些人會避免投資主動管理的共同基金，因為它們的費用率很高，但你逐漸也可以投資到某些被動指數基金，是專門追蹤擁有優良環保評比的許多股票。像富達（Fidelity）和先鋒（Vanguard）這樣的大型投資公司現在都提供這樣的金融產品。有愈多像你一樣考量環保評比的投資人，就有愈大的影響力，進而影響公司的財務決策——因而有助於加快新技術在學習曲線前進的速度。

但這不是你的投資組合需要變得潔淨的唯一理由。十年前，全國各地的大學生要求他們的大學停止購買化學燃料公司的股票，以表態支持面對氣候變遷。部分小學校帶領這項行動，但許多知名學府——哈佛、耶魯和史丹佛——多年來拒絕撤資。在接下來的十年裡，許多化石燃料公司的股價暴跌。正如我們在本書前面提到的，所有大型美國煤炭公司都歷經破產，股東的投資化為烏有，甚至像是埃克森美孚（ExxonMobil）這樣的石油巨頭也在低油價中股價疲軟。大學基金會拒絕公開他們的投資組合，所以我們無法非常確定，但很有可能部分大型校務基金在化石能源的投資上蒙受損失。如果他們在二〇一二年就依照學生的要求進行撤資，他們就可以避免這些損失。到了二〇二〇年和二〇二一年，我們前面提到的那些學校終於很難堪地承諾會從化石燃料公司撤資。

別步上那些大學的後塵。將資金改投資在更環保的領域，不僅僅是因為這是件正確的事情，還因為持有化石燃料經濟體的任一資產都會對你的投資組合帶來波動的威脅。如果人類世界真的對解決氣候變遷的問題嚴肅以對，這代表石油公司將擁有數十億桶無法開採出的原油，煤炭公司則擁有數百萬噸無法挖掘燃燒的煤炭。

有個專業術語「擱置資產」（stranded assets）很適合這項情境；這些資產雖然現在有助於提高公司的股票估值，但從長遠來看（我們希望並期待）這些資產將變得毫無用處。在考慮你的資金配置時，將你的籌碼押在未來，而非過去。協助展開撤資運動的作家麥克基本（Bill

McKibben），為投資者提供一個簡單的經驗法則。

「如果破壞地球是錯誤的，」他在二〇一八年寫道，「那麼從破壞中獲利也是錯誤的。」[13]

CHAPTER

9

說「我願意」

Saying Yes

「如往常一樣，早早吃過早餐，六點鐘就準備出發，」名叫艾比（James Abbey）的男子在一八五〇年四月三十日早晨寫道，當時他的家人正在跋涉穿越現在稱為懷俄明州的地方。「今天天氣寒冷，風颳得很兇，幾乎無法站立，但孩子們說我們一定要去加州，所以不能因為風停下來，於是我們繼續前進。」[1]

艾比家族正在往西行，試圖在不過兩年前才被人發現的加州金礦區碰碰運氣。像他們這樣的移民，會帶著牛群和一列篷車穿越洛磯山脈，但發現只有一個地方適合通行。這個通道被稱為南部山口，位於懷俄明州南部，最高海拔約為七千五百英尺（約二二八六公尺）。這條路線比較平緩，馬車能夠相對輕鬆地行駛。在一八四〇年至一八六〇年間，多達五十萬名移民穿越這座山口，為這個持續擴張的美洲國家奪取大陸西部的土地。

當他們接近山口時，每個人都注意到懷俄明州南部是個風力強大的地方。「昨晚的風大到，讓人幾乎相信自己正身處強風中的大海，」艾比在上面那則日記後的一週寫道。[2]懷俄明州南部強風的起因，跟吸引移民穿越山口來到這裡的地理因素息息相關。南部山口是巍峨的洛磯山脈中一塊廣闊的低窪地帶，寬約二十五英里（約四十公里）。據說美洲原住民中的休休尼人（Shoshone）將這裡稱為「上帝用盡山脈的地方」。[3]

從地理角度來看，這個山脈的間隙與我們前面描述過的加州山口類似，但規模更大，因而有助於集中從西向東流動的風。在幾乎無樹的地形上，氣流遇到的阻力很小，使懷俄明州南部成為美國風力最強的地區之一，這個橫跨該州南部的遼闊地帶，如今被稱為「懷俄明風廊」（Wyoming Wind Corridor）。

十九世紀後期的懷俄明州移民在日記中也寫滿抱怨。冬天，風可以將積雪堆積到五十英呎高，殺死成群的牛羊，掩埋房屋。某些讀過一點地質知識的移民明白，這股猛烈的風會帶走表土，使懷俄明州變成一個不適合農耕的地方。通過一番艱難的嘗試與錯誤，他們發現這片土地最具經濟價值的用途是放牧牛羊，但草地如此稀疏，每頭牲畜需要靠大面積的土地飼養；而一個大型懷俄明州牧場的面積可以多達數千英畝。這個州的現代經濟是奠基在牧場經營、煤礦挖掘和石油天然氣的開採，此外旅遊業也有重大的貢獻。早期的移民用小風車抽水，但在該州的大部分歷史中，沒有人會把風想像成懷俄明州最有價值的資源之一。即便在今日，風也往往被認為是一種折磨。二〇一七年的某一天，位於科羅拉多州北部和懷俄明州南部的二十五號州際公路上，強風一共翻倒十四輛聯結車。必須封閉某段二十英里長的公路。

不久前，有位名叫米勒（Bill Miller）的人開著一輛小型卡車——一輛黑色皮卡，解釋他為什麼把懷俄明州的風看作是一種機遇，而非詛咒。他駕著車穿越牧場的泥土路，這個地方叫做「拓荒之路牛肉公司」（Overland Trail Cattle Company），是那種只有在美國西部才可能出現的大面積地產——五百平方英里（約一千二百九十五平方公里）的崎嶇牧場。碰巧的是，這個牧場位於山區巨大風口的正東方，使它恰好位於懷俄明州風廊的中心地帶。到了山頂，米勒下了車，風把他白色的頭髮和白色的山羊鬍吹得亂七八糟。米勒沿著地平線水平揮動手臂，俯瞰著牧場的浩瀚、崎嶇的山丘和延伸到視野盡頭的遼闊不毛山谷。當牛在遠處的風景中悠哉漫步時，他勾勒出未來的願景。因為「拓荒之路牛肉公司」在不久的將來就不再純粹只是一座懷俄明州的牧場。

米勒也不是一名純粹的牧場主人，即便他確實在管理著這個牧場。他同樣是名石油商人，還是美國億萬富翁、丹佛石油和房地產大亨安舒茲（Philip Anschutz）的得力助手。安舒茲家族的財富（其中一部分用於支持保守派理念）建立在自然資源上：土地、石油，以及可能很快加入的風電。在這座牧場上，安舒茲和米勒正計畫建造北美最大的風力發電廠，近千台風力機會捕捉從山區吹出的強烈陣風。他們希望藉由一條特殊的高壓電線，將電力穿越一片廣闊的沙漠，輸送到美國西部最大的電力市場，有著四千萬居民的加州。

就像他的老闆一樣，米勒在政治上偏右派。當他在牧場的泥土路上顛簸行駛時，特別強調他並不喜歡像「綠色新政」這樣的政府計畫，這是項通過大量聯邦支出來解決美國能源問題的提案。[4]「絕對不行，」在二〇一九年的某一天，米勒開著福特的「猛禽」（F-150 Raptor）穿越一百英里的泥土路時說。「我只是認為這做法沒有道理。但我的信念真的無關緊要。這個國家的決策者、選民和人民正在朝著潔淨能源的方向發展。如果我們想成為一間成功的天然資源企業，我們最好站出來幫助他們。」

米勒和安舒茲在大約十五年前就決定建造一座風力發電廠。然而，在我們完成這本書的時候，他們還未建造出一座風力機。這樣漫長的延宕某部分是因為《國家環境政策法》（National Environmental Policy Act）這部聯邦法律。這部法律之所以會影響他們，是因為安舒茲企業並不完全擁有他們經營的牧場；他們擁有大約一半的土地，而聯邦政府擁有剩下的部分。米勒就像美國西部的其他牧場主人一樣，租用在政府土地放牧的權利，因為這些政府土地與私人土地呈棋盤狀交錯。當你穿越牧場時，沒有任何標誌能告訴你是在私有土地還是政府土地上。但從法律角度來看，這差別很大。

當米勒首次提出風力發電廠的想法時，他知道他需要特別許可才能在聯邦土地上蓋東西。有人警告他，獲得必要的許可有可能需要五年時間。「你一定是瘋了。」他記得當時心想。他的樂觀心態錯得離譜；為了獲得能夠繼續建造電廠的多數許可證明和法律文件，他已經花了十二年的時間，而且還沒完成。

於一九六九年通過的《國家環境政策法》規定，如果聯邦政府要採取任何可能對環境帶來重大影響的行動，就必須對可能的後果進行研究，包括能減少環境破壞的方法。立法後的幾十年來，這條法律已成為新的大型基礎設施工程的巨大阻礙。這部最初作為環境保護措施而通過的法律，現在卻帶來反作用：它有時會阻止或拖慢潔淨能源計畫的進展，而這些計畫的目的正是為了拯救地球免受環境破壞。

在《國家環境政策法》實施的初期，分析報告的長度規定有時只有二十或三十頁長。如今，報告可能會上看數萬頁。為了遵守這部法律，以及多個聯邦機構為了遵守法律而提出的要求，人們可能需要聘請生物學家、工程師、水文學家、土壤科學家等眾多專業人士。這些工作大部分是防禦性的，因為對這項工程持任何反對理由的人，有能力也真的會提起訴訟來阻止工程進行。聯邦機構存放大量文件，為這些法律戰做好準備。興建懷俄明州風力發電廠需要耗費很大的心力，同樣地，為了要把電力傳輸到與加州相連的某個內華達州電力中樞，需要架設一段橫跨三個州、長達七百三十二英里（約一千一百七十八公里）的電力線路工程也非常費力。米勒估計，安舒茲企業光是為了準備堆疊成山的文件，並宣布自己可以開始建設等前置作業，就已花費接近兩億美元。而且，事情還沒有完全解決：在這本書付梓之際，用來保護艾草松雞的保育地役權，正在阻止工程所需部分電力線路的興建。這場爭議關乎占地一萬六千英畝（約六千四百七十五公頃）的牧場上的一片三十英畝（約十二公頃）土地的通行權，[5]但這就足以扼殺安舒茲公司的工程。

這樣長時間的延宕非常有害——不僅是浪費金錢，而且阻礙我們迅速展開能源轉型的需求。如果美國要實現《巴黎協定》的目標，就必須加快建設風電和太陽能電廠的速度，至少要比近年來達成的速度快三到四倍。所有的這些風電和太陽能，會需要使用比現有的網絡還密集的高效率電力線路在全國輸送電力。若按照原定計畫，我們得在不到三十年的時間內完成美國整體能源系統的整治。如果實現這一目標所需的每個重大工程都要被長達十年或十五年的文書作業給拖延，那麼這目標簡直不可能實現。

米勒已經開始為風力發電廠建設道路，但在他和加州或者可能是西南地區其他地方的電力買家簽訂協議之前，風力機可能不會開始安裝。但這些交易必須要等到他確認能合法建設時，才能談成。他仍然保持樂觀。

「我們不會失敗，」米勒一邊駕車穿越牧場一邊說。「困難的事情我們在今日完成；不可能的事情會花多一點的時間。」

遠大抱負

在這本書中，我們主張美國的許多氣候行動必須在州和地方層級進行。州政府掌握電網的權限，而地方政府則控制著土地分區規定的決策權，這規定會影響到新建築的密封程度。我們認為，在華府陷入僵局的時期（最近似乎經常出現這種情況），特別重要的是要繼續在地方和州層級努力。州政府通常被稱為民主的實驗室；它們比聯邦政府更接近人民，這代表公民可以用他們的聲音把氣候政策導往正確的方向。布朗寧（Adam Browning）曾是「力挺太陽能」這個倡議組織的負責人，他為他的員工訂出一條座右銘：「如果你的計畫牽涉到國會，那就是個糟糕的計畫。」

然而，雖然我們深信在地的行動至關重要，但我們也要表明立場：美國需要一部全國的《氣候法》。二〇〇九年，一個雄心勃勃的《氣候法案》因為參議院少幾張同意票而未能通過，這是個悲劇。自那時起，歷經三任總統，沒有任何同等規模的法案能有機會通過。拜登在二〇二一年底推動的措施無疑是朝正確方向邁出了一大步，但這項措施的影響範圍比不上二〇〇九年的那部失敗法案。只有國會才能解決某些問題。新電力線路的建設受到繁文縟節給束縛，但這些線路的搭建顯然符合國家利益——而只有國會才能解決這個問題。有人濫用聯邦環保法條來阻止對環境明顯有益的工程，國會也需要解決這個問題。

若要使地球免於氣候暖化所帶來最嚴重的破壞性影響，我們認為必須採取以下措施：美國各級政府必須在能源轉型方面加快行動，以滿足不斷升高的政治需求。在未來十年內，必須實施本書列出的政策，像是有企圖心的整治電網目標、更嚴格的建築法規以及針對鋼鐵和水泥等主要商品的「乾淨採購」政策。也需要強化其他既有的政策，例如我們在第二章提到州層級的潔淨電力標準。現在美國各地普遍都有的那些薄弱的保證和承諾，如新家電的「能源之星」（Energy Star）評等制度，需要轉變為強制性標準，以便將表現平庸的產品趕出市場。隨著這些政策的落實，美國碳排放的下降速度將開始加快。

我們認為其他國家在看到美國的大環境改變後，會做出反應並加快自己的能源轉型。其中一些國家在過去幾十年裡比美國更致力於解決這個問題，但美國的經濟規模遠大於倡議這些氣候議題的先行國家，如德國和英國。美國具有大規模的市場和生產能力，有助於創造出創新的能源和運輸系統。這並不代表美國可以獨力完成；我們需要德國的工程技術支援、英國的創意政策建議、中國的製造實力等。但是，我們認為全球的能源轉型無法達到必要的速度，除非美國全力投入。

大約有二十個國家排放的溫室氣體量占掉全球工廠、發電廠和排放的大部分。在這些國家加大力度將有助於帶動世界其他國家前進。在這二十個國家中，排放量最大的兩個是美國和中國，它們的經濟高度相互依存。儘管他們在人權、貿易和其他議題上存在分歧，但對地球的命運來說，有個關鍵是這兩個國家能否共同設定出排放目標，並在低碳技術發展上帶領世界。

印度是世界上人口第二多的國家，也已經是溫室氣體排放量的第三大國，儘管那裡仍有數千萬人無法使用電力。在南亞、非洲和拉丁美洲，近八億人仍生活在沒有電力的環境中，對於千百萬人而言，當地的電網也不可靠。解決這個問題已成為聯合國的官方目標，這代表著我們正處於一個轉捩點。這些貧窮國家完全有道德上的理由，採取西方國家曾經走過的高碳排途徑，燃燒大量煤炭和石油來推動經濟以擺脫貧困。西方承諾會協助他們找到另一種方法：跳過汙染階段，直接從能源短缺走向豐富的潔淨能源。

但只有先讓富裕國家大規模擴大全球所需的潔淨能源解方，這承諾才能奏效。記住學習曲線的神奇之處：對於一項新技術來說，重要的是達成規模化，而這需要在技術還不成熟時「多付點錢」。富裕國家可以承擔這麼做的代價；但貧窮國家無法。如果我們選擇這樣做，那麼今天看似太過昂貴的技術將在明天變得更便宜。我們在從福特的汽車流水線到電子產品的種種案例中都看到了這一點。在發電產業中，這個效應已在發生；太陽能和風電如今在很多地方已經成為最便宜的新能源，其影響力正滲透到世界上最貧窮的地區。印度人已經減少他們對燃煤電廠的計畫，轉而大力訂購新的太陽能發電廠。世界上某些最便宜的太陽能價格，就出現在印度興建中的大型建案中。印度還擁抱LED的照明革命，並將數十億顆燈泡推向市場，減少原先國家預期的電力需求增長量。[6] 雖然規模較小，但非洲也正在經歷潔淨能源革命：現在有數千萬人透過用小型太陽能板充電的簡單電池來點亮提燈而在夜晚擁有亮光。[7]

但正如我們之前討論過的，既存的創新還不夠。在重工業領域，如鋼鐵和水泥的生產，變革才剛開始。電動車的價格正在降低，但還沒有贏下市場。世界上大部分地區的建築標準仍然很可怕。糟糕的城市設計可能導致數十億人口居住在高碳排、仰賴汽車和不健康的城市。

美國在處理氣候問題的目標必須涵蓋三個面向：整治國內現有的汙染能源經濟、擴大新興潔淨技術的市場規模，使其在不久的將來能讓世界各地的人都能負擔得起、並在智慧設計方面引領潮流，為其他國家樹立榜樣。設定幾十年後才需要實現的減排目標，如許多政治人物和商界領袖一直在做的，是不夠的。現在，而不是以後，這個國家必須展開一個緊急計畫來減少自身的排放。因為如果我們不從現在開始，是不可能在二〇五〇年實現零排放的。

致力減少我們的碳排放無疑會是個偉大的國家計畫。我們知道這樣的計畫是可行的，因為美國曾經完成過類似的事情。在一九三〇年代，美國鄉村地區的人們幾乎沒有電力可用。農村家庭仍然用水桶提水，晚上燃燒煤油燈。在小羅斯福總統的領導下，這個國家展開一項為所有美國人提供電力的計畫。這項壯舉在十年內就大致完成，主要是透過提供聯邦貸款給農民合作社來完成。工程團隊在全國各地展開工作，為百萬農家接通電源。

一九五〇年代，這個國家又再一次展開一項更大規模的計畫。在二戰期間，艾森豪（Dwight Eisenhower）身為歐洲盟軍

圖十一　新建電廠的發電成本

這張圖表顯示了過去十年中，再生能源發電廠與傳統發電廠相比的能源成本相對變化。

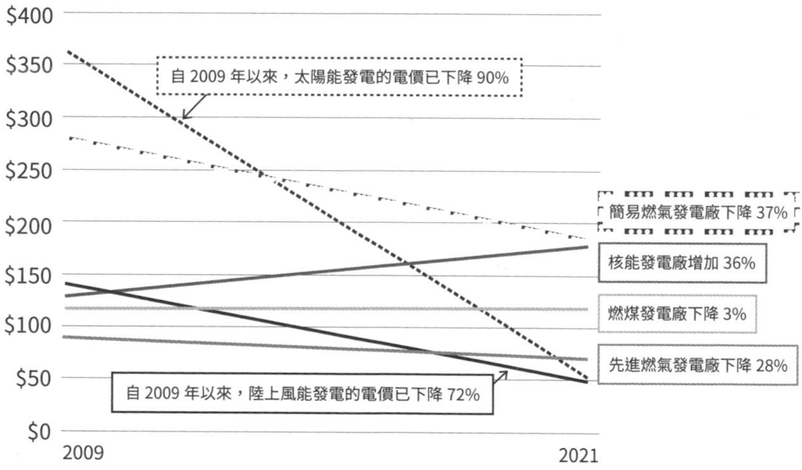

電價成本，以每兆瓦時美元計算。

的最高統帥，親眼見證並非常欽佩德國的高速公路，那些閃閃發光的新道路讓汽車可以快速行駛。身為總統，艾森豪開創州際公路系統的計畫，這是個總里程超過四萬英里（六萬四千四百公里）的高速公路系統，能夠暢行無阻橫跨美國。在最初的五年裡，這個系統的四分之一工程就已經完工。在本書之前的章節裡，我們討論到高速公路在破壞美國城市上扮演的角色，但無法否認的是，橫跨全國的超級高速公路是政治和工程的偉大成就。

遺憾的是，半個世紀以來，美國還沒有進行過與這些計畫規模相當的工程。若想要以應有的速度和規模解決氣候問題，美國需要做些什麼？

艱難的抉擇

你可能會認為金錢——也就是打開聯邦政府慷慨援助的水龍頭——將會是讓潔淨能源蓬勃發展的關鍵。這是拜登在他的總統任期初期推動大型法案的預設前提。但金錢只是解決方案的一部分，由國會撥款的大量聯邦資金必須明智地使用。過去一再出現，管理不嚴的慷慨聯邦計畫吸引到大批的詐欺藝術家。我們當然認為需要新的支出計畫，但這些計畫必須精心設計，並對納稅人稅金的使用實施嚴格的管控。

然而，金錢並不是唯一的問題。長久以來，人們就認為國家環境政策法案是個重大問題，這部法律曾阻礙懷俄明州的風電廠計畫。小布希、歐巴馬和川普的政府都曾試圖加速該法的實施並減少繁文縟節，但沒有哪位總統有單方面修改該法的權力。這是國會真正需要解決的問題。我們不認為解方會是降低或放棄強力的環境審查標準。我們反而設想要為環境審查設定嚴格的時間限制，並縮短對手提起訴訟的時間窗口，使所有合理的爭議能在兩到三年內得到解決。我們知道這種改革是可行的，因為其他國家已經立法加快他們的環境審查速度。

聯邦政府擁有全國約百分之二十八的土地，這些土地主要集中在西部。因此，在這些地區，再生能源項目往往會受到國家環境政策法案的制約。在東部，情況就不太一樣；東南部地區的私有土地上，規模合理的太陽能工程通常可以迅速展開。但即使在東部，政府的繁文縟節和法務困難也可能拖延工程的進展。反對者不願意看到風力機或太陽能發電廠，並利用每一個州或地方的規畫法地漏洞來對抗它們，這也是工程受阻的原因。在人口稠密的東北部土地上建立風電廠已變得極為困難——這是驅使這些州下訂大型離岸風電廠的因素之一。但即使是這些海上工程，也必須滿足漁業和船隻的相關利益。

我們想強調一件事：並非美國提出的每個再生能源項目都應該獲得批准。有些項目確實對特殊物種造成了威脅，比如沙漠陸龜或金雕。有些則是地點不對，批准它們將會破壞美景、降低文化地標的價值或破壞重要的野生動物通道。無一例外的是，再生能源的項目雖然比它們所取代的骯髒煤或燃氣電廠更環保，但它們通常會使用更大的土地面積，導致景觀被工業占據。

我們理解為什麼有人會反對，這些人的意見需要被聽到。但現實是，我們將不得不為國家利益做出許多艱難的決定。這些工程應該被引導到最合適的地點，但仍必須在某個地方蓋起來。

幸運的是，再生能源的發展在美國的各個地方都受到當地人的歡迎，尤其是北美大平原的幾個州，那裡強大的風力使風力機成為經濟效益的王者。在奧克拉荷馬州和堪薩斯州的一些郡，來自風力發電廠的稅收已經占了地方稅收的很大一部分，這些稅收有助於當地學童的教育發展。北卡羅萊納州的一些郡也從該州大規模的太陽能建設中獲得大量的稅收。許多家庭農場藉由與風電開發商簽訂租約，使農場營運變得更加穩健，而這些項目並未阻止農民種植作物。可惜的是許多風力蓬勃發展的州，卻位在美國人口較稀少的地區，因此需要將電力從這些地區運輸到大城市——這是能源轉型成功的關鍵問題之一；要傳輸電力，你需要電力線路，這又引出另一個棘手的問題。

在現在的美國，可能沒有比長途電纜還難建設的基礎設施。新的電纜在每個步驟都遭到激烈抵抗。受到附近土地的所有者抵抗，這不足為奇，因為電纜可能非常不美觀；但即使是遠離視線影響的各方人馬也會抵抗。州政府也會對電纜表示反對，尤其是當這些線路要穿越一個州，卻無法為當地帶來太多利益的時候。所有這些反對意見都可能使得電纜的建設陷入困境，無論它們有多麼必要；部分原因是因為監管州際電力貿易的聯邦機構聯邦能源監管委員會，沒有法定權力推翻州內眼光狹隘的觀點並批准對國家重要的線路。聯邦能源監管委員會可以對天然氣管道進行審核，但國會尚未授予其有同樣權力來審核電網。原則上，電力纜線可以像多數的石油管道一樣埋在地下，但這會使成本增加多達四倍，因此很難為地下電纜提供資金。

要使美國超過一半的電力來自再生能源，可能需要在全國各地新建大量高載流容量的電纜網絡。中國正在建設總長數千英里的電力纜線；而美國只有少數幾條。私人開發商曾試圖啟動這項偉大願景，但有些人已經因政治鬥爭而失敗。[8] 再次強調，只有國會有能力解決這個問題，它們需要很明白表示出現代化電網是國家重中之重的優先事項，並賦予聯邦機構權力和使命去實現目標。二〇二一年通過的一項法案可能有助於實現這個目標，但它被隱藏在一個支出法案中，我們懷疑最後仍可能需要更明顯的法律。也許可以向較不願改變的州提供一些利益，像是更便宜的電力，以換取這些州支持建設新的電纜。擁有所有風能的美國中部參議員應該帶頭努力達成這樣的協議：收割這些州的風能並將其出口到沿海城市，將數千億美元投入到急需就業和發展的農村地區。

美國國會最重要的工作就是設定明確的國家目標，即在本世紀中葉前將溫室氣體排放降至淨零。「淨零」（net zero）這個詞代表會留下一些多餘碳排的空間，例如來自飛機或水泥生產的碳排放，這些碳排放將完全被土地吸收或由其他吸收二氧化碳的項目所抵銷。但到二〇五〇年，碳排配額將變得非常稀少；實際上，淨零目標意味著電廠和工廠等主要排放源必須想辦法完全消除排放。

在發電方面，國會需要設定一個國家潔淨電力的標準，即隨著時間推移逐步降低碳排放的限額，直至電力系統在二〇三五年至二〇四〇年間達到零排放。美國約有百分之四十的電力來自低碳排的能源，包括水壩、核電廠以及風電和太陽能發電廠。供應剩下電量的煤炭和燃氣電廠需要被取代。在接下來的十年裡，我們必須做的主要事情是建立更多的再生能源電廠，主要是風電和太陽能電廠。在政治上，將目前的建設速度提高五倍是一個艱鉅的目標。但在物理和財政上，這種速度完全在國家的能力範圍之內。

要求採取行動

二〇二〇年拜登當選總統是美國氣候討論的一項里程碑。這是美國史上首次在總統選舉中出現對氣候危機的熱烈討論，而且當選者還提供將如何進行的詳細計畫。這是個鼓舞人心的發展，顯示氣候變遷已成為美國很大一部分選民關心的選舉議題。然而，拜登很快地在要讓他的計畫通過國會時便遇到政治困難；當本書付梓時，國會通過的法案比拜登在競選中承諾的要少得多。當然，我們希望拜登在氣候變遷的議題上能夠盡可能取得更多的成果。但是我們所有人需要完成的工作，並不會因為一部或幾部聯邦法律的立法就完成，也不會在一個或兩個總統任期內就完成。雖然國會終於決定傾全國之力解決汙染能源問題的態度會帶來巨大的好處，但大部分的瑣碎工作，仍牽涉到遠離華府的政策和立法者。

應對氣候危機需要兩種方向的策略：一方面是盡可能地推動我們既有的低碳排技術，盡可能快速地取代原本帶來碳排放的技術；另一方面是加速為我們的經濟體系中那些缺乏碳排解決方案的地方帶來創新。從這角度來看，這個策略似乎很容易達成；然而實情是，化石燃料產業和極右派人士的抵制，以及我們政治體系和經濟的慣性，使得這項策略的兩個方向都很難執行。

我們如何在這兩個方向上加快行動？我們知道很多人對美國政治的失能感到厭倦，但仍別無他法：答案在於更有效率的氣候變遷政治生態。看到人們（尤其是年輕人）在全球各地的街頭遊行，為我們這顆過熱星球的未來努力奮鬥，是很激勵人心的畫面。現在，我們認為這項社會運動需要在相關訴求上變得更加成熟，將政治力量集中在具體的目標上。呼籲政府採取的行動必須放在能推動特定政策變革、產生最大利益的地方。我們要再三強調這件事：將你的政治精力投入在那些能夠推動經濟體中碳排放最高的產業做出改變的相關決策。

在前面的八個章節裡，我們向你展示許多決定我們政治和經濟體系運作的隱藏控制桿，其中大部分是由政府控制。這代表我們所有人都需要在這個議題上催促我們的民意代表——不僅僅是國家級的政治人物，還有州級和地方的政治人物。對於含糊的競選口號，公民得要求他們提出具體計畫和明確時間表。

接下來，我們將回顧在各個經濟部門需要採取的一些措施，但這次將從一個新的角度來檢視：政治控制桿的角度。對於任一特定問題，小鎮或城市層級的公民行動如何有助於解決問題？郡級的行動和州級的行動又會如何？聯邦政府需要扮演什麼角色？如果聯邦政府拒絕涉入其中，州或市政府能找到解決方法嗎？

我們目前最立即的參與機會是整治電網。這項任務需要將四種既有技術（風力機、太陽能電池板、超大型電池和電力承載管理的數位化）的規模變得更大。這任務還包含讓老化的核電站維持運作，前提是這做法確認是安全無虞的。在十年或二十年內，我們需要維持許多既有燃氣電廠的運轉，但隨著再生能源取代掉它們的發電量，使用它們的程度會愈來愈少；我們需要現在就停止新燃氣電廠和管線的建設。請記住，美國的電網中已有大約百分之四十的電力是潔淨的。現有的再生能源技術可以使用合理的成本，將潔淨電力占電網的比例提升到七十或百分之八十。等我們到達那個程度時，我們就能創造出更多選擇，幫助我們走完剩下的路。

我們採用這些技術的速度，有很大的程度受到州政府的控制。主要的控制桿掌握我們在第二章提到的那些機構手中，也就是公用事業或公共服務委員會，它們定期會針對每個州的所有大型公用事業的計畫舉行聽證會。公民受邀參加這些會議並擁有發言的機會。但在許多州，實際參加的公民很少。真遺憾，因為公用事業委員會的委員告訴我們，當一般公民走向麥克風時，他們會仔細聽取意見。對於那些想為更好的氣候未來奮鬥的人來說，必須跟已經與公用事業委員會合作的倡議團體結盟，在所有的關鍵決策時刻都派人發言。這些委員會需要催促公用事業將使用潔淨能源的成本，與現有化石燃料發電廠的運行成本或建造新電廠的成本進行比較。幸運的是，現在這項任務變得容易許多，因為潔淨能源已成為滿足電力需求最經濟實惠的方案之一。

州級立法機構會給這些委員會初步指示，這代表潔淨能源計畫還需要成為州議會選舉的討論議題。如果你所在的州尚未設定出到二〇五〇年前要達成的能源經濟整治目標，請開始寫信或打電話給你的議員，要求他們這樣做。

儘管我們能加速再生能源的發展，但要達成零碳放的電力轉型可能需要現在尚不存在的新能源來源，而這些能源開始大規模應用的時間點可能會落在二〇四〇年代。這些新的來源可能包括地熱電廠，如果能擁有可以挖更深的新型鑽探方法，地熱電廠就可以在任何地方建設；以及比運轉中的核電廠更便宜、更安全、建設速度更快的新型核電廠。能捕捉二氧化碳並將其封存在地下的電廠也是一種可能發展。另一個讓人興奮的選項是將潔淨電力轉換為氫氣並儲存起來，方便之後再轉換回電力使用。這些選項目前在經濟上都沒有意義，但通過嚴謹的研究和開發，有些選項在未來可能會變得有經濟價值。這些創新計畫的資助絕大部分是聯邦政府的職責，而二〇二一年國會通過的相關措施只是一個開始，但各州可以在實際執行層面提供幫助。

尤其是他們應該找出可能適合地熱開發的地點，並對地下二氧化碳封存的潛在地點進行地質研究。

由於要達成再生能源開發的目標規模，會需要大量的土地，我們必須針對在生態保護區域的開發進行規畫。州長可以協助展開州內計畫的謹慎審查，目的是找出適合能源開發的區域，同時將其他區域畫為不適合的地段。也需要盡早與當地社區接觸，並強調他們的學校和其他地方服務可能獲得的稅收收入。隨著化石燃料電廠陸續被關閉，失去工作機會和稅收的城鎮需要獲得特別幫助，並應被列為再生能源新開發案的優先名單。我們認為國會需要為依賴化石燃料的社區制定出全國的補償計畫，但在此之前，州長和立法機構可以為他們做很多事來追求公平。

讓電力系統加速步上潔淨的未來是最迫切的、但並非唯一的政治目標。正如我們在第三章中所概述的，地方建築法規是決定我們的新住宅和新辦公室將成為氣候負擔還是氣候資產的關鍵因素。在某些州，建築法規是州政府的責任，因此加強法規必須成為州級公民運動的政治目標。但在美國的大部分地區並非如此；大多數地方機構能決定在他們境內適用哪些法規。我們要再三強調，這是很大的公民參與機會。如果當地建築的法規需要更新，只要有一群充滿熱情且理解情況的公民連續參加幾次市或郡委員會的會議，很可能就能完成這項任務。地方的建商可能會反抗；多數建商反對要他們現在花一美元，去讓屋主以後可以省下五十美元。但一些

「綠色建商」已經與公民團體結盟，成為關鍵的聲音。作為政治目標的最低標準，人們需要要求地方更新建築法規，以符合國際建築法規委員會的最新原型規範。然而，如果你所在城鎮的眼光更前瞻，則要求他們採用標準更嚴格的「超前規範」或「擴展規範」。

你可能還記得我們在第三章中討論過，在需要盡早淘汰建築所使用的天然氣。更新當地的建築法規可能是實現這項目標的重要契機；即使法規並未完全禁止天然氣，也可以通過規定鼓勵建築全面電氣化，並阻止天然氣管道的安裝。另一個相關的政治目標是鎖定天然氣公司為了讓房地產開發商在新房中安裝天然氣設備而支付的補貼——實際上，這是種合法化的賄賂，旨在讓天然氣繼續被使用幾十年。這些計畫通常由州公共事業委員會負責管控。我們需要停止這計畫，這麼一來會讓建商的經濟利益傾向於建築全面電氣化。

另一個在政治上比較棘手的一系列目標，是關注現有建築的能源使用狀況。就能源浪費而言，幾十年前的建築比近二十年來的建築問題要大得多。在第三章中，我們以消防規範作為歷史案例和榜樣，來說明我們現在需要做什麼：市政府不僅要在建築建造時執行消防規範，還會定期巡查大型建築以確保其符合這些規範。全國每個市政府的心態都需要轉變，將能源浪費視為和無法撲滅的火災危險同等嚴重的問題。

最一開始，城市應要求記錄並向市政府報告建築的能源使用情況，並公開商辦和工業建築的數據。在這條法律通過後的幾年內，規定需要變得更加嚴格：市政府應要求每棟建築的能源使用量每年降低百分之五左右，並對未能達到目標的建築業主罰款。這個提議聽起來可能很激進，但包括紐約和華盛頓特區在內的幾座城市已經實施這一政策；這一趨勢需要在全國各處推廣。許多城市可能會猶豫是否要將這項規定實施在住宅或小型公寓，因此何不先從大型建築開始實行，等問題釐清之後然後再繼續推動，這樣的安排會合理許多。這項政策的實施，能夠打擊全國普遍存在的那些暖氣和空調系統設計和運作不當的現象。隨著每年的規定愈來愈嚴格，屋主別無選擇，只能調整系統以符合標準。

在美國的許多地區，尋覓新家的人在考量候選物件時，對於該物件的能源使用情況的關注遠遠不足。這在某種程度上是可以理解的：因為除了少數幾個地方，房地產經紀人一直抵制向潛在買家揭露電費的訴求。這太瘋狂了！每個市政府都需要實施相關規定，要求在房地產的名單和銷售合約中，揭露最基本的公用事業費用。在理想的情況下，國會應該通過有關能源用量揭露的全國標準來解決這個問題，但在國會採取行動之前，各州和地方需要繼續推動。在美國，數以百萬計的建築需要進行翻新，包括在牆壁中加裝更好的絕緣材料、用發泡填縫劑堵住縫隙、以及更新家電。提供現金補助或租稅抵免的全國翻新計畫，會是個理想做法。在二〇二一年通過的基礎設施法案中，國會為這類計畫投入約五十億美元，但國家還需要投入更多資金，而且各州需要積極推動這個議題。

公用事業公司已為安裝新家電的客戶提供折扣；而這些計畫需要擴大執行並變得更嚴格。

例如，只有在客戶安裝最高效率等級的設備時，才應提供折扣，通常指的是像能回應電網訊號的熱泵。燃氣設備應不再符合折扣資格。事實上，燃氣和低效率的電器都應該徵收附加稅，用這筆錢來降低最高效率家電的零售成本。這可能需要在州層級進行，但地方政府需要在創新方面努力，使熱泵成為市場標準，盡可能快速地實現這一目標。

正如你記得我們在第四章提到，美國有三個州宣布要在二〇三五年前禁止銷售燃油汽車的目標，他們是仿效幾個設定類似目標的歐洲國家。需要有人催促其他州的州長去效仿他們的榜樣。與此同時，各個州和城市需要更加努力安裝充電站，以應對愈來愈多的電動車上路。一個可能的做法是命令當地的公用事業公司完成這項工作，並向其用戶收費；這就是科羅拉多州在二〇一九年的做法。車商之所以擁抱電動車的一個原因是，在十五個州內，他們面臨著日益嚴格的碳排放法律限制。如果你所在的州還沒有加入該聯盟，那麼有個很好的政治目標就是推動你的議員加入。在地方層級，也需要有人催促市政府和學校停止購買汽油車和柴油公車作為公務車，並盡快改用電動車。

我們在第五章中描述到新城市主義的諸多目標也需要公民行動參與。新冠疫情讓我們明白一件重要的事情：人們更喜歡那些不完全為汽車服務的街道。把餐廳的範圍擴展到停車格，就立刻讓數十名市民而非只有一位休旅車駕駛人受益。小型公園讓孩子消耗多餘的精力，爸爸媽媽也能在此交朋友。畫設自行車的專用道，讓騎自行車的人感到更安全。農夫市集如雨後春筍般出現，還有小型圖書館、自行車停車場，和更為寧靜、更具人文氣息的街道生活。我們必須鞏固這項成果，並主張城市的公共空間應該不只為一種需求服務。公民還必須支持在市區實行塞車費。

升級美國公共運輸系統的新投資至關重要。二〇二一年，國會撥款拯救那些因為新冠疫情而陷入財政黑洞的大眾運輸系統，但還需要進一步的投資來升級系統。拜登總統正在推動這項想法，但如果聯邦政府無法解決問題，各個州和城市必須承擔起這一責任。其中一種方式是通過新的地方稅收，比如半美分的銷售稅來資助公共運輸的建設計畫。洛杉磯等城市已開始這麼做，手段從稅收收入到銷售債券，讓他們能夠推動數千億美元的工程。然而，市政府及其市民需要認真思考，閃亮的新火車或有軌電車是否是這筆錢的最佳用途。我們之前介紹過的高科技公車系統，也就是快捷巴士系統，在許多地方會是新資金投入的更佳選擇。當新的交通稅收等措施開始納入考量或舉行公投時，關注氣候變遷的選民需要組織起來支持這些措施。

或許對城市來說，最難解決的問題會是大幅減少或終結都市規畫裡的獨棟住宅分區。這種都市規畫在美國導致都會區擴張，以及汽車運輸所產生的高碳排放。在禁止提高城市密度的地方，根本不可能減少或消滅都市生活裡的汽車。其中一個解決方案是修改分區規範，使「就地開發」的建案變得可行，獨棟住宅也逐漸增加「奶奶房」，或被雙聯住宅、三聯住宅或小型公寓給取代。此舉對於遏止困擾許多大城市的房價暴漲現象也非常關鍵。

離重工業達成認真脫碳的地步還需要幾年的時間；我們甚至還不清楚最重要的技術解方是什麼。正如我們在第七章中討論到的，目前已經出現一些可能選項，而這些選項也為綠色公民開啟另一系列的政治目標。目前最關鍵的一步是向市場發出訊號：如果一間公司開發出一種低碳排的替代品，能夠取代高碳排的工業產品，該公司需要知道它能找到買家。最主要的做法是加州和其他少數幾個州於近年來採用的「乾淨採購」法案。基本上，就是一個州利用自己的採購能力來推動市場偏好更潔淨的產品。這些做法的目標是將這些更環保的工業產品推上學習曲線，使它們隨著時間推移變得更便宜，最終征服市場。聯邦政府已決定效仿加州的做法；若加入的州愈多，事情的進展速度就愈快。

為了修復我們與土地的關係，公民可以用錢包裡的錢投票。正如我們在第六章中討論到的，我們鼓勵吃肉的人在飲食中減少肉類的攝取，並嘗試新的肉類替代品。如果你要購買木製或紙類產品（無論是為自己還是為公司），請尋找獲得「森林管理委員會」（Forest Stewardship Council）認證的產品，這是一個企圖監督熱帶森林破壞的可靠組織。聯邦政府需要在邊境展開更有企圖心的計畫，阻止非法木材輸入國內，不過我們認為州政府也需要參與其中。作為前導計畫，我們希望看到部分的州開始對在州內出售的木材產品進行基因測試，最大的目的是阻止熱帶硬木的銷售。

正如這份不完全的清單所示，公民在氣候議題上進行政治參與的機會很多，其中一些機會就近在市政廳。當然，不能期望單一公民為清單上的每一項事物發聲；這會是一份全職工作的責任。但我們相信，每個綠色公民都有能力做出貢獻——當然投票是一種手段，但還可以通過寫信或打電話、出席聽證會發表意見、或者當所在地區提出再生能源計畫時表達「支持」而非「反對」。

然而，即便你願意做上述的事情，有個真正的問題也將浮上檯面。如果我們知道這將是一場漫長的奮鬥，如果我們正在努力實現一個遙遠的目標，但我們之中有許多人可能無法親眼看到那一天的到來，那麼我們如何保持戰鬥的士氣呢？

「修復這世界」

在波托馬克河上游的河岸附近，在迷人的西維吉尼亞州小鎮謝波茲敦裡，有座漂亮的長老教會教堂。這座以紅磚打造的教堂建於一八三六年，其風格簡潔、優雅，多年來已發展成州內最多旅客前往的教堂之一。它與當地的穆斯林團體共融、與城裡的其他教堂相處友好，並歡迎同性戀的教友。教會的成員還關心他們對地球的影響，以及如何減輕這些影響。

教區內的納森和瑪麗·安·希特（Nathan and Mary Anne Hitt）夫婦，他們有個漂亮女兒叫海瑟（Hazel）。希特夫婦可以說是環保界的神鵰俠侶。綽號叫做「森」（Than）的希特博士，是美國政府研究部門的一名漁業生物學家。而瑪麗·安多年以來一直在為塞拉俱樂部運作全國性的倡議活動，最近她加入了一個名為「氣候使命」（Climate Imperative）的新基金會。[9]

當希特夫婦搬到這個小鎮並加入長老教會時，教會內部已經有個想法。這座老教堂是座歷史建築，但教會恰好在附近新建一棟附屬建築。是否可以把太陽能板覆蓋在那棟建築的屋頂上？關於森·希特如何幫助教會完成這項工作的故事曲折而漫長，但在二〇一四年終於完工時，謝波茲敦的教堂在整個地區內成為新聞焦點。當熱情洋溢的群眾為西維吉尼亞州（曾經受煤炭統治一個世紀的州）最大的社區太陽能工程舉行奉獻儀式時，教堂的牧師特朗巴（Randy Tremba）表達出教友們的心情。

「地球及其奇妙的生命之網顯然不是我們所創造的，」他堅定地說，「我們知道這是一份禮物，或者我們應該知道。我們的任務是歌頌它，拍下它的奇觀，並以最大的感激和尊重對待它。它是神聖的。我們踏出的每一步都走在神聖的土地上。」

在新聞機構採訪希特博士時，他不只分享親身的案例，還提供更深遠的觀點。他認為，對於氣候危機的全國討論往往聽起來太過客觀——實際上少了些什麼。在他看來，冷冰冰的科學事實並不一定足夠促使人們採取行動；實際上，正是因為事實如此恐怖，反而可能使人們無法行動。

「科學至關重要，但它不足以成事，」希特先生在一次訪談中談及，「科學就像指南針。

它可以告訴我們哪裡是北方，但它無法知道我們是否想去北方。這就是人類的道德觀念發揮功用的地方。」[10]

儘管美國許多福音派教會有極端保守的傾向，基督教仍在這個國家孕育出自己的環保運動分支，有時以「關愛受造世界」（creation care）的名義運作。數千間的教會已開始實施環保的計畫或採取行動，並且有數百個教會安裝太陽能電池板或幫助他們的教友學習如何節約能源。當希特夫婦在自己房子的屋頂上安裝太陽能板時，謝波茲敦的六個鄰居也一起這麼做。這項工程的意義，最終擴展到謝波茲敦之外。這場剪綵儀式是「呼喊太陽」（Solar Holler）公司的創始點，這間公司後來成為阿帕拉契地區的主要太陽能開發商，在整個西維吉尼亞州總共提供數十個的工作機會。

在西維吉尼亞州這次剪綵的一年後、在氣候危機中最重大的時刻之一：教宗方濟各（Pope Francis）發表一份直接討論氣候威脅的有力通諭，這是天主教會第一次這樣做。教宗宣布地球「在向我們哭訴，因為我們使用和濫用上帝賦予她的恩賜，來對她造成傷害」[11]。

「每個世代的人類都有責任照顧未來世代的利益」，這個古老的觀念在世界上許多宗教中都存在。然而，你不需要是一個教徒才能獲得這種感觸。有時候，當我們聽到經濟學家激烈爭辯，是否值得為了避免氣候危機的最壞狀況多花或少花幾美元的時候，我們會感到不耐煩。工程師對於哪種電廠比較好的意見相左而引起的爭吵也讓我們覺得冷漠。這並不是說這些爭論毫無意義，但在某種程度上它們確實沒有抓到重點。氣候變遷不僅僅是個迫在眉睫的實體緊急狀況。也是一個道德上的緊急狀況。

最初挖掘煤、石油和天然氣的人並不瞭解潛在的後果。即便是在二十世紀中葉人類大量增加使用這些燃料的時候、一九五〇年代首次測量到大氣中的二氧化碳含量上升時，人們也還不知道。但現在我們知道了。我們之中的科學家已對我們所遭遇的風險發出如雷貫耳的警告。就像亞當和夏娃在伊甸園裡一樣，我們品嘗了禁果：我們因知識而遭受詛咒。

繼續放肆地使用這些燃料，但放棄讓我們擺脫對它們的依賴，就代表我們把未來世代可能無法解決的一個難題強加在他們身上。今天出生的孩子，完全有機會親眼見證這一切的惡果。我們可能讓他們陷入的命運是，一個因為數以億計的難民想逃離升高的氣溫和上升的海平面而四分五裂的世界。我們可能會讓世界上的大城市淹沒。我們在讓大部分的人類文化遺產陷入危機。我們無權破壞未來世代的星球。對我們來說，這代表著這本書中所描述的環境整治工作，不僅只是攸關明智或理性與否；而且是一項職責。

有個宗教特別針對未來道路的思考方式，提供一個有益的思考框架。猶太傳統中深植著一種人類的責任感「תיקון עולם」，這句希伯來語轉寫成英文寫作「*tikkun olam*」，意指修復世界的責任。這種責任感囑咐猶太人不僅要關心自己，還要關心整個社會。為了追求「*tikkun olam*」，世世代代都有偉大的慈善和博愛行為。其中最著名的是在一九六〇年代，年輕的猶太人冒著風險在種族隔離的南方遊行，支持非裔美國人爭取民權；有些人再也沒能回家。集結許多道德教誨篇章的《先賢之信》（*Pirkei Avot*）中有一段內容，直接觸動我們的心靈，讓我們深思未來。「讓世界變完美的工作並非你的責任，」文中引述拉比塔豐（Rabbi Tarfon）的話，「但你不能放棄努力。」

最近，一位我們非常敬佩的記者，《洛杉磯時報》（*Los Angeles Times*）的羅斯（Sammy Roth）引用了這段話，試圖用來安慰那些被野火和讓人窒息的煙霧等氣候造成的災難所侵襲的加州人。[12]羅斯寫道：「當我感到對氣候議題絕望時（我猜很多人也有同感），這其實是源於我覺得自己無能為力，或者我做得不夠。但現實是，我只是個人類。我能要求自己做的事情是有限的。並不會因為我不是無所不能，就代表著我無能為力。」

我們這些公民才剛剛意識到，只要團結起來，我們就有能力推動政治和經濟的變革。我們一直都擁有這種能力，但我們花了一段時間才理解氣候問題、掌握我們能夠並且必須做的事情，以及理解其急迫性。

現在，隨著事實愈來愈清楚，我們每個人都有工作要做。

謝辭

這本書濃縮了數百人的想法。當我們努力思考公民可以怎麼應對可能摧毀地球的碳排放時，他們一直是我們的指路人、繆思和支持者。《大修復》更像是他們的作品，而不是我們的，儘管這部作品中的錯誤和遺漏都是我們犯下的。

一些重要的支持者不僅在道義上，還在經濟上支持我們。矽谷創投家杜爾（John Doerr）及其妻子安（Ann），為我們提供了一筆早期資金，來啟動這個計畫。哈爾在舊金山經營的「能源創新」（Energy Innovation）分析工作室，獲得一群捐款人的支持，這些捐款人選擇將他們的資金投入於嘗試解決世界上最難的問題之中。我們特別感謝多爾夫婦，以及多年來一直支持「能源創新」的其他捐款人。

在嘗試理解學習曲線以及這概念在現代能源技術發展中所起到的關鍵作用時，和世界上某些最厲害的學者討論該主題的過程讓我們受益匪淺。普林斯頓大學的威廉斯是能源技術學習曲線研究最早期和最有聲量擁護者，他幾十年來一直是哈爾的顧問。我們特別感謝牛津大學新經濟思維研究所的法默，以及該研究所的兩位年輕學者拉方德（François Lafond）和韋伊（Rupert

Way）。感謝牛津馬丁學院的慷慨支持和偉大的經濟學家赫普本（Cameron Hepburn）的親切指導，讓賈斯汀能夠在二〇一八年的米迦勒節期間在牛津度過；我們感謝慈善家馬丁（Lillian Martin）對訪問者計畫的持續熱情和支持。赫普本博士、貝因霍克（Eric Beinhocker）、艾倫（Myles Allen）、皮埃雷胡伯特（Raymond Pierrehumbert）以及牛津大學的其他人提供很有幫助的討論內容。我們感謝岡恩西和萊茵集團的慷慨安排，讓我們參觀他們位於英國的離岸風電廠。在羅徹斯特理工學院，希廷格（Eric Hittinger）和威廉思（Eric Williams）在技術學習率方面進行重要的研究，他們慷慨地接受我們的採訪。威斯康辛大學的內梅特（Greg Nemet）幫助我們瞭解太陽能電池板是如何在學習曲線上取得特別大的進步。

在思考電網問題時，我們很大程度上參考能源創新團隊的成果，該團隊專注於解決這個問題。奧維斯（Robbie Orvis）、吉蒙（Eric Gimon）和奧博伊爾（Michael O'Boyle）是美國最瞭解如何整治電網的專家之三。阿加瓦爾（Sonia Aggarwal）是該團隊的領導者，在這本書寫作的前期對我們有很大影響，後來她在白宮找到一份工作。我們還從普林斯頓大學的詹金斯（Jesse Jenkins）和「靈動潔淨能源公司」（Vibrant Clean Energy）的克雷克（Christopher Clack）這兩位尋找未來電網模型的聰明學者的成果中受益良多。我們與「電網實驗室」（GridLab）的奧康奈爾（Ric O'Connell）和麥克內爾（Taylor McNair）的討論也很有幫助。我們參考了法德克（Amol Phadke）、伍利（David Wooley）以及加州大學柏克萊分校的高曼公共政策學院的同仁們所發布的《二〇三五年報告》（*2035: The Report*）的成果，這是一份有遠見的報告，聚焦在如何整治電網和交通系統。科羅拉多州眾議院前議長斯普拉德利很慷慨抽出時間，幫助我們理解科羅拉多州選民為了通過潔淨能源規範的奮鬥過程。考克斯（Craig Cox）也慷慨地分享他的回憶和記錄，幫助我們重構那些事件，還有貝克（Matt Baker）也接受關於那個時代的幾次訪談。我們感謝愛荷華州的奧斯特伯格、加州的雷德和明尼蘇達州的諾貝爾（Michael Noble），接受關於如何在全國通過類似規範的採訪。曾在「擔憂的科學家聯合會」工作多年的諾吉（Alan Nogee）也協助我們瞭解這段歷史。我們感謝福克以及卓越能源公司的團隊與我們討論潔淨能源計畫，並感謝馬洪妮（Colleen Mahoney）在公用事業公司為我們敞開大門。波特蘭通用電氣公司的工作人員花了數小時幫助我們瞭解他們在「需求－回應」面向的努力；特別感謝科森（Steven Corson）、羅伯特森（Dave Robertson）、西姆斯（Brett Sims）、貝克達爾（Larry Bekkedahl）、基林（Josh Keeling）、普拉特（Andrea Platt）和布里森（Rebecca Brisson）。布拉妥顧問公司的赫萊迪克（Ryan Hledik）幫助我們瞭解該團隊對「需求－回應」機制在全國有多大潛力的研究。波梅蘭茲（David Pomerantz）和他的單位能源和政策研究所——是公用事業行業的重要監察機構，他們向我們介紹俄亥俄州和伊利諾州的腐敗醜聞，以及公用事業如何為州政治帶來不好影響的這個更為廣泛的議題。沃辛頓（Bryony Worthington）是上議院的議員，也是英國最有聲量的環保倡導者之一，她幫助我們瞭解英國的氣候政治。作為有遠見的前任加州州長布朗，分享他早期在替代能源方面的各種努力。除了這些專家之外，我們還受益於且受到幾百位致力於公用事業管理改革倡議者的啟發。他們的工作非常重要。

對於有關建築以及如何修復它們的討論，我們特別感謝 HVAC 2.0 的亞當斯，他與合作夥伴一起嘗試在全國各地號召暖氣和空調的承包商參與減排工作。亞當斯在推特有個著名身分「房子耳語者奈特」（Nate the House Whisperer）。我們感謝亞當斯的客戶普歇爾夫婦，允許我們訪問他們，並在書中重建他們在俄亥俄州房子的經歷。關於建物性能標準的討論，我們感謝「市場轉型研究所」（Institute for Market Transformation）的馬傑希克（Cliff Majersik），有關原型建築法規的奇妙政治現象的討論，我們感謝「能源效率法規聯盟」（Energy-Efficient Codes Coalition）的費伊（Bill Fay）。在新建築研究所，迪諾拉（Ralph DiNola）、切斯拉克（Kim Cheslak）、埃德爾森（Jim Edelson）、米勒（Alexi Miller）等人讓我們瞭解他們對於美國如何建造出適合二十一世紀的建築的思考。洛磯山研究中心的科維戴（Jacob Corvidae）也分享他在這方面的想法。瓊林（Duane Jonlin）好心地向我們介紹他在西雅圖的工作，以及他對優質建築的全國倡議活動。凱塞曼幫助我們瞭解建造更環保的家要面臨的經濟現實。「家電標準意識計畫」（Appliance Standards Awareness Project）的員工給予我們很大的幫助，尤其是執行董事德拉斯基（Andrew deLaski）。我們感謝勞倫斯柏克萊國家實驗室的邁爾幫助我們瞭解他在整治全球變壓器的成果。我們感謝「潔淨能源奏效」（Clean Energy Works）的洪爾（Holmes

Hummel）就「邊省邊償還」的概念與我們進行討論。

國際清潔交通委員會對大眾運輸系統的開創性研究非常關鍵。感謝多年來科達克（Drew Kodjak）及其團隊與我們進行有助益的討論。國際清潔交通委員會的傑門（John German）接受了我們的採訪，我們也參考他對二〇一八年款Camry的升級分析。我們感謝充滿活力的克萊曼斯－柯普姊妹倆，羅莎和艾莉諾，與我們分享她們推動馬里蘭州蒙哥馬利郡學校董事會採用電動巴士和實施其他氣候措施的成果。我們親愛的朋友布爾凱特幫助我們瞭解她在對以色列總理梅爾在「贖罪日戰爭」期間的心理狀態的報導。尼爾德是為電動車的專家，也是《能源轉型秀》這個出色播客的主持人，他幫助我們理解許多充電基礎設施的相關問題。

瑞典最優秀的交通經濟學家、世界上最重要的城市主義思想家之一的埃利亞松，慷慨地撥冗幫助我們瞭解斯德哥爾摩的塞車費及其誕生的原因。我們感謝坦尚尼亞三蘭市，非常有進取心的道森（Nuzulack Dausen）代表我們進行訪問，並感謝他的受訪者：赫曼、盧卡塔瑞等人。布爾根（Alix Burgun）在巴黎為我們執行類似的工作，幫助我們瞭解減少該市車流量的城市改革計畫。感謝哈達德（Brent Haddad）與我們討論溫哥華城市修復的歷史。

康乃狄克大學的恰茲東幫助我們瞭解熱帶森林和土地利用方面的許多問題。「強大地球」（Mighty Earth）的霍羅維茲（Glenn Hurowitz）和「地球創新研究所」（Earth Innovation Institute）的內普斯塔（Dan Nepstad）接受我們的採訪，也一直以來是我們在拯救森林方面的嚮導。偉大的生物學家和保育學家洛維喬伊（Tom Lovejoy）多年來幫助我們瞭解熱帶森林面臨的風險，可惜他在二〇二一年底過世，正當這本書完成之際，世界失去了一位巨人。

在思考工業排放及如何解決排放的過程中，我們深入參考「能源創新」的里斯曼（Jeffrey Rissman）的成果，他已成為分析這個問題的國家領導者。我們還要感謝「氣候工程」（ClimateWorks）的戴爾（Rebecca Dell），她接受我們的採訪，幫助我們理解她關於工業碳排放的傑出深入報告。感謝當時在伊瑞茲鋼鐵廠（Evraaz Steel）的沃爾德隆（Patrick Waldron）為我們敞開大門，讓我們參觀該公司位於培布羅的大型鋼鐵廠。科羅拉多州州長波利斯（Jared Polis）多次接受我們的採訪，討論他對該州潔淨能源經濟的願景，包括他對太陽能電廠的支持，這將有助於整治鋼鐵廠相關的電力排放。感謝尤伊（Ellen Yui）和舒勒（Tom Schuler）帶我們參觀並在固化技術公司接受採訪，這是一家位於新澤西公司，將低排放水泥帶入市場。自然資源保護委員會的傑克森（Alex Jackson）分享他對工業排放的看法。

在華府的核能研究所，我們要感謝沃爾德（Matthew Wald）和勒夫（Mary Love）為我們敞開大門，以及科特克（John Kotek）和尼科爾（Marc Nichol）慷慨接受採訪。我們要感謝現在在普林斯頓大學任教的葛利格，他幫助我們瞭解在昆士蘭州夭折的「零世代」計畫。我們感謝Fervo 能源的拉蒂默（Tim Latimer）與我們探討地熱能源的未來，並祝他在將公司的首個計畫投入商業營運方面取得最好的成果。我們要感謝猶他大學的默爾（Joseph Moore）及其同事帶我們參觀由聯邦資助的猶他州地熱研究站，並在那裡進行有益的討論。

來自安舒茲公司的米勒對美國的能源格局有著非常寬廣的觀點。他在接受我們多次採訪以及安排我們參觀預計成為全國最大風力發電廠所在地的懷俄明州「拓荒之路牛肉公司」時，都非常慷慨地撥出時間。我們感謝多年來在「力挺太陽能」工作的布朗寧，與我們進行有益的討論，並提出他簡潔明瞭的座右銘：「如果你的計畫牽涉到國會，那就是個糟糕的計畫。」我們感謝希特夫婦重述太陽能如何進入西維吉尼亞州的一個小鎮，更重要的是，他們對於解決氣候變遷的道德觀念提出他們的廣泛觀點。我們感謝《洛杉磯時報》的羅斯撰寫的文章，引導我們找到塔豐的名言，以及他在該報紙上對氣候和能源的一流報導。

對於省略來自世界各地的三百多位接受我們採訪，但最終未被引用在書稿中的人物姓名，我們非常遺憾。由於篇幅限制而不得不將他們排除在外令人覺得痛苦，因為他們每一位都影響我們的思考。如果你是曾與我們對話過的眾多人士之一，即使你的名字沒有出現在書中，我們希望你能在書中找到你的想法。

我們兩人都已經六十歲出頭，這代表我們的這一生都在與同事和朋友討論關於科學在社會中的角色。如果沒有這些私人經歷，我們根本無法寫成這本書。多年來，我們的朋友們不斷磨練我們的智慧，使我們成為更好的思考者。我們專業的同事和對談人也是如此，他們常常在截稿死線和其他緊急情況的壓力下完成這些工作。

二〇一〇年，《紐約時報》讓賈斯汀有機會接手報導氣候新聞，接替偉大的記者瑞夫金（Andy Revkin）。這項任務讓他得以瞭解氣候變化背後的科學知識和相關政策問題。我們感謝參與該報導的《紐約時報》編輯們，他們的努力使報導更上一層樓：克拉蒙（Glenn Kramon）、古德（Erica Goode）、基南（Sandy Keenan）、布萊恩（Adam Bryant）、達格（Celia Dugger）、喬丹諾（Mary Ann Giordano）、普爾迪（Matt Purdy）、凱勒（Bill Keller）、阿布拉姆森（Jill Abramson）、巴奎特（Dean Baquet）等人。斯特勞奇（Barbara Strauch）在二〇一一至二〇一五年間擔任《紐約時報》科學線的編輯，對我們的報導產生深遠的影響；不幸的是，她在二〇一五年因乳腺癌去世。

賈斯汀感謝幾位終身摯友，他們在人生旅途中持續保持對話與提供指引。哈佛大學的舒拉格（Dan Schrag）激發賈斯汀從報導生物學轉向報導氣候變遷，多年來他很慷慨分享他對氣候科學和政策的博學知識。另一位記者，托勒夫森（Jeff Tollefson），幫助賈斯汀磨練關於如何報導這個主題的許多初期想法。馮・德雷爾（David Von Drehle）、斯列文（Peter Slevin）、布爾凱特、昆茲（Phil Kuntz）、桑塔格（Deborah Sontag）、加德納（Marianne Gardner）、芬尼（Michael Finney）、阿翁（Gypsy Achong）、克羅克特（Paul Crockett）、普里斯特利（Thomas Priestly）、拉古納（Leonard Laguna）、惠特爾（Ross Whittier）、約翰斯頓（Nicholas Johnston）、厄文（Neil Irwin）、戈登伯格（Steve Goldenberg）、麥卡錫（Ellen McCarthy）、布里南（Fran Brennan）、普萊斯（Scott Price）、莫里斯（Randall Morris）、里斯（Chuck Reece）以及李（Tom Lee）也已成為賈斯汀幾十年來的知識嚮導。莫里斯是喬治亞州的一位農民；他可能不完全同意我們在關於食物和土地的章節中所說的一切，但他確實幫助我們瞭解食物生產的真實困難。歐利里（John O'Leary）、史奈達克（David Snydacker）、皮爾斯（Zach Pierce）和諾里斯（Tyler Norris）是直接參與能源轉型的新朋友，他們的建議已經變得不可或缺。現在在美國海軍陸戰隊服役的普萊斯（Jack Price）已經成長為一個人所能遇到最聰明的對話者之一。

賈斯汀還要感謝那些在他環遊全國撰寫這本書時，容忍他沙發衝浪的朋友們。喬治亞州斯塔瑟姆市的大衛和貝尼塔．尼爾森（David and Benita Nelson）以及新澤西州倫姆森市的昆茨和帕倫特（Patti Kohaut Parent）敞開了他們的家和心扉；昆茨的兒子連恩（Liam）和麥克多納（McDonagh）友善地容忍一個入侵者闖進他們的房子好幾個月。然而，沒有比舊金山的芬尼博士和阿翁博士一家更熱情的人了；他們和他們的孩子賈桂琳（Jacqueline）和伊萊．芬尼（Eli Finney）不僅在計畫開始時讓賈斯汀住在他們的地下室，最終還不得不在全球疫情期間收留他。

對於有關氣候變遷及其解決方案，在寫作前期協助想法成形的討論，哈爾要感謝亞當斯（Ruth Adams）、卡瓦納（Ralph Cavanagh）、戈登伯格（José Goldemberg）、海耶斯（Denis Hayes）、希珀（Frank von Hippel）、霍爾德倫（John Holdren）和雷迪（Amulya Reddy）以及許多其他指導和影響他思考的人。

將這本書編撰起來需要一整個團隊。如果施羅德（Tom Shroder）不是全美國最好的自由書籍編輯，我們不知道誰有可能是。邁爾斯（Amanda Myers）和希爾博格（Mark Silberg）在查核書稿、追蹤線索和安排訪談上有許多重大的成果。這兩個人的能力遠超過這份工作的要求，而後續的發展也證明這一點：邁爾斯加入了一家名為「編織電網」（WeaveGrid）的新創公司，該公司正在將交通電氣化推向新的方向；希爾博格最近成為科羅拉多州州長波利斯的首席氣候顧問。我們感謝洛磯山研究中心的科特霍斯特（Jules Kortenhorst）和古西奧尼（Leia Guccione）在我們最需要希爾博格時把他出借給我們，同時感謝洛文斯（Amory Lovins）和整個洛磯山研究中心團隊在能源轉型方面多年來的出色表現。

我們的經紀人，位於華盛頓特區的羅斯·尤恩經紀公司（Ross Yoon Agency）的尤恩（Howard Yoon），既是一位嚴格的編輯，也是聰明點子的靈感泉源；如果沒有他的努力，這本書將無法存在，我們非常感謝他。

「能源創新」很幸運擁有能夠應付眾多零碎事件的支援團隊。我們要特別感謝費爾南德斯（Christina Fernandes）、羅培茲（Clarissa Lopez）和史騰（Giselle Stern）在簽訂合約、支付帳單、安排旅行以及許多方面的努力；他們的一項不小的成就就是將整座研究圖書館運送到全國各地。

我們必須感謝美國最好的出版社——西蒙與舒斯特（Simon & Schuster）把這本書從一個想法變成現實。卡普（Jonathan Karp）是美國最偉大的編輯之一，始終敏銳地捕捉時代精神；他意識需要一本這種書籍的時機可能到來，並於二〇一七年找上我們徵求書籍提案。潘頓（Priscilla Painton）引領這個計畫圓滿落幕，我們的編輯霍根（Megan Hogan）在修訂書稿的表現有著超越她年齡的技巧和智慧。我們感謝那些眼尖的校對和編輯人員，他們捕捉到大大小小的許多錯誤：樋口（Kathryn Higuchi）、威勒特（Rick Willett）和紐菲爾德（Anthony Newfeld）；以及編輯索引的紐曼（Charles Newman）。我們感謝這本書的設計師喀布爾（Kyle Kabel），他把敏銳的時尚風格貫徹在本書中。

這本書耗費我們大量的私人時間。哈爾要感謝希瑟（Heather）和他的孩子傑瑞米（Jeremy）、瑪麗亞（Mariah）和西雅（Thea），他們不僅在道德上給予哈爾啟發，也在實際上容忍他長時間的缺席和旅行安排，以及他對氣候問題的執著。賈斯汀感謝他的兄弟傑森（Jason Gillis）和傑森的家人——喬迪（Jody）；麗茲（Liz）和海登（Hayden）；艾希利（Ashlee）和泰勒（Taylor）；以及阿萊克西斯（Alexis）、傑（Jay）、艾弗里（Avery）和阿馮利亞（Avonlea），他們容忍一位近年來探望次數太少、停留時間太短的叔叔。傑森以建造符合高環保標準的房屋維生；如果讀者在我們關於建築的章節中找到一些常識，他很可能是參考來源。

我們很幸運，我們的母親都還健在，並且能夠親手拿到這本書。我們感謝康妮・哈維

（Connie Harvey）和瑞塔・赫恩頓・弗里桑喬（Reta Herndon Frisancho）給予的愛、耐心、智慧——以及讓我們每個人都走上有意義的人生道路。

康妮窮其一生一直是一名野生環境的出色擁護者，對此，我們倆都感激不盡。

注釋

序章

1 Tahir Husain, *Kuwaiti Oil Fires: Regional Environmental Perspectives,* 1st edition (Oxford: Pergamon, 1995), 67.

2 關於這場火災所燃燒的石油量，有各式各樣的估計，但我們認為最可靠的研究中，將這個數字定為每天四百萬桶，相當於當今全球化石燃料使用量的略低於百分之二。See Husain, 83.

第一章：學習曲線

1 "Offshore Wind Outlook 2019: World Energy Outlook Special Report" (International Energy Agency, 2019), 98.

2 John Aldersey-Williams, Ian D. Broadbent, and Peter A. Strachan, "Better Estimates of LCOE from Audited Accounts—A New Methodology with Examples from United Kingdom Offshore Wind and CCGT," Energy Policy 128 (May 2019): 25-35, https://doi.org/10.1016/j.enpol.2018.12.044. Historic UK wholesale electricity market prices compiled from Elexon and National Grid by the Institution of Civil Engineers, April 2017.

3 Malte Jansen et al., "Offshore Wind Competitiveness in Mature Markets Without Subsidy," *Nature Energy* 5, no. 8 (August 2020): 614-22, https://doi.org/10/1038.s41560-202-0661-2.

4 Tifenn Brandily, "1H 2021 LCOE Update," *Bloomberg New Energy Finance,* June 23, 2021.

5 "Energy Savings Forecast of Solid-State Lighting in General Illumination Applications" (U.S. Department of Energy Office of Energy Efficiency and Renewable Energy, December 2019), 17, https://www.energy.gov/sites/prod/files/2019/12/f69/2019_ssl-energy-savings-forecast.pdf.

6 "UK Wind Energy Database (UKWED)," *RenewableUK,* accessed August 31, 2021, https:// www.renewableuk.com/page/UKWEDhome/Wind-Energy-Statistics.htm.

7 Julian Garnsey, project director, RWE Renewables, personal interview, July 2019.

8 "The Offshore Array," *Triton Knoll,* accessed August 31, 2021, https://www.tritonknoll.co.uk/about-triton-knoll/the-offshore-array/.

9 "Vestas Launches the V236-15.0 MW to Set New Industry Benchmark and Take Next Step Towards Leadership in Offshore Wind," *Vestas Company News,* February 10, 2021, https://www.vestas.com/en/media/company news.

10 Jon Chesto, "R.I.P., Cape Wind,"*Boston Globe,* accessed September 10, 2021.

11 T. P. Wright, *Articles and Addresses of Theodore P. Wright,* vol. 2 (Buffalo, N.Y.: Cornell Aeronautical Laboratory, Inc., 1961), 32.

12 T. P. Wright, *Articles and Addresses of Theodore P. Wright,* vol. 3 (Buffalo, N.Y.: Cornell Aeronautical Laboratory, Inc., 1961), 50.

13 T. P. Wright, "Factors Affecting the Cost of Airplanes," *Journal of the Aeronautical Sciences* 3, no. 4 (February 1936): 122-28, https://doi.org/10.2514/8.155.

14 Chris Brancaccio, "Encyclopedia," Model T Ford Club of America, accessed September 16, 2021, https://www.mtfca.com/encyclo/.

15 The Reminiscences of Mr. W. C. Klann, September 1955, Benson Ford Research Center, https://cdm15889.contentdm.oclc.org/digital/collection/p15889coll2/id/7804. 在福特的回憶錄裡，一名福特公司的工程師克朗（Klann）描述到啟發流水線概念的芝加哥之行。福特在他一九二二年的自傳中也提到了同樣的觀點：「這個想法大致來自於芝加哥屠宰場在宰牛過程中使用的高架滑車系統。」See Henry Ford, *My Life and Work: An Autobiography of Henry Ford* (United

States: Greenbook Publications, 2010), 55.

16 T. P. Wright, *Articles and Addresses of Theodore P. Wright*, vol. 2 (Buffalo, N.Y.: Cornell Aeronautical Laboratory, Inc., 1961), 34.

17 "B-17 Production and Construction Analysis" (Air Materiel Command, May 29, 1946).

18 See, for instance: François Lafond, Diana Seave Greenwald, and J. Doyne Farmer, "Can Stimulating Demand Drive Costs Down? World War II as a Natural Experiment," *SSRN Electronic Journal* 2020, https://doi.org/10.2139/ssrn.3519913.

19 J. Doyne Farmer, director of complexity economics at the Institute for New Economic Thinking at the Oxford Martin School, University of Oxford, personal interview, November 2018.

20 See the comparison between Wright's Law and Moore's Law in Béla Nagy et al., "Statistical Basis for Predicting Technological Progress," *PLOS ONE 8,* no. 2 (February 28, 2013): e52669, https://doi.org/10.1371/journal.pone.0052669.

21 Bruce D. Henderson, *Henderson on Corporate Strategy* (Cambridge, Mass: Abt Books, 1979), 12, 14, 18; Carl W. Stern, George Stalk, and Boston Consulting Group, eds., Perspectives on Strategy: From the Boston Consulting Group (New York: J. Wiley, 1998), 18, 22. 漢德森（Bruce D. Henderson）和他在波士頓諮詢公司（Boston Consulting Group）的同事試圖將經驗曲線應用到多個業務策略領域。

22 這基本上就是福特汽車的遭遇。當通用汽車在二十世紀中期在斯隆（Alfred P. Sloan）的領導下將優越的汽車推向市場時，T型車的銷量開始下滑。福特再也無法享受過去帶給他呼風喚雨能力的成本下降現象，到最後，他甚至在這款車上虧損。T型車是他的重大成功，但因為他太喜愛它而堅持得太久。福特汽車將汽車工業的領導地位丟給了通用汽車，並且再也未能奪回。See: William J. Abernathy and Kenneth Wayne, "Limits of the Learning Curve," *Harvard Business Review* (September 1, 1974), https://hbr.org/1974/09/ limits-of-the-learning-curve.

23 Peter Asmus, *Reaping the Wind: How Mechanical Wizards, Visionaries, and Profiteers Helped Shape Our Energy Future* (Washington, D.C: Island Press, 2001), 111-114; Robert W. Righter, Wind Energy in America: A History (Norman, Okla: University of Oklahoma Press, 1996), 87-90; Steven Lech, "Back in the Day: Wind Machine Predated Iconic Desert Turbines," *Press-Enterprise* (Riverside, Calif.), April 12, 2015; Nicole C. Brambila, "Harnessing Local Wind for Energy Not a

New Idea," Desert Sun, May 17, 2009; David S. Smith, "Pass Area Seen Ideal for Wind Energy Study," *Desert Sun,* June 16, 1976, https://www.newspapers.com/image/747668634/; Ralph Hinman, "Saga of the 'Wind Machine Man," *Press-Telegram* (Long Beach, Calif.), January 13, 1974, https://www.newspapers.com/image/706705859/.

24 雖然風力供電器在一九二〇年代已是一種蓬勃發展的商品，但這個概念最早可以追溯到十九世紀，當時已經建造出許多原型。請參閱賴特（Robert W. Righter）書的前幾章，*Wind Energy in America: A History* (Norman, Okla: University of Oklahoma Press, 1996).

25 Christopher H. Sterling and John M. Kittross, *Stay Tuned: A History of American Broadcasting,* 3rd ed., LEA's Communication Series (Mahwah, NJ: Lawrence Erlbaum Associates, 2002).

26 Ronald R. Kline, *Consumers in the Country: Technology and Social Change in Rural America, Revisiting Rural America* (Baltimore, Md.: Johns Hopkins University Press, 2000).

27 與普遍印象相反的是，在美國，電力供應仍然不是一個完全解決的問題。在納瓦霍印第安保留區，有三分之一的家庭，即一．五萬個家庭，仍然沒有電力供應。目前志工正在努力，讓將這些家庭連接到電網。

28 Palmer Cosslett Putnam, *Power from the Wind* (New York: Van Nostrand Reinhold, 1974), xi.

29 Wilson Clark, *Energy for Survival: The Alternative to Extinction, 1st edition* (Garden City, NY: Anchor Press, 1974).

30 羅伊可後來對取這個綽號感到後悔，並請求他的讀者停止使用它。See Mike Royko, "Time to Eclipse 'Moonbeam' Label," *Chicago Tribune,* September 4, 1991.

31 關於這個時代的歷史：see chapter 10 of Robert W. Righter, *Wind Energy in America: A History* (Norman, Okla: University of Oklahoma Press, 1996).

32 Arnulf Grubler, "The Costs of the French Nuclear Scale-Up: A Case of Negative Learning by Doing," *Energy Policy 38,* no. 9 (September 2010): 5174-88, https://doi.org/10.1016/j.enpol.2010.05.003.

33 三片扇葉的葉輪是美國最好的風力發電機製造商雅各風能公司（Jacobs Wind Electric Company）的標準設計。馬可思・雅各（Marcellus Jacobs）和喬・雅各（Joe Jacobs）嘗試過兩片扇葉的設計，但發現三片扇葉能將振動降到最低。Robert W. Righter, *Wind Energy in America: A History* (Norman, Okla: University of Oklahoma Press, 1996), 90-99.

34 多年後，由於與此無關的原因，Tvind 的高層因逃稅和其他罪行遭到丹麥政府起訴，有些人在本書付梓時仍是在逃犯。

35 Paul Gipe, *Wind Energy Comes of Age,* Wiley Series in Sustainable Design (New York: Wiley, 1995), 58.

36 "The Nobel Prize in Physics 1921," NobelPrize.org, accessed August 31, 2021, https://www.nobelprize.org/prizes/physics/1921/summary/.

37 Elbert Hubbard and Felix Shay, "The Open Road Afoot with the Fra—Thomas A. Edison," in *The Fra: A Journal of Affirmation 5*, no. 1 (East Aurora, N.Y.: Roycrofters, 1910): 1-8, https://digital.library.villanova.edu/Item/vudl:87792.

38 "Magic Plates Tap Sun for Power," *Popular Science Monthly,* June 1931, 41.

39 Gregory F. Nemet, *How Solar Energy Became Cheap: A Model for Low-Carbon Innovation* (London: Routledge/Taylor & Francis Group, 2019), 59.

40 "Vast Power of the Sun Is Tapped by Battery Using Sand Ingredient," *New York Times*, April 26, 1954.

41 Gregory F. Nemet, *How Solar Energy Became Cheap: A Model for Low-Carbon Innovation* (London: Routledge/ Taylor & Francis Group, 2019), chaps. 5, 9, 10.

42 Philip Shabecoff, "Global Warming Has Begun, Expert Tells Senate," *New York Times, June* 24, 1988, sec. U.S., https://www.nytimes.com/1988/06/24/us/global-warming-has-begun-expert-tells-senate.html.

43 Robert H. Williams and Greg Terzian, "A Benefit/Cost Analysis for Accelerated Development of Photovoltaic Technology," *PU/CEES Report* No. 281, Center for Energy and Environmental Studies, Princeton University, October 1993.

44 "The Big Ask: How You Helped Make Climate Change History," Friends of the Earth, accessed September 16, 2021, https://friendsoftheearth.uk/climate/big-ask-how-you-helped-make-climate-change-history.

45 "The Big Ask | KOKO London," accessed September 30, 2021, http://koko.uk.com/listings/big-ask-01-05-2006.

46 Guardian Staff, "Full Text: David Cameron's Speech to the Conservative Conference 2005," Guardian, October 4, 2005.

47 Committee on Climate Change, *building a Low-Carbon Economy: The UK's Contribution to Tackling Climate Change: The Report of the Committee on Climate Change,* December 2008 (London: TSO, 2008), 173.

48 說實話，在政治家們最終支持離岸風電之前，他們的立場反反覆覆。See Michael Grubb and David Newbery, "UK Electricity Market Reform and the Energy Transition: Emerging Lessons," *Energy Journal* 39, no. 1 (September 1, 2018), https://doi.org/10.5547/01956574.39.6.mgru.

49 在本書中，當我們提供排放數據時，我們通常只提供二氧化碳的數據，這是最重要的溫室氣體，並且在大氣中有非常長的壽命。其他數據來源通常將二氧化碳與其他溫室氣體結合，給出「二氧化碳等量」的數據，因此你在本書中看到的數據可能與這些的其他出版品略有不同。第二重要的溫室氣體是甲烷，它的大氣壽命比二氧化碳短得多。我們在與土地利用和食品生產相關的第六章中處理甲烷問題。

第二章：電力開關

1 Lola Spradley, personal interview, June 2, 2019.

2 David Osterberg, personal interview, September 18, 2021.

3 若想得到更詳盡的經濟原理解釋，可參見：Nancy A. Rader and Richard B. Norgaard, "Efficiency and Sustainability in Restructured Electricity Markets: The Renewables Portfolio Standard," *Electricity Journal* 9, no. 6 (July 1996): 37-49, https://doi.org/10.1016/S1040-6190(96)80262-4.

4 "Colorado Renewable Energy Requirement," Pub. L. No. Initiative 37 (2004), http://www.leg.state.co.us/lcs/ballothistory.nsf/835d2ada8de735e787256ffe0074333d/c29f58efb1bdce268725702000731ec7?OpenDocument.

5 "Official Publication of the Abstract of Votes Cast for the 2003 Coordinated, 2004 Primary, 2004 General" (Colorado Secretary of State, 2004), 140, https://www.sos.state.co.us/pubs/elections/Results/Abstract/pdf/2000-2099/2004AbstractBook.pdf.

6 Galen Barbose, "U.S. Renewables Portfolio Standards, 2021 Status Update: Early Release" (Lawrence Berkeley National Laboratory, February 2021), https://eta-publications.lbl.gov/sites/default/files/rps_status_update-2021_early_release.pdf.

7 Martin Junginger et al., “Onshore Wind Energy,” in Technological Learning in the Transition to a Low-Carbon Energy System (Amsterdam: Elsevier, 2020), 87-102, https://doi.org/10.1016/B978-0-12-818762-3.00006-6.

8 Eric Gimon et al., “The Coal Cost Crossover: Economic Viability of Existing Coal Compared to New Local Wind and Solar Resources” (Energy Innovation and Vibrant Clean Energy, March 2019), https://energyinnovation.org/wp-content/uploads/2019/04/Coal-Cost-Crossover_Energy-Innovation_VCE_FINAL2.pdf.

9 洛磯山研究中心的一項分析發現，到二〇三〇年，農村社區可能從風電和太陽能計畫中獲得超過六百億美元的年收入，與前三大農業商品（玉米、黃豆和牛肉）的預期收入相當。即使在今天，太陽能和風電的年收入也幾乎與黃豆作物收入相當。See Katie Siegner, Kevin Brehm, and Mark Dyson. “Seeds of Opportunity: How Rural America Is Reaping Economic Development Benefits from the Growth of Renewables.” Rocky Mountain Institute, 2021. http://www.rmi.org/insight/seeds-of-opportunity.

10 Justin Gillis and Nadja Popovich, “In Trump Country, Renewable Energy Is Thriving,” *New York Times,* June 7, 2017, sec. Climate, https://www.nytimes.com/2017/06/06/climate/renewable-energy-push-is-strongest-in-the-reddest-states.html.

11 Atse Louwen and Wilfried van Sark, “Photovoltaic Solar Energy,” in *Technological Learning in the Transition to a Low-Carbon Energy System* (Elsevier, 2020), 65-86, https://doi.org/10.1016/B978-0-12-818762-3.00005-4.

12 這段文字的作者羅伯茲也許是美國最能清晰地闡述我們必須做什麼才能擺脫氣候問題的作家。他已經開始在www.volts.wtf上發布自己的電子報，我們也推薦讀者這份電子報。這段引言來自：“Utilities for Dummies: How They Work and Why That Needs to Change.” *Grist,* May 21, 2013. https://grist.org/climate-energy/utilities-for-dummies-how-they-work-and-why-that-needs-to-change/.

13 被剝奪電力的人數預估來自國際能源署：*World Energy Outlook* 2020, 40.

14 Karn Vohra et al., “Global Mortality from Outdoor Fine Particle Pollution Generated by Fossil Fuel Combustion: Results from GEOS-Chem,” *Environmental Research* 195 (April 2021): 110754, https://doi.org/10.1016/j.envres.2021.110754.

15 Paul Denholm, Yinong Sun, and Trieu Mai., “An Introduction to Grid Services: Concepts, Technical Requirements, and Provision from Wind” (National Renewable Energy Laboratory, 2019), https://www.nrel.gov/docs/fy19osti/72578.pdf.

16 關於工廠關閉的數據，是根據塞拉俱樂部所統整的商業數據庫：shared in correspondence with the authors, September 27, 2021.

17 卡內基梅隆大學的研究人員發現，即使甲烷的洩漏率高達百分之五，燃氣電廠在一百年的時間裡相對於燃煤電廠也具有更好的氣候效益。在二十年內，天然氣發電廠若有百分之四的洩漏率，其對氣候的影響與燃煤電廠相近，但「不會比煤炭更糟糕」。而在美國，整個天然氣系統的洩露率不太可能超過百分之四。See DeVynne Farquharson, Paulina Jaramillo, Greg Schivley, Kelly Klima, Derrick Carlson, and Constantine Samaras, "Beyond Global Warming Potential: A Comparative Application of Climate Impact Metrics for the Life Cycle Assessment of Coal and Natural Gas Based Electricity: Beyond Global Warming Potential." *Journal of Industrial Ecology* 21, no. 4 (August 2017): 857-73.

18 Form EIA-860 Data, U.S. Energy Information Administration, 2020, https://www.eia.gov/electricity/data/eia860/.

19 Ryan Hledik et al., "The National Potential for Load Flexibility: Value and Market Potential Through 2030" (The Brattle Group, June 2019).

20 Trieu Mai et al., "Renewable Electricity Futures Study," (Golden, CO: National Renewable Energy Laboratory, 2012).

21 二〇二〇年，來自加州大學柏克萊分校高曼公共政策學院的一組研究人員及其合作者發現，到二〇三五年，美國可以在不增加消費者負擔並且不使用新的化石燃料電廠的前提下，實現全國百分之九十的電力無碳排。See: Amol Phadke, Umed Paliwal, Nikit Abhyandkar, Taylor McNair, Ben Paulos, David Wooley, and Ric O'Connell. "The 2035 Report: Plummeting Solar, Wind, and Battery Costs Can Accelerate Our Clean Energy Future." Goldman School of Public Policy, GridLab, PaulosAnalysis, June 2020, http://www.2035report.com/.

22 這次聽證會的公民證詞可參考：Harriet S. Weisenthal, "Proceeding No. 16A-0396E Public Comment Hearing," Public Utilities Commission of the State of Colorado (Denver, 2018).

23 "2020 Sustainability Report" (Xcel Energy, June 7, 2021), https://s25.q4cdn.com/680186029/files/doc_downloads/irw/Sustainability/2020-Sustainability-Report-Full.pdf.

24 洛磯山研究中心的「能源轉型中心」針對公用事業在清潔能源的的承諾與控制全球暖化在攝氏一．五度以內的排放途徑（這是《巴黎協定》的目標）進行初步的數據比較。分析發現，在二〇二〇年至二〇三〇年間，假設卓越能源公司實現其宣稱的目標，其排放量將比所需的排放途徑低百分之三・二。在 utilitytransitionhub.rmi.org 上可以找到全美各地公用事業所承諾的數據。

25 Claire Thompson, "Meet the Woman Who Shut own Chicago's Dirty Coal Plants," *Grist*, April 15, 2013, https://grist.org/climate-energy/interview-wkimberly-wasserman-nieto-goldman-prize-winner/.

26 Ibid.

第三章：我們生活與工作的地方

1 "Hurricane Andrew | Flashback Miami," Miami Herald Photos & Archives, August 23, 2016, https://flashbackmiami.com/2016/08/23/hurricane-andrew/.

2 Don Van Natta, Jr, "Comfort Inn Hero: Fast-Thinking Clerk," *Miami Herald*, August 25, 1992, 4A, https://www.newspapers.com/image/637540434.

3 Ed Rappaport, "Hurricane Andrew Preliminary Report," National Hurricane Center, December 10, 1993, https://www.nhc.noaa.gov/1992andrew.html; Stanley K. Smith and Christopher McCarty, "Demographic Effects of Natural Disasters: A Case Study of Hurricane Andrew," *Demography* 33, no. 2 (May 1996): 265-75.

4 關於這些主張的文件證明，可參閱《邁阿密先驅報》在安德魯颶風後刊登的特別報導版面："What Went Wrong," Miami Herald, December 20, 1992, sec. Special Report.

5 Lynne McChristian, "Hurricane Andrew and Insurance: The Enduring Impact of an Historic Storm" (Tampa, Fla: Insurance Information Institute, August 2012), https://www.iii.org/sites/default/files/paper_HurricaneAndrew_final.pdf.

6 "2010 Florida Test Protocols for High Velocity Hurricane Zones" (International Code Council, October 2011), Preface, https://codes.iccsafe.org/content/ FLTEST2010/preface.

7 "Inventory of U.S. Green- house Gas Emissions and Sinks: 1990-2019" (United States Environmental Protection Agency,

2021), ES-13.

8 Miranda Green and Sammy Roth, "They Fought for Clean Air. They Didn't Know They Were Part of a Gas Industry Campaign," *Los Angeles Times,* August 16, 2021, https://www.latimes.com/business/story/2021-08-16/clean-air-gas-trucks-la-long-beach-ports.

9 Nate Adams, personal interview, April 2021.

10 Claire McKenna, Amar Shah, and Leah Louis-Prescott, "The New Economics of Electrifying Buildings" (RMI, 2020), https://rmi.org/download/26837/.

11 Appliance Standards Awareness Project, in correspondence with the authors, October 2021.

12 Dr. Alan Meier, personal interview, August 31, 2021.

13 "The Nobel Prize in Physics 2014," NobelPrize.org, accessed September 29, 2021, https://www.nobelprize.org/prizes/physics/2014/press-release/.

14 Brian F. Gerke, "Light-Emitting Diode Lighting Products," in *Technological Learning in the Transition to a Low- Carbon Energy System* (Elsevier, 2020), 233-56, https://doi.org/10.1016/B978-0-12-818762-3.00013-3.

15 See Erica Myers, Steven Puller, and Jeremy West, "Effects of Mandatory Energy Efficiency Disclosure in Housing Markets" (Cambridge, MA: National Bureau of Economic Research, November 2019), https://doi.org/10.3386/w26436.

第四章：受制於油桶

1 "The President's Daily Brief" (Central Intelligence Agency, October 5, 1973), 3.

2 "The President's Daily Brief" (Central Intelligence Agency, October 6, 1973), 3.

3 Elinor Burkett, *Golda,* 1st edition (New York: Harper, 2008), 324.

4 Linda W. Qaimmaqami, Adam M. Howard, and Edward C. Keefer, eds., "President's Meeting with His Foreign Intelligence

Advisory Board" (United States Government Printing Office, June 5, 1970), 80, National Archives, Nixon Presidential Materials, NSC Files, Box 276, Agency Files, President's Foreign Intelligence Advisory Board, Vol. IV, https://2001-2009.state.gov/documents/organization/113361.pdf.

5 Meg Jacobs, *Panic at the Pump: The Energy Crisis and the Transformation of American Politics in the 1970s,* 1st edition (New York: Hill and Wang, a division of Farrar, Straus and Giroux, 2016), 37.

6 Joseph Mann, "A Reassessment of the 1967 Arab Oil Embargo," *Israel Affairs* 19, no. 4 (October 2013): 693-703, https://doi.org/10.1080/13537121.2013.829611.

7 Jacobs, *Panic at the Pump,* 59, 65, 79.

8 Ibid., 95.

9 Louise Cook, "Gas Line Violence: Weekends Are Worst," *The Central New Jersey Home News,* February 21, 1974.

10 Louise Cook, "Gas Shortage Stirs Violence at Stations," *Casa Grande Dispatch,* February 20, 1974.

11 Alan Quale, "Fuel Shortage Brings Changes: Long Lines, Frayed Tempers and Fights," *The Times* (San Mateo, California), February 16, 1974, 15-R.

12 Jacobs, *Panic at the Pump,* 93.

13 研究人員已確定，要將全球暖化限制在攝氏一．五度內，需要禁止開採已知油田儲量的百分之五十八、天然氣儲量的百分之五十九以及煤炭儲量的百分之八十九。Dan Welsby et al., "Unextractable Fossil Fuels in a 1.5°C World," *Nature* 597, no. 7875 (September 9, 2021): 230-34, https://doi.org/10.1038/s41586-021-03821-8.

14 "Vision 2050: A Strategy to Decarbonize the Global Transport Sector by Mid-Century" (International Council on Clean Transportation, 2020), 11.

15 R. P. Siegel, "The Infinitely Expandable Resource," *Mechanical Engineering Magazine,* August 2020, 48.

16 "The 2020 EPA Automotive Trends Report" (United States Environmental Protection Agency, January 2021), 29, https://nepis.epa.gov/Exe/ZyPDF.cgi?Dockey=P1010U68.pdf.

17 John German, "How Things Work: OMEGA Modeling Case Study Based on the 2018 Toyota Camry" (International

Council on Clean Transportation, February 27, 2018), https://theicct.org/sites/default/files/publications/Camry_OMEGA_Working Paper_20180227.pdf.

18 Kevin A. Wilson, "Worth the Watt: A Brief History of the Electric Car, 1830 to Present." *Car and Driver,* March 15, 2018, https://www.caranddriver.com/features/g15378765/ worth-the-watt-a-brief-history-of-the-electric-car-1830-to-present.

19 Jon Henley and Elisabeth Ulven, "Norway and the a-ha Moment That Made Electric Cars the Answer," *Guardian,* April 19, 2020, sec. Environment, https://www.theguardian.com/environment/2020/apr/19/norway-and-the-a-ha-moment-that-made-electric-cars-the-answer.

20 這個引文來自馬斯克部落格的貼文：The Secret Tesla Motors Master Plan (just between you and me), posted August 2, 2006, at tesla.com.

21 舉例來說，他因為在推特上向兩千兩百萬粉絲表示可以將特斯拉以每股四百二十美元的價格私有化而被指控是證券詐欺，四百二十的隱藏典故是大麻的俚語。這個小玩笑最終讓該公司和馬斯克共支付了四千萬美元的罰款。See "Elon Musk Charged with Securities Fraud for Misleading Tweets," U.S. Securities and Exchange Commission, September 27, 2018, https://www.sec.gov/news/press-release/2018-219.

22 "Global EV Outlook 2021" (Paris: International Energy Agency, 2021), https://www.iea.org/reports/global-ev-outlook-2021.

23 Mengnan Li et al., "How Shenzhen, China, Pioneered the Widespread Adoption of Electric Vehicles in a Major City: Implications for Global Implementation," *WIREs Energy and Environment* 9, no. 4 (July 2020), https://doi.org/10.1002/wene.373.

24 Chris Nelder, personal interview, January 26, 2022.

25 這是全國平均數。您可以通過訪問美國能源部的「電子加侖」線上計算工具，獲得您所在州的更精確數字。https://www.energy. gov/maps/egallon.

26 Priscilla Totiyapungprasert, "These High School Runners Train in 'Nasty Air,' so They're Working to Clean It Up," *Arizona Republic,* July 29, 2019, https://www.azcentral.com/story/news/local/arizona-environment/2019/07/29/why-these-south-mountain-students-fighting-electric-buses-pollution-clean-air/3104934002/.

27 Rosa Clemans-Cope, personal interview, November 4, 2021.

28 Steve Mufson and Sarah Kaplan. "A Lesson in Electric School Buses." *Washington Post,* February 24, 2021. https://www.washingtonpost.com/ climate-solutions/2021/02/24/climate-solutions-electric-schoolbuses/.

29 在本書付梓時，簽署重型車輛契約的州長包括加州、科羅拉多州、康乃狄克州、夏威夷州、緬因州、馬里蘭州、麻薩諸塞州、紐澤西州、紐約州、北卡羅萊納州、奧勒岡州、賓夕凡尼亞州、羅德島州、佛蒙特州、華盛頓州以及華盛頓特區。See: "Multi-State Medium- and Heavy-Duty Zero Emission Vehicle Memorandum of Under- standing" (2020), https://www.energy.ca.gov/sites/default/files/2020-08/Multistate-Truck-ZEV-Governors-MOU-20200714_ADA.pdf.

30 Rosa Clemans-Cope, personal interview, November 4, 2021.

第五章：都市星球

1 Jonas Eliasson, personal interview, December 3, 2018.

2 Jonas Eliasson, "Lessons from the Stockholm Congestion Charging Trial," *Transport Policy* 15, no. 6 (November 2008): 11, https://doi.org/10.1016/j.tranpol.2008.12.004.

3 Emilia Simeonova et al., "Congestion Pricing, Air Pollution and Children's Health" (Cambridge, MA: National Bureau of Economic Research, March 2018), https://doi.org/10.3386/w24410.

4 每人平均行駛里程的數據來自："State & Urbanized Area Statistics—Our Nation's Highways" Federal Highway Administration, United States Department of Transportation, (March 29, 2018), https://www.fhwa.dot.gov/ohim/onh00/onh2p11.htm.

5 Kenneth T. Jackson, *Crabgrass Frontier: The Suburbanization of the United States* (New York: Oxford University Press, 1985), 249.

6 Richard Rothstein, *The Color of Law: A Forgotten History of How Our Government Segregated America,* 1st edition (New York:

Liveright Publishing Corporation, a division of W. W. Norton & Company, 2017), 128.

7 Clayton Nall, *The Road to Inequality: How the Federal Highway Program Polarized America and Undermined Cities* (Cambridge, UK: Cambridge University Press, 2018).

8 作者感謝著名的城市規畫師和思想家普里斯特利，他帶領賈斯汀參觀了這個非常接近他位於帕沙第納市的家的大洞。Sidewalks were being narrowed to make more lanes: Michele Richmond, "The Etymology of Parking," *Arnoldia* (2015).

9 關於哥本哈根如何成為如此自行車友善城市的更多討論：Peter S. Goodman, "The City That Cycles with the Young, the Old, the Busy and the Dead," *New York Times,* November 9, 2019, sec. World, https://www.nytimes.com/2019/11/09/world/europe/biking-copenhagen.html.

10 "Bicycle Parking Stationsplein Utrecht: Largest in the World," City of Utrecht, accessed September 26, 2021, https://www.utrecht.nl/city-of-utrecht/mobility/cycling/bicycle-parking/bicycle-parking-stationsplein/bicycle-parking-stationsplein-utrecht-largest-in-the-world/.

11 有關三蘭港快速公交系統的詳細資料是由記者道森於二〇二〇年初在三蘭港進行收集，並進行了與赫曼、馬普里和盧卡塔瑞的訪談，該記者當時正受此書的作者們特別委託進行此項報導任務。

12 如欲了解時代廣場事件以及紐約市其他城市規畫的情況：Janette Sadik-Khan and Seth Solomonow, *Streetfight: Handbook for an Urban Revolution* (New York: Viking, 2016), especially chapter 6.

13 "Why Buses Represent Democracy in Action" (TEDCity2.0, Manhattan, NY, September 20, 2013), https://www.ted.com/talks/enrique_penalosa_why_buses_represent_democracy_in_action.

14 Lisa Gray, "Building a Better Block," *Houston Chronicle,* June 28, 2010, see. Culture, https://www.chron.com/culture/main/article/Gray-Building-a-better-block-1711370.php.

15 關於休士頓故事的更多細節，及其他戰術城市主義的故事，可參見：Mike Lydon, Anthony Garcia, and Andres Duany, *Tactical Urbanism: Short-Term Action for Long- Term Change* (Washington, DC: Island Press, 2015).

16 Ibid., 92-101.

17 Ben Crowther, "Freeways Without Futures" (Congress for the New Urbanism, 2021), https://www.cnu.org/sites/default/files/

FreewaysWithoutFutures_2021.pdf.

第六章：人、土地、食物

1 Quoted in: Justin Gillis, "With Deaths of Forests, a Loss of Key Climate Protectors," *New York Times,* October 1, 2011, sec. Science, https://www.nytimes.com/2011/10/01/science/earth/01forest.html.

2 United Nations, Department of Economic and Social Affairs, Population Division, *World Population Prospects Highlights, 2019 Revision Highlights, 2019 Revision,* fig. 1, Population size and annual growth rate for the world: estimates, 1950-2020, and medium-variant projection with 95 per cent prediction intervals, 2020-2100."

3 Vaclav Smil, "Global Population and the Nitrogen Cycle," *Scientific American* 277, no. 1 (July 1997): 76-81, https://doi.org/10.1038/scientificamerican0797-76.

4 See Elizabeth Kolbert, *The Sixth Extinction: An Unnatural History* (New York: Henry Holt and Company, 2014).

5 James Mulligan et al., "Carbonshot: Federal Policy Options for Carbon Removal in the United States" (Washington, DC: World Resources Institute, January 2020), www.wri.org/publication/carbonshot-federal-policy-options-for-carbon-removal-in-the-united-states.

6 Jan C. Semenza et al., "Heat-Related Deaths During the July 1995 Heat Wave in Chicago," *New England Journal of Medicine* 335, no. 2 (July 11, 1996): 84-90, https://doi.org/10.1056/NEJM199607113350203. Also see Eric Klinenberg, Heat Wave: A Social Autopsy of Disaster in Chicago, 2nd edition (Chicago: University of Chicago Press, 2015).

7 COWI, European Commission, and Climate Action DG. Study on EU Financing of REDD+ Related Activities, and Results-Based Payments Pre and Post 2020: Sources, Cost-Effectiveness and Fair Allocation of Incentives, 2018. http://dx.publications.europa.eu/10.2834/687514.

8 Quoted in: Justin Gillis, "Restored Forests Breathe Life into Efforts Against Climate Change," *New York Times,* December 24,

2014, sec. Science, https://www.nytimes.com/2014/12/24/science/earth/restored-forests-are-making-inroads-against-climate-change-.html.

9 根據聯合國糧食及農業組織二〇〇九年世紀糧食安全狀況的報告，二〇〇九年全球有十．二億人營養不良，這個數字是自一九七〇年以來的最高水準。

10 史丹福大學的羅貝爾（David Lobell）及其合著者發現，一九八〇年至二〇〇八年間，全球玉米和小麥產量因氣候變遷分別下降了百分之三．八和百分之五．五，相比之下，如果沒有氣候變化，產量原本應該更高。See David B. Lobell, Wolfram Schlenker, and Justin Costa-Roberts. "Climate Trends and Global Crop Production Since 1980." *Science* 333, no. 6042 (July 29, 2011): 616-20. https://doi.org/10.1126/science.1204531.

11 Quoted in: Justin Gillis, "A Warming Planet Struggles to Feed Itself," *New York Times,* June 4, 2011, https://www.nytimes.com/2011/06/05/science/earth/05harvest.html.

12 全球玉米產量的數據由美國農業部公布：See Table 04 Corn Area, Yield, and Production in "World Agricultural Production." Circular Series. United States Department of Agriculture, Foreign Agricultural Service, November 2021, https://apps.fas.usda.gov/psdonline/circulars/production.pdf.

13 "Gallup Poll Social Series: Consumption Habits" (Gallup News Service, July 2018), secs. 32, 33.

14 Gallup Inc, "Nearly One in Four in U.S. Have Cut Back on Eating Meat," Gallup.com, January 27, 2020, https://news.gallup.com/poll/282779/nearly-one-four-cut-back-eating-meat.aspx.

15 Herbert Hoover, "A Chicken in Every Pot" Political Ad and Rebuttal Article in *New York Times,* Series: Herbert Hoover Papers: Clippings File, 1913-1964, 1928.

16 "Food Availability (Per Capita) Data System: Red Meat, Poultry, and Fish" Economic Research Service, U.S. Department of Agriculture, January 5, 2021, https://www.ers.usda.gov/data-products/food-availability-per-capita-data-system/.

17 Calculated from Table 3 in Vaclav Smil, "Worldwide Transformation of Diets, Burdens of Meat Production and Opportunities for Novel Food Proteins," *Enzyme and Microbial Technology* 30, no. 3 (March 2002): 308, https://doi.org/10.1016/S0141-0229(01) 00504-X.

18 Marco Springmann et al., "Health-Motivated Taxes on Red and Processed Meat: A Modelling Study on Optimal Tax Levels and Associated Health Impacts," *PLOS ONE* 13, no. 11 (November 6, 2018): e0204139, https://doi.org/10.1371/journal.pone.0204139.

第七章：我們生產的物品

1 Thomas G. Andrews, *Killing for Coal: America's Deadliest Labor War,* paperback edition (Cambridge, Mass: Harvard University Press, 2010).

2 Jeffrey Rissman et al., "Technologies and Policies to Decarbonize Global Industry: Review and Assessment of Mitigation Drivers through 2070," *Applied Energy* 266 (May 2020): 114848 fig. 2, https://doi.org/10.1016/j.apenergy.2020.

3 "World Energy Outlook 2016" (Paris: International Energy Agency, 2016), 298.

4 洛文斯與共同作者一起開創了系統效率的概念，可參見：Paul Hawken, Amory Lovins, and L. Hunter Lovins, *Natural Capitalism: Creating the Next Industrial Revolution,* (New York: Little, Brown and Co, 2000).

5 需要注意的是，加州排放交易制度的長期效果仍然是個未解之謎。對於其特點的批評性評論，請參閱：Danny Cullenward and David G. Victor, *Making Climate Policy Work* (Cambridge, UK: Polity Press, 2020).

6 Ali Hasanbeigi and Harshvardhan Khutal, "Scale of Government Procurement of Carbon- Intensive Materials in the U.S." (Tampa Bay Area, Fla.: Global Efficiency Intelligence, LLC, January 2021), 20.

第八章：創新未來

1 作為氫能熱潮的典型範例，可參見：*Jeremy Rifkin, The Hydrogen Economy: The Creation of the World-Wide Energy Web*

and the Redistribution of Power on Earth (New York: J. P. Tarcher/Putnam, 2002).

2 International Energy Agency, "Global Hydrogen Review 2021."

3 Subramani Krishnan et al., "Power to Gas (H2): Alkaline Electrolysis," in *Technological Learning in the Transition to a Low-Carbon Energy System* (Amsterdam: Elsevier, 2020), 165-87, https://doi.org/10.1016/B978-0-12-818762-3.00010-8.

4 對於三哩島事件的確切描述以及對周邊社區的影響，可在以下找到詳細資料：J. Samuel Walker. *Three Mile Island: A Nuclear Crisis in Historical Perspective.* (Berkeley: University of California Press, 2004).

5 來自丹麥、美國和英國的大學研究人員計算出，在一九五〇年至二〇一四年間，核事故共造成四千八百零三人死亡。作者指出，雖然核事故並不常見，但發生的那些事故往往代價慘重。See Benjamin K. Sovacool, Rasmus Andersen, Steven Sorensen, Kenneth Sorensen, Victor Tienda, Arturas Vainorius, Oliver Marc Schirach, and Frans Bjørn-Thygesen. "Balancing Safety with Sustainability: Assessing the Risk of Accidents for Modern Low-Carbon Energy Systems." *Journal of Cleaner Production* 112 (January 2016): 3952-65. https://doi.org/10.1016/j.jclepro.2015.07.059.

6 Thad Moore, "How the US Government Wasted $8 Billion and Stranded Tons of Plutonium in South Carolina." *Post and Courier,* accessed December 1, 2021, https://www.postandcourier.com/news/how-the-us-government-wasted-8-billion-and-stranded-tons-of-plutonium-in-south-carolina/article_24bc000a-da1d-11e9-bb44-87644323c969.html.

7 關於「零世代」計畫及其困難的確切歷史，請參閱：A. J. Garnett, C. R. Greig and M. Oettinger, "Zerogen IGCC with CCS: A Case History," the University of Queensland, 2014.

8 Kristi E. Swartz, "The Kemper Project Just Collapsed. What It Signifies for CCS," accessed December 1, 2021, https://www.eenews.net/articles/the-kemper-project-just-collapsed-what-it-signifies-for-ccs/.

9 Steve Wilson, "Two Years since Kemper Clean Coal Project Ended—Mississippi Center for Public Policy," accessed December 1, 2021, https://mspolicy.org/ two-years-since-kemper-clean-coal-project-ended/.

10 本節描述巴塞爾的地震，主要基於《紐約時報》記者格蘭茲的報導。詳情參見：James Glanz, "Deep in Bedrock, Clean Energy and Quake Fears." *New York Times,* June 23, 2009.

11 Massachusetts Institute of Technology, ed., *The Future of Geothermal Energy: Impact of Enhanced Geothermal Systems* (EGS) on

the United States in the 21st Century: An Assessment (Cambridge, Mass.: Massachusetts Institute of Technology, 2006).

12 "Eavor Media Kit," accessed October 8, 2021, https://eavor.com/wp-content/uploads/2021/07/Eavor-Media-Kit-17.pdf.

13 Bill McKibben, "Hit Fossil Fuels Where It Hurts—the Bottom Line," Rolling Stone (blog), May 21, 2018, https://www.rollingstone.com/politics/politics-news/hit-fossil-fuels-where-it-hurts-the-bottom-line-627746/.

第九章：說「我願意」

1 James Abbey, California. *A Trip Across the Plains, in the Spring of 1850, Being a Daily Record of Incidents of the Trip . . . and Containing Valuable Information to Emigrants* (Tarrytown, N.Y., reprinted, W. Abbatt, 1933: Library of Congress, 1850), 8, https://www.loc.gov/item/33009652/.

2 Ibid., 10.

3 Will Bagley, *South Pass: Gateway to a Continent* (Norman: University of Oklahoma Press, 2014), 35.

4 對於牧場和米勒先生的描述，都來自於作者於二〇一九年九月二十五日親自參觀「拓荒之路牛肉公司」牧場時所得。

5 Sammy Roth, "How a Federal Agency is Blocking America's Largest Wind Farm," *Los Angeles Times,* August 5, 2021.

6 Ajinkya Shrish Kamat, Radhika Khosla, and Venkatesh Narayanamurti, "Illuminating Homes with LEDs in India: Rapid Market Creation Towards Low-Carbon Technology Transition in a Developing Country," *Energy Research & Social Science* 66 (August 2020): 101488, https://doi.org/10.1016/j.erss.2020.101488.

7 根據 LightingAfrica.org 的資料，超過三千萬的非洲人使用未連電網的太陽能產品（如提燈）滿足了他們的基本用電需求。

8 關於在全美架設高容量電纜，請參閱：Russell Gold, *Superpower: One Man's Quest to Transform American Energy* (New York: Simon & Schuster, 2019).

9 本書的其中一位作者哈維，正是「氣候使命」的總裁。

10 Quoted in Justin Gillis, “For Faithful, Social Justice Goals Demand Action on Environment,” *New York Times*, June 20, 2015.

11 Pope Francis, Laudato Si’: On Care for our Common Home, Encyclical Letter, the Vatican, 2015.

12 Sammy Roth, “California Is Broiling and Burning. Here Are Ideas for Dealing with Climate Despair,” *Los Angeles Times*, August 20, 2020, https://www.latimes.com/ environment/newsletter/2020-08-20/boiling-point-california-broiling-burning-boiling-point.

參考書目

- Alley, Richard B. *Earth: The Operators' Manual.* 1st edition. New York: W. W. Norton, 2011.
- Allwood, Julian, and Jonathan M. Cullen. *Sustainable Materials Without the Hot Air: Making Buildings, Vehicles and Products Efficiently and with Less New Material.* Cambridge, UK: UIT Cambridge Ltd., 2015.
- Anadon, Laura Diaz. *Transforming U.S. Energy Innovation.* New York: Cambridge University Press, 2014.
- Apt, Jay, and Paulina Jaramillo. *Variable Renewable Energy and the Electricity Grid.* Hilton Park, Abingon, Oxon; New York: RFF Press, 2014.
- Archer, David, and Stefan Rahmstorf. *The Climate Crisis: An Introductory Guide to Climate Change.* New York: Cambridge University Press, 2010.
- Asmus, Peter. *Reaping the Wind: How Mechanical Wizards, Visionaries, and Profiteers Helped Shape Our Energy Future.* Washington DC: Island Press, 2001.
- Bakke, Gretchen Anna. *The Grid: The Fraying Wires between Americans and Our Energy Future.* New York: Bloomsbury USA, 2016.
- Bertaud, Alain. *Order without Design: How Markets Shape Cities.* Cambridge, MA: MIT Press, 2018.
- Casten, Thomas R. *Turning off the Heat: Why America Must Double Energy Efficiency to Save Money and Reduce Global Warming.* Amherst, NY: Prometheus Books, 1998.
- Chase, Jenny. *Solar Power Finance without the Jargon.* New Jersey: World Scientific, 2019.
- Clark, Wilson, and David Howell. *Energy for Survival: The Alternative to Extinction.* Anchor Books. Garden City, NY: Anchor

Press [u.a.], 1975.

- Courland, Robert. *Concrete Planet: The Strange and Fascinating Story of the World's Most Common Man-Made Material.* Amherst, NY: Prometheus Books, 2011.
- Cullenward, Danny, and David G. Victor. *Making Climate Policy Work*. Cambridge,UK: Polity Press, 2020.
- Dougherty, Conor. *Golden Gates: Fighting for Housing in America*. New York: Penguin Press, 2020.
- Dunham-Jones, Ellen, and June Williamson. *Retrofitting Suburbia Case Studies: Urban Design Strategies for Urgent Challenges.* 1st edition. Hoboken, NJ: Wiley, 2020.
- Elkind, Ethan N. *Railtown: The Fight for the Los Angeles Metro Rail and the Future of the City.* Berkeley: University of California Press, 2014.
- Ewing, Jack. *Faster, Higher, Farther: The Volkswagen Scandal.* 1st edition. New York: W. W . Norton & Company, Independent Publishers Since 1923, 2017.
- Fischel, William A and Lincoln Institute of Land Policy. *Zoning Rules!: The Economics of Land Use Regulation*. MA: Lincoln Institute of Land Policy, 2015.
- Flannery, Tim F. *Atmosphere of Hope: Searching for Solutions to the Climate Crisis.* New York: Atlantic Monthly Press, 2015.
- Foer, Jonathan Safran. *We Are the Weather: Saving the Planet Begins at Breakfast.*1st edition. New York: Farrar, Straus and Giroux, 2019.
- Fogelson, Robert M. *Downtown: Its Rise and Fall*, 1880-1950. New Haven: Yale University Press, 2003.
- Ford, Henry. *My Life and Work: An Autobiography of Henry Ford.* United States: Greenbook Publications, 2010.
- Fox-Penner, Peter S. Smart Power: Climate Change, the Smart Grid, and the Future of Electric Utilities. Anniversary edition. Washington DC: Island Press, 2014.
- ____. *Power after Carbon: Building a Clean, Resilient Grid.* Cambridge, MA: Harvard University Press, 2020.
- Fraker, Harrison. *The Hidden Potential of Sustainable Neighborhoods: Lessons from Low-Carbon Communities*. Wasington DC: Island Press, 2013.

- Freeman, S. David. *Energy: The New Era*. New York: Walker, 1974.
- Freeman, S. David, and Leah Y. Parks. *All-Electric America: A Climate Solution and the Hopeful Future*. Place of publication not identified: Solar Flare Press, 2016.
- Galbraith, Kate, and Asher Price. *The Great Texas Wind Rush: How George Bush, Ann Richards, and a Bunch of Tinkerers Helped the Oil and Gas State Win the Race to Wind Power.* 1st edition1. Peter T. Flawn Series in Natural Resources, no. 6. Austin: University of Texas Press, 2013.
- Gallagher, Kelly Sims. *The Globalization of Clean Energy Technology: Lessons from China. Urban and Industrial Environments.* Cambridge, MA: MIT Press, 2014.
- Gardiner, Stephen Mark. *A Perfect Moral Storm: The Ethical Tragedy of Climate Change.* Environmental Ethics and Science Policy Series. New York: Oxford University Press, 2011.
- Gates, Bill. *How to Avoid a Climate Disaster: The Solutions We Have and the Break throughs We Need.* 1st edition. New York: Alfred A. Knopf, 2021.
- Gipe, Paul. *Wind Energy Comes of Age.* Wiley Series in Sustainable Design. New York: Wiley, 1995.
- Glaeser, Edward L. *Triumph of the City: How Our Greatest Invention Makes Us Richer, Smarter, Greener, Healthier, and Happier.* New York, NY: Penguin Books, 2012.
- Goddard, Stephen B. *Getting There: The Epic Struggle between Road and Rail in the American Century.* New York: Basic Books, 1994.
- Gold, Russell. The Boom: How Fracking Ignited the American Energy Revolution and Changed the World. New York: Simon & Schuster, 2014.
- ——. *Superpower: One Man's Quest to Transform American Energy*. First Simon & Schuster hardcover edition. New York: Simon & Schuster, 2019.
- ——. *The Boom: How Fracking Ignited the American Energy Revolution and Changed the World.* New York: Simon & Schuster, 2014.

- Gore, Albert. *An Inconvenient Truth: The Planetary Emergency of Global Warming and What We Can Do about It*. Emmaus, PA: Rodale Press, 2006.
- ____. *Our Choice: A Plan to Solve the Climate Crisis*. Emmaus, PA: Rodale, 2009.
- Griffith, Saul. *Electrify: An Optimist's Playbook for Our Clean Energy Future*. Cambridge, MA: MIT Press, 2021.
- Grubb, Michael, Jean Charles Hourcade, and Karsten Neuhoff. *Planetary Economics: Energy, Climate Change, and the Three Domains of Sustainable Development*. New York: Routledge, 2013.
- Grübler, Arnulf, and Charlie Wilson, eds. *Energy Technology Innovation: Learning from Historical Successes and Failures*. New York: Cambridge University Press, 2014.
- Gullberg, Anders, and Jonas Eliasson, eds. *Congestion Taxes in City Traffic: Lessons Learnt from the Stockholm Trial*. Lund, Sweden: Nordic Academic Press, 2009.
- Harvey, Hal, and Robbie Orvis. *Designing Climate Solutions: A Policy Guide for Low-Carbon Energy*. Washington DC: Island Press, 2018.
- Hawken, Paul, ed. *Drawdown: The Most Comprehensive Plan Ever Proposed to Reverse Global Warming*. New York: Penguin Books, 2017.
- Heck, Stefan, Matt Rogers, and Paul Carroll. *Resource Revolution: How to Capture the Biggest Business Opportunity in a Century*. Boston: Houghton Mifflin Harcourt, 2014.
- Helm, Dieter. *Burn Out: The Endgame for Fossil Fuels*. New Haven, CT: Yale University Press, 2017.
- Hempling, Scott. *Regulating Public Utility Performance: The Law of Market Structure, Pricing and Jurisdiction*. Chicago: ABA, Section of Environment, Energy, and Resources, 2013.
- Henson, Robert. *The Thinking Person's Guide to Climate Change*. Boston, MA: American Meteorological Society, 2014.
- Herman, Arthur. *Freedom's Forge: How American Business Produced Victory in World War II*. 1st edition. New York: Random House, 2012.
- Hirschmann, Kris. *The Kuwaiti Oil Fires. Facts on File Science Library*. New York: Facts on File, 2005.

- Hirsh, Richard F. *Power Loss: The Origins of Deregulation and Restructuring in the American Electric Utility System*. Cambridge, MA.: MIT Press, 2001.
- Hirt, Sonia. *Zoned in the USA: The Origins and Implications of American Land-Use Regulation*. Ithaca NY; London: Cornell University Press, 2014.
- Hone, David. *Why Carbon Pricing Matters*. London: Whitefox, 2015.
- Horowitz, Roger. *Putting Meat on the American Table: Taste, Technology, Trans formation*. Baltimore, MD: The Johns Hopkins University Press, 2006.
- Hughes, Sara. *Repowering Cities: Governing Climate Change Mitigation in New York City, Los Angeles, and Toronto*. Ithaca, NY: Cornell University Press, 2019.
- Husain, Tahir. *Kuwaiti Oil Fires: Regional Environmental Perspectives*. 1st edition. Oxford, UK; New York: Pergamon, 1995.
- International Energy Agency. *World Energy Outlook 2018*. Paris: IEA, 2018.
- Isser, Steve. *Electricity Restructuring in the United States: Markets and Policy from the 1978 Energy Act to the Present*. New York: Cambridge University Press, 2019.
- Jackson, Kenneth T. *Crabgrass Frontier: The Suburbanization of the United States*. 26. New York: Oxford University Press, 2006.
- Jacobs, Meg. *Panic at the Pump: The Energy Crisis and the Transformation of American Politics in the 1970s*. 1st Edition. New York: Hill and Wang, 2016.
- Jahren, Hope. *The Story of More: How We Got to Climate Change and Where to Go from Here*. New York: Vintage Books, 2020.
- Johnson, Ayana Elizabeth, and Katharine K. Wilkinson, eds. *All We Can Save: Truth, Courage, & Solutions for the Climate Crisis*. 1st edition. New York: One World, 2020.
- Jones, Christopher F. *Routes of Power: Energy and Modern America*. Cambridge, MA; London: Harvard University Press, 2016.
- Junginger, Martin, Atse Louwen. *Technological Learning in the Transition to a Low-Carbon Energy System: Conceptual Issues, Empirical Findings, and Use in Energy Modeling*. London: Academic Press, 2020.

- Kendall, Henry W., and Steven J. Nadis. *Energy Strategies: Toward a Solar Future: A Report of the Union of Concerned Scientists*. Cambridge, MA: Ballinger Publishing Co., 1980.
- Kenworthy, Jeffrey R., Felix B. Laube, and Peter Newman. *An International Source book of Automobile Dependence in Cities, 1960-1990*. Boulder, CO: University Press of Colorado, 1999.
- Kiechel, Walter. *The Lords of Strategy: The Secret Intellectual History of the New Corporate World*. Boston, MA: Harvard Business Press, 2010.
- Klein, Naomi. *This Changes Everything: Capitalism vs. the Climate*. First Simon & Schuster hardcover edition. New York: Simon & Schuster, 2014.
- Kolbert, Elizabeth. *The Sixth Extinction: An Unnatural History*. 1st edition. New York: Henry Holt and Company, 2014.
- ____. *Under a White Sky: The Nature of the Future*. 1st edition. New York: Crown, 2021.
- Koomey, Jon. *Cold Cash, Cool Climate: Science-Based Advice for Ecological Entrepreneurs*. Burlingame, CA: Analytics Press, 2012.
- Lamoreaux, Naomi R., Daniel M. G. Raff, and Peter Temin, eds. *Learning by Doing in Markets, Firms, and Countries*. National Bureau of Economic Research Conference Report. Chicago: University of Chicago Press, 1999.
- Leonard, Christopher. *Kochland: The Secret History of Koch Industries and Corporate Power in America*. New York: Simon & Schuster, 2019.
- Lester, Richard K., and David M. Hart. *Unlocking Energy Innovation: How America Can Build a Low-Cost, Low-Carbon Energy System*. Cambridge, MA: MIT Press, 2012.
- Levi, Michael A. *Power Surge: Energy, Opportunity, and the Battle for America's Future*. Oxford, UK: Oxford University Press, 2013.
- Levinson, David M., and Kevin J. Krizek. *Planning for Place and Plexus: Metropolitan Land Use and Transport*. New York: Routledge, 2008.
- Levy, Barry S., and Jonathan Patz, eds. *Climate Change and Public Health*. Oxford: Oxford University Press, 2015.

- Lewis, Tom. *Divided Highways: Building the Interstate Highways, Transforming American Life*. Updated edition. Ithaca, NY: Cornell University Press, 2013.
- Liotta, P. H., and James F. Miskel. *The Real Population Bomb: Megacities, Global Security & the Map of the Future*. 1st edition. Washington DC: Potomac Books, 2012.
- Lloyd, Jason. *The Rightful Place of Science: Climate Pragmatism*. Consortium for Science, Policy, and Outcomes. Tempe, AZ, and Washington DC: 2017.
- Lovins, Amory. *Reinventing Fire: Bold Business Solutions for the New Energy E*ra. 1. print. White River Junction, VT: Chelsea Green Publishing, 2011.
- Lovins, Amory B., ed. *Least-Cost Energy: Solving the CO2 Problem*. Andover, MA:Brick House Publishing Co., 1982.
- Lydon, Mike, Anthony Garcia, and Andres Duany. *Tactical Urbanism: Short-Term Action for Long-Term Change*. Washington DC: Island Press, 2015.
- Lyskowski, Roman, and Steve Rice, eds. *The Big One: Hurricane Andrew*. Kansas City, MO: Andrews McMeel Publishing, 1992.
- Maegaard, Preben, Anna Krenz, and Wolfgang Palz. *Wind Power for the World: The Rise of Modern Wind Energy*. Pan Stanford Series on Renewable Energy, vol. 2. Singapore: Pan Stanford Publishing, 2013.
- Malm, Andreas. *Fossil Capital: The Rise of Steam-Power and the Roots of Global Warming*. London: Verso, 2016.
- Mazzucato, Mariana. *The Entrepreneurial State: Debunking Public vs. Private Sector Myths*. New York: Public Affairs, 2015.
- McKibben, Bill. Fa*lter: Has the Human Game Begun to Play Itself Out?* 1st edition. New York: Henry Holt and Company, 2019.
- McLean, Bethany. *Saudi America: The Truth about Fracking and How It's Changing the World*. New York: Columbia Global Reports, 2018.
- McNally, Robert. Cr*ude Volatility: The History and Future of Boom-Bust Oil Prices*. Center on Global Energy Policy Series. New York: Columbia University Press, 2017.

- Meier, Richard L. *Planning for an Urban World: The Design of Resource-Conserving Cities*. Cambridge, MA: MIT Press, 1974.
- Mendez, Michael Anthony. *Climate Change from the Streets: How Conflict and Collaboration Strengthen the Environmental Justice Movement*. New Haven, CT: Yale University Press, 2020.
- Mildenberger, Matto. *Carbon Captured: How Business and Labor Control Climate Politics*. American and Comparative Environmental Policy. Cambridge, MA; London, UK: MIT Press, 2020.
- Miller, Victoria, and Christopher Schreck. T*he Colorado Fuel and Iron Company. Images of America*. Charleston, SC: Arcadia Publishing, 2018.
- Montgomery, Scott L., and Thomas Graham. *Seeing the Light: The Case for Nuclear Power in the 21st Century*. Cambridge, UK; New York: Cambridge University Press, 2017.
- Naam, Ramez. T*he Infinite Resource: The Power of Ideas on a Finite Planet*. Hanover, NH: University Press of New England, 2013.
- Nall, Clayton. *The Road to Inequality: How the Federal Highway Program Polarized America and Undermined Cities*. Cambridge,UK: Cambridge University Press, 2018.
- Nordhaus, Ted, and Michael Shellenberger. *Breakthrough: From the Death of Environmentalism to the Politics of Possibility*. Boston: Houghton Mifflin, 2007.
- Nordhaus, William D. *The Climate Casino: Risk, Uncertainty, and Economics for a Warming World*. New Haven, CT: Yale University Press, 2013.
- Norton, Peter D. *Fighting Traffic: The Dawn of the Motor Age in the American City*. Inside Technology. Cambridge, MA: MIT Press, 2011.
- Orr, David W. *Dangerous Years: Climate Change, the Long Emergency, and the Way Forward*. New Haven, CT; London: Yale University Press, 2016.
- Palley, Reese. *Concrete: A Seven-Thousand-Year History*. 1st edition. New York: The Quantuck Lane Press, 2010.
- Palz, Wolfgang, ed. *Solar Power for the World: What You Wanted to Know about Photovoltaics*. Pan Stanford Series on Renewable

Energy, vol. 4. Singapore: Pan Stanford Publishing, 2014.

- ____. *The Triumph of the Sun: The Energy of the New Century*. Pan Stanford Series on Renewable Energy, vol. 10. Singapore: Pan Stanford Publishing, 2018.
- Partanen, Rauli, Janne M Korhonen, and Partanen, Rauli. *Climate Gamble: Is Anti-Nuclear Activism Endangering Our Future?*, 2017.
- Pasqualetti, Martin J., Paul Gipe, and Robert W. Righter, eds. *Wind Power in View: Energy Landscapes in a Crowded World*. Sustainable World Series. San Diego: Academic Press, 2002.
- Perlin, John. Let It Shine: The 6,000-Year Story of Solar Energy. Fully revised and expanded. Novato, CA: New World Library, 2013.
- Pollack, H. N. *A World Without Ice*. New York: Avery, 2009.
- Pooley, Eric. *The Climate War: True Believers, Power Brokers, and the Fight to Save the Earth*. 1st edition. New York: Hyperion, 2010.
- Putnam, Palmer Cosslett. *Power from the Wind*. New York: Van Nostrand Reinhold, 1974.
- Rabe, Barry George. *Statehouse and Greenhouse: The Emerging Politics of American Climate Change Policy*. Washington DC: Brookings Institution Press, 2004.
- Rhodes, Richard. En*ergy: A Human History*. First Simon & Schuster hardcover edition. New York: Simon & Schuster, 2018.
- Righter, Robert W. *Wind Energy in America: A History*. Norman, OK: University of Oklahoma Press, 1996.
- ____. *Windfall: Wind Energy in America Today*. Norman, OK: University of Oklahoma Press, 2011.
- Rothstein, Richard. *The Color of Law: A Forgotten History of How Our Government Segregated America*. 1st edition. New York; London: Liveright Publishing Corporation, a division of W. W. Norton & Company, 2017.
- Sachs, Jeffrey. *The Age of Sustainable Development*. New York: Columbia University Press, 2015.
- Sadik-Khan, Janette, and Seth Solomonow. *Streetfight: Handbook for an Urban Revolution*. New York: Viking, 2016.
- Scamehorn, H. Lee. *Pioneer Steelmaker in the West: The Colorado Fuel and Iron Company, 1872-1903*. 1st edition. Boulder,

CO: Pruett Publishing Co., 1976.

- Schlossberg, Tatiana. *Inconspicuous Consumption: The Environmental Impact You Don't Know You Have*. 1st edition. New York: Grand Central Publishing,2019.
- Shaw, Randy. *Generation Priced Out: Who Gets to Live in the New Urban America*. Oakland, CA: University of California Press, 2018.
- Sheller, Mimi. *Mobility Justice: The Politics of Movement in the Age of Extremes*. London; Brooklyn, NY: Verso, 2018.
- Shere, Jeremy. *Renewable: The World-Changing Power of Alternative Energy*. 1st edition. New York: St. Martin's Press, 2013.
- Shoup, Donald C. *The High Cost of Free Parking*. Chicago: Planners Press, American Planning Association, 2005.
- Sivaram, Varun. *Taming the Sun: Innovations to Harness Solar Energy and Power the Planet*. Cambridge, MA: MIT Press, 2018.
- Smil, Vaclav. *Energy: A Beginner's Guide*. Beginner's Guides. Oxford, UK: One World, 2009.
- ———. *Energy in World History*. Essays in World History. Boulder, CO: Westview Press, 1994.
- ———. *Energy Transitions: History, Requirements, Prospects*. Santa Barbara, CA: Praeger, 2010.
- ———. *Power Density: A Key to Understanding Energy Sources and Uses*. Cambridge, MA: MIT Press, 2015.
- Solar Energy Research Institute, ed. *A New Prosperity, Building a Sustainable Energy Future: The SERI Solar Conservation Study*. Andover, MA: Brick House Publishing, 1981.
- Speck, Jeff. *Walkable City: How Downtown Can Save America, One Step at a Time*. First paperback edition. New York: North Point Press, 2013.
- Sperling, Daniel, and Deborah Gordon. *Two Billion Cars: Driving Toward Sustainability*. Oxford, UK: Oxford University Press, 2009.
- Spieler, Christof. *Trains, Buses, People: An Opinionated Atlas of US Transit*. Washington DC: Island Press, 2018.
- Stephens, Mark. *Three Mile Island*. 1st edition. New York: Random House, 1980.
- Stern, N. H. *Why Are We Waiting? The Logic, Urgency, and Promise of Tackling Climate Change*. The Lionel Robbins Lectures. Cambridge, MA: MIT Press, 2015.

- Stokes, Leah Cardamore. *Short Circuiting Policy: Interest Groups and the Battle over Clean Energy and Climate Policy in the American States*. Studies in Postwar American Political Development. New York: Oxford University Press, 2020.
- Stoknes, Per Espen. *What We Think about When We Try Not to Think about Global Warming: Toward a New Psychology of Climate Action*. White River Junction, VT: Chelsea Green Publishing, 2015.
- Taylor, Simon. *The Fall and Rise of Nuclear Power in Britain: A History*. Cambridge, UK: UIT Cambridge, 2016.
- Teplitz, Charles J. *The Learning Curve Deskbook: A Reference Guide to Theory, Calculations, and Applications*. New York: Quorum Books, 1991.
- Thomson, Ross, ed. *Learning and Technological Change*. New York: St. Martin's Press, 1993.
- Thunberg, Greta. *No One Is Too Small to Make a Difference*. New York: Penguin Books, 2019.
- Wagner, Gernot, and Martin L. Weitzman. *Climate Shock: The Economic Consequences of a Hotter Planet*. Princeton, NJ: Princeton University Press, 2015.
- Walker, J. Samuel. *Three Mile Island: A Nuclear Crisis in Historical Perspective*. Berkeley: University of California Press, 2004.
- Walker, James Blaine. *Fifty Years of Rapid Transit, 1864-1917*. *The Rise of Urban America*. New York: Arno Press, 1970.
- Webber, Michael E. *Power Trip: The Story of Energy*. 1st edition. New York: Basic Books/Hachette Book Group, 2019.
- Wright, Theodore P. *Articles and Addresses of Theodore P. Wright*. In four volumes. Buffalo, NY: Cornell Aeronautical Laboratory, 1961, 1970.
- Yergin, Daniel. *The New Map: Energy, Climate, and the Clash of Nations*. 1st edition. New York: Penguin Press, 2020.

插圖說明

所有插圖由伯朗（Raaziq Masud Brown）繪製

圖一：各產業燃燒化石燃料所排放的二氧化碳占比（美國，二〇一九年）

這裡只包括二氧化碳的排放，來源是〈美國溫室氣體排放與碳匯調查：一九九〇—二〇一九〉（Inventory of U.S. Greenhouse Gas Emissions and Sinks: 1990-2019）。美國環保局，二〇二一年，表格二—一：美國溫室氣體排放與碳匯的近期趨勢。

圖二：T型車的學習曲線

車輛銷售價格和交付數據來自美國福特T型車俱樂部（www.mtfca.com），一九〇九年至一九二五年間的數據調整通脹至一九二五年美元。成本的數據是依照銷售價格和生產量對所有相關車型 Runabout, Touring, Town Car, Landaulet, Coupe, Torpedo Runabout, Delivery Car, Sedan, Coupelet, Fordor, Fordor Sedan, and Tudor Sedan 來進行加權。由於T型車在這些車型之間使用類似的零組件，因此這張圖最能反映出整個T型車系列在相關年份的學習率。阿伯內西（William J. Abernathy）和韋恩（Kenneth Wayne）在一九七四年九月的《哈佛商業評論》（*Harvard Business Review*）中的〈學習曲線的極限〉（Limits of the Learning Curve）一文中得出了相似的結果。

圖三：化石燃料燃燒產生的二氧化碳排放量

數據來源：〈美國溫室氣體排放與碳匯調查：一九九〇—二〇一九〉。美國環保局，二〇二一年，表格二—一：美國溫室氣體排放與碳匯的近期趨勢。

圖四：太陽能電池板的學習曲線

此圖基於 OurWorldInData.org，由牛津大學的韋伊進行新數據的提取和分析。一九八〇年至二〇二〇年的數據來自：《弗勞恩霍夫太陽能系統研究所的二〇二一年太陽能光電報告》（*Fraunhofer Institute for Solar Energy Systems 2021 Photovoltaics Report*），第四十六頁，於二〇二一年七月二十一日出版。弗勞恩霍夫一九八〇年至二〇一〇年的預估來自不同來源，包括 Strategies Unlimited、Navigant Consulting、EUPD、pvXchange；二〇一一年起：IHS Markit；圖：PSE 2021。一九八〇年之前的數據來自：聖研究所的性能曲線數據庫（http://pcdb.santafe.edu/）。

圖五：LED 燈泡價格

歷史價格參考美國能源部，《五種潔淨能源技術的未來——二〇一六年更新》（*The Future Arrives for Five Clean Energy Technologies -2016 Update*）。二〇二一年的數據通過在家得寶網站上搜尋獲得。

圖六：美國新汽車和新卡車的燃油效率

美國環保局，《二〇二一年 EPA 汽車趨勢報告》（*2021 EPA Automotive Trends Report*）。數據可在 www.epa.gov/automotive-trends/explore-automotive-trends-data 上查閱。二〇二一年九月存取。二〇二〇年的數據是初步數據。

圖七：世界都市和鄉村人口

歷史人口數據和預測來自：聯合國經濟及社會事務部人口司（二〇一八）。《世界城市化展望：二〇一八年修訂版》（*World Urbanization Prospects: The 2018 Revision*），線上版。

圖八：轉換成為人類用途的土地

改編自：OurWorldInData.org。森林數據來自：聯合國糧食及農業組織；Williams, M.（2003）。地球的毀林活動：

從史前到全球危機。農業數據在一九五〇年以後來自聯合國糧食及農業組織；一九五〇年以前的數據來自全球環境歷史數據庫（The History Database of the Global Environment, HYDE）。

圖九：工業排放的規模

二〇一四年全球能源和工業部門的主要排放來源：Jeffrey Rissman、Chris Bataille、Eric Masanet、Nate Aden、William R. Morrow、Nan Zhou、Neal Elliott 等人所預估。〈全球工業脫碳的技術和政策：二〇七〇年的減排驅動力評估與回顧〉（Technologies and policies to decarbonize global industry: Review and assessment of mitigation drivers through 2070），*Applied Energy* 266（2020.5）：114848。https://doi.org/10.1016/j.apenergy.2020.114848

美國交通運輸的排放來自於美國環保局二〇二〇年的溫室氣體清冊。

圖十：有關核能的兩張圖表

資料來源：國際能源署。《電力資訊》（*Electricity Information*），二〇二〇年四月版。

圖十一：新建電廠的發電成本

價格數據來自 Lazard 能源平均成本分析，第十五版（二〇二一年十月），第八頁。《能源平均成本比較——歷史性大型發電方式比較》（*Levelized Cost of Energy Comparison—Historical Utility-Scale Generation Comparison*）。設計靈感來自 OurWorldInData.org。

國家圖書館出版品預行編目(CIP)資料

大修復：拯救地球的七個實用步驟 / 哈爾．哈維 (Hal Harvey), 賈斯汀．吉利斯 (Justin Gillis) 著；余韋達譯．-- 初版．-- 臺北市：大塊文化出版股份有限公司, 2023.11

328 面；14.8×21 公分．-- (from；151)

譯自：The big fix : seven practical steps to save our planet

ISBN 978-626-7317-90-7(平裝)

1. 環境保護　2. 氣候變遷　3. 能源政策　4. 社會參與

445.99　　112015325

LOCUS

LOCUS

LOCUS

LOCUS